德国智能制造译丛

工业机器人控制和调节方法

（原书第5版）

Industrieroboter Methoden der Steuerung und Regelung
5., aktualisierte und erweiterte Auflage

［德］沃尔夫冈・韦伯（Wolfgang Weber）
海科・科赫（Heiko Koch） 著
毕贵军 译

机 械 工 业 出 版 社

本书提供了工业机器人位置描述、插补、编程和控制的基础知识。通过简单的、面向应用的实例，逐步介绍了必要的编程方法。第 1 章概述了机器人技术的一些基本领域，第 2 ~ 5 章涉及运动学描述和编程，第 6 章和第 7 章涉及动力学和控制。附录中给出了使用四元数描述方位和基于转置雅可比矩阵的逆运动学的通用解，还给出了库卡 KRL 机器人编程语言中的运动命令示例。想要开发先进、强大的控制应用的从业者可以从本书中高效获取有关建模和控制设计的有效知识。

www.weber-industrie Roboter.de 网站上提供了本书中的习题解答（译者注：该网址注册地属德国，为德文网站），可以使用 MATLAB M-Files 理解和解答这些习题。该网站还提供了适用于习题类别的模拟工具。使用基于浏览器的开发和可视化工具 ManDy，机器人手臂可以定义为 2 ~ 10 个关节。工业机器人的运动可以用菜单驱动的简单语言进行编程，用全身模型进行可视化，并且可以模拟控制行为。

本书可供使用工业机器人的工程师、机器人编程与调试人员和高校相关专业师生阅读。

Industrieroboter Methoden der Steuerung und Regelung 5., aktualisierte und erweiterte Auflage/by Wolfgang Weber and Heiko Koch/ISBN 978-3-446-46869-6

图书在版编目（CIP）数据

工业机器人控制和调节方法：原书第5版/ (德) 沃尔夫冈 · 韦伯（Wolfgang Weber），(德) 海科 · 科赫（Heiko Koch）著；毕贵军译. —北京：机械工业出版社，2024. 3

（德国智能制造译丛）

ISBN 978-7-111-75441-1

Ⅰ. ①工…　Ⅱ. ①沃…　②海…　③毕…　Ⅲ. ①工业机器人 – 机器人控制 – 研究　Ⅳ. ①TP242.2

中国国家版本馆 CIP 数据核字（2024）第 060733 号

机械工业出版社（北京市百万庄大街22号　邮政编码100037）
策划编辑：吕德齐　　　　责任编辑：吕德齐　王彦青
责任校对：王小童　陈　越　　封面设计：马精明
责任印制：刘　媛
涿州市般润文化传播有限公司印刷
2024年6月第1版第1次印刷
184mm×260mm・11.5印张・284千字
标准书号：ISBN 978-7-111-75441-1
定价：79.00 元

电话服务
客服电话：010-88361066
　　　　　010-88379833
　　　　　010-68326294
封底无防伪标均为盗版

网络服务
机　工　官　网：www.cmpbook.com
机　工　官　博：weibo.com/cmp1952
金　书　网：www.golden-book.com
机工教育服务网：www.cmpedu.com

第 1 版前言

机器人是跨学科领域

机器人与执行复杂工作的智能机器相关联，能够有针对性地执行类似于人类的复杂任务。对机器人可能实现功能的期待使该技术充满了吸引力，因此，机器人也成为社会和文化领域研究的对象。除了有关基因工程的讨论之外，还可以将机器人技术作为参考点，讨论当前和未来技术发展的可能性和危险。在更接地气的技术科学中，机器人是应用控制、调节、传感器技术、人工智能等先进方法的热门测试对象。

本书着重于工业机器人技术，它在机器人应用领域具有很大的经济重要性，并且是新兴应用的源头，如医疗技术和服务领域。即使是工业机器人系统本身也是一种技术产品，只能通过许多专业学科之间的跨学科合作来创造。它涉及力学、机械工程、电气工程、驱动技术、信息处理和计算机科学、数学、控制工程、传感器技术、专家系统和人工智能，但并不能一概而论。还应该考虑在工业环境中使用时的情况，一个工业机器人只是复杂生产环境的一个子系统，因此必须与其他工业机器人和自动化设备一起工作，并与控制系统进行通信。基于这个原因，机器人技术还受生产计划、人体工程学和业务管理方面的影响。最后，但并非最不重要的一点是，工业机器人作为自动化技术中引人注目的合理化工具，并与社会兼容的技术形成相关，对它的讨论仍在进行中。

本书的重点和读者对象

任何想要熟悉机器人技术的人都面临着一个非常广泛和跨学科的领域。在工业机器人技术中，使用了来自技术学科的多功能、高性能组件用于开发廉价、高度灵活的机器——机器人。因此，本书的重点是运动学、动力学和控制方法，这些方法可以在组件基础上开发并有效地使用功能控制。这种机电一体化方法侧重于位置描述、运动控制、编程、动力学描述和运动控制等。了解运动描述和编程也是熟悉机器人技术特殊子领域的先决条件，如传感器技术、图像处理、高级编程方法、协作机器人、防撞、人工智能和自主行为。

本书面向广泛的读者群，对于将机器人技术作为其主要研究的一部分大学和技术学院的学生，本书提供了工业机器人运动描述、编程和控制方面的基础内容。

对于越来越多使用工业机器人的工程师来说，本书介绍了运动描述的基本知识，以便对工业机器人或其他多轴设备进行适当的编程，从而有效地使用它们。随着控制硬件性能随成本的降低而提高，在研究实验室之外开发、测试和使用先进控制算法成为可能。对于在实践中处理这些任务的工程师，本书为建模和控制设计提供了有效的入门知识和启发。

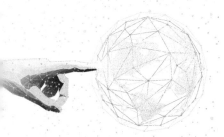

经验表明，当工程专业的学生运用机器人技术或作为工程师在实践中转向开环和闭环控制的新方法时，开环和闭环控制的数学方法形成了最大的限制门槛。因此，本书通过简单

的、面向应用的示例逐步介绍了开环和闭环控制绝对必要的数学知识，以便数学方法从一开始就与应用直接相关。与其他教科书相比，本书首先介绍了单关节和双关节机器人的控制和调节方法，然后又介绍了商用工业机器人的控制和调节方法。书中提供的大部分习题都可以用 MATLAB 解决。通过菜单控制的简单编程语言，可以在 RoCSy 中指定徕斯 RV6 工业机器人的运动，并使用整体模型在三维空间中将它们可视化。RoCSy 中还包含使用传统和高级控制方法时控制行为的仿真和图形表示。

本书的内容

第 1 章概述了机器人技术的一些基本领域。本书后续的内容可分为两部分：第一部分（第 2~5 章）涉及运动学描述和编程；第二部分（第 6 章和第 7 章）涉及动力学和控制。

在第 2 章中，介绍了向量和矩阵的基础知识后，从简单的应用实例中引出使用旋转矩阵、齐次矩阵（框架）和德纳维特-哈滕贝格约定描述工业机器人的位置。同时，通过新的、详细的表达可以使德纳维特-哈滕贝格约定对于工业机器人的应用入门简单化。在机器人技术中很重要的关节坐标和笛卡儿坐标之间的转换在第 3 章中讨论，并以双关节机器人和关节臂机器人 RV6 为例进行了说明。第 4 章详细解释了运动和插补的基本类型，第 5 章涉及机器人编程，用于适当指定这些运动顺序。读者可以使用 RoCSy 的简单离线编程语言进行练习和可视化。

本书第 6 章介绍了工程师用作描述机器人动力学最容易和最有效的牛顿-欧拉方法。牛顿-欧拉方法并不像通常那样用作应用算法，它以一种易于理解的方式推导出来，供没有经过良好力学培训的工程师使用。第 7 章描述了带有驱动相关伺服电子设备和变速器的电驱动系统，以获得合适的控制模型，最终与机器人手臂动力学相结合，形成向量微分方程。第 7 章为传统的级联控制，它没有明确包括控制设计中轴的位置和运动的相互影响。该章介绍了单关节控制的优点和局限性。一个强大的、先进的控制系统在控制驱动器时必须考虑关节的连接。自适应联合控制的原理是改善控制特性的第一种可能性。处理基于模型的控制，包括直接在控制算法中的动态非线性模型，从而有助于解耦。在控制方法中，有各种各样的方法可以处理，以实现简单、明确的方案。本书介绍了基于模型的控制，它与实践中常见的级联结构一起工作，解释了模糊技术和神经网络的过程和基本结构，并概述了在机器人控制中的一些应用，对力控制的结构进行了概述。

附录包含一些矩阵的定义和计算规则，以及有关使用仿真软件 RoCSy 和其他 MATLAB 程序进行路径计算和仿真的信息。需要学生版或完整版的 MATLAB 5。MATLAB 6 中的可执行程序可以向作者索取。

使用本书的要求和可能性

要理解前 5 章，只需要少量的三角学、几何学、分析、微积分等数学知识。如有必要，将逐步介绍使用向量和矩阵的操作，或者可以在附录中简要找到。只是想熟悉运动和编程说明的读者不必阅读第 6 章和第 7 章的内容。第 3 章中的运动学转换原理足以满足开发机器人编程运动命令所需的背景知识。

第 6 章介绍了作为多体系统的工业机器人手臂的运动学和动力学，其中驱动系统包含在数学模型中。在此描述的基础上，第 7 章讨论了各种控制方法。要学习这两章，读者应该具备大学工程课程中所教授的运动学、动力学以及控制工程的基本知识。

致谢

本书形成于对书中所述主题的深入关注和严格审查。从这个意义上说，来自工业机器人专业的同事和学生为本书的创作做出了贡献。所以我特别感谢 Dipl. -Ing. Gunter Trautmann 先生，Jens Meyer 先生及帮助开发 RoCSy 仿真环境的学生和毕业生。我要感谢我的同事 Friedrich Münter 教授仔细地审查了书稿的部分内容，也非常感谢 Hanser Verlag 出版社 Erika Hotho 女士。达姆施塔特应用技术大学管理层和有关部门对进行机器人技术领域的教学和项目的要求是完成本书的前提。我还要感谢 EASY-ROB™公司的 Stefan Anton 先生授权和帮助将其可视化软件集成到 RoCSy 开发环境中。徕斯机器人有限公司（Reis Robotics GmbH）、库卡机器人有限公司（KUKA Roboter GmbH）、平田机器人技术有限公司（Hirata Robotics GmbH）、博世公司（Bosch GmbH）和 IMT 彼得·纳格勒有限公司（Peter Nagler GmbH）都热心地向我提供了自己的图片资料，对此表示衷心感谢！我的家人对我额外工作的理解，为本书的成功出版做出了重大贡献。

沃尔夫冈·韦伯

2002 年 3 月于达姆施塔特

第 5 版前言

第 5 版以为学生和从业人员提供一个便于使用且易于理解的著作为目标，涵盖控制和调节的基础领域和特殊领域。

本版的特别之处是 Heiko Koch 博士成为合著者。除了各种更新和补充外，他还对基于图像的控制进行了介绍，该控制在实践中的应用越来越广泛。

在第 2 章加入了滚动角-俯仰角-偏航角。在第 3 章增加了 SCARA 机器人逆变换的不同方法。在第 4 章增加了五次样条（五阶样条）。在第 5 章用 RAPID 语言进行工业机器人编程。在第 6 章增加了递归牛顿-欧拉方法中德纳维特-哈滕贝格参数与运动学信息的关系。在第 7 章增加了基于图像的控制部分。本书的网站不断更新。

我们要感谢所有为我们提供最新图像材料的公司和机构，感谢指出错误并为新版本提出建设性建议的学生和专家同事。最后我们还要感谢 Carl Hanser Verlag 出版社的 Julia Stepp 女士在准备第 5 版出版时给予的愉快和积极的合作。

沃尔夫冈 · 韦伯，海科 · 科赫

2021 年 10 月于达姆施塔特

公式符号

a——二阶滞后传递函数参数

a_i——关节的德纳维特-哈滕贝格参数 i，$i=0$，1，2，受控系统参数，$i=0$，1，2，3，点到点样条系数

$\boldsymbol{a}_i$——笛卡儿样条系数向量

$a_{k,i}$——$k=0$，1，标称传输行为的系数，关节 i

A——角，欧拉角

A_{St}——欧拉角 A 初始值

A_Z——欧拉角 A 目标值

${}_0^C\boldsymbol{A}$——K_C 和 K_0 之间的旋转矩阵

${}_i^k\boldsymbol{A}$——K_k 和 K_i 之间的旋转矩阵

b——二阶滞后传递函数参数

$\boldsymbol{b}$——系统向量，力/力矩向量

$\boldsymbol{b}^*$——受控系统的向量

$\tilde{\boldsymbol{b}}$——$\boldsymbol{b}^*$ 的近似值

b_G——圆弧路径的加速度

$\hat{b}_C$——b_C 的用户规范

b_m——点到点路径加速度

$\hat{b}_m$——b_m 的用户规范

b_p——直线路径的加速度

$\hat{b}_p$——b_p的用户规范

b_W——路径加速度方向变化

$\hat{b}_W$——b_W 的用户规范

$b_{k,i}$——$k=0$，1，标称传递行为的系数，关节 i

B——角，欧拉角

B_{St}——欧拉角 B 的初始值

B_Z——欧拉角 B 的目标值

C——角，欧拉角

$\boldsymbol{C}$——科里奥利和向心力/力矩的系统矩阵，电动机常数的对角矩阵

C_1，C_2——权重因子，比例积分算法的参数

C_i——电动机常数

$\boldsymbol{C}_t$——刚度矩阵

C_{St}——欧拉角 C 的初始值

C_Z——欧拉角 C 的目标值

d_i——滑动长度，关节 i 的德纳维特-哈滕贝格参数

d_L——位置控制回路阻尼

d_v——速度控制回路阻尼

d_v——帧坐标中物体的长度

$\boldsymbol{D}_k$——$k=0$，1，附加信号合成的参数矩阵

d_R——世界坐标系中物体的长度

e——控制错误、滞后

e_∞——永久控制误差

$\boldsymbol{e}_R$——旋转向量

$\boldsymbol{e}_u$——$\boldsymbol{u}$ 的单位向量

e_v——图像坐标中的控制误差

e_x——控制误差（视觉伺服）x 坐标

f——自由度

$\boldsymbol{f}_C$——角速度的函数向量

$\boldsymbol{f}_{ex}$——外力向量

$\boldsymbol{f}_{ex,S}$——要施加的力的设定向量

$\boldsymbol{f}_i$——机器人手臂部分 i 的力向量

F_D，$F_{D,i}$——转动关节 i 的摩擦系数

$\hat{F}_{D,i}$——滑动关节 i 的摩擦系数

$\boldsymbol{F}_D$——摩擦系数矩阵

$\boldsymbol{F}_i$——机器人手臂部分 i 上的广义力向量

F_M，$F_{M,i}$——电动机 i 的摩擦系数

$\boldsymbol{F}_M$——电动机摩擦系数矩阵

$\boldsymbol{F}_{St,v}(s)$——传递函数速度控制回路

$\boldsymbol{F}_0(s)$——传递函数开位置控制回路

g——重力加速度

$\boldsymbol{g}$——重力加速度向量
$\boldsymbol{G}$——重力向量/力矩
$G_v(s)$——传递函数速度控制回路
h_i——关节 i 类型
I_A——电枢电流
$I(t)$——时间 t 的积分部分
$\boldsymbol{I}_A$——电枢电流向量
$\boldsymbol{I}_{SP,i}$——机器人手臂部分 i 惯性张量
I_V——相机图像
$\boldsymbol{J}$——运动学雅可比矩阵
$\hat{\boldsymbol{J}}$——力/力矩的雅可比矩阵
J_A——电动机电枢转动惯量
$\boldsymbol{J}_A$——电动机转动惯量矩阵
$\boldsymbol{J}_V$——图像雅可比矩阵
k——标量，系数
K_D——摩擦系数
$K_{D,i}$——D 部分的系数，关节 i
K_i——坐标系 i
K_I——控制器积分部分系数
$K_{I,i}$——控制器积分部分系数
$\boldsymbol{K}_I$——所有 $K_{I,i}$ 的对角矩阵
$\boldsymbol{K}_{iN}$——附加信号合成矩阵
K_L——增益位置控制器
K_{MI}——电流测量常数
$\boldsymbol{K}_M$——电动机参数矩阵
K_p——增益 PI 控制器
K_{St}——受控系统增益
K_{Vor}——速度预控
K_W——工具/执行器坐标系统
K_0——总增益，基础坐标系
l——距离像平面/针孔
l——长度参数
$\boldsymbol{l}$——K_W 的单位向量
$\boldsymbol{m}$——K_W 的单位向量
M——机器人手臂部分转动惯量
M_A——电动机驱动力矩
$M_{A,i}$——驱动力矩，电动机 i
M_R——发动机的摩擦损失力矩
M_{R0}——电动机静摩擦力矩
$\boldsymbol{M}$——质量矩阵
$\boldsymbol{M}^*$——受控系统的系统矩阵
$\tilde{M}$——M^* 的近似值
$\boldsymbol{M}_A$——电动机驱动力矩向量
$\boldsymbol{M}_L$——电动机力矩向量
$\boldsymbol{M}_R$——电动机损失力矩的向量
$\boldsymbol{M}_{R0}$——静摩擦力矩向量
n——关节数，自然数
n_C——f_C 中的组件数量
$\boldsymbol{n}$——力矩向量，K_W 的单位向量
$\boldsymbol{n}_i$——机器人手臂部分 i 上的力矩向量
$\boldsymbol{n}_{ex}$——外部力矩向量
$\boldsymbol{n}_{ex,S}$——外部力矩的目标向量
N_i——机器人手臂部分 i 上的广义力矩
n_x——图像宽度
n_y——图像宽度
$\boldsymbol{p}(t)$——笛卡儿位置向量
$\boldsymbol{p}_H$——辅助位置向量，圆弧路径
$\boldsymbol{p}_{HM}$——从辅助点到中心点的向量
$\boldsymbol{p}_{HZ}$——从辅助点到目标点的向量
$\boldsymbol{p}_i$——从 K_0 到 K_i 的位置向量，从 K_{i-1} 到 K_i 的向量
p_{St}——连续路径起始位置
$\boldsymbol{p}_{StH}$——从起点到辅助点的向量
$\boldsymbol{p}_{StZ}$——从起点到目标点的向量
p_Z——连续路径的目标位置
$\boldsymbol{p}_{ZW}$——中间位置的位置向量
$\boldsymbol{p}_{04}$——从 K_0 到 K_4 的向量
$\boldsymbol{p}_{14}$——从 K_1 到 K_4 的向量
$P(t)$——时间 t 处的比例部分
P_H——辅助点圆弧路径
P_{St}——CP 路径起点
P_Z——CP 路径目标点
qt——四元数
$q(t)$——关节坐标
$q_S(t)$——关节坐标的设定点
q_{St}——关节坐标的起始值，关节坐标的目标值

$q_{S,L}$——主轴设定坐标
$q_{ZW,L}$——主轴的中间位置
$\boldsymbol{q}(t)$——关节坐标向量
$\boldsymbol{r}$——控制器输出变量的向量
$\boldsymbol{r}_{S,i}$——指向机器人手臂部分 i 重心的向量
$\boldsymbol{R}$——欧拉角的旋转矩阵，摩擦矩阵
R_V——特征搜索的结果图像
s——拉普拉斯变量
$s(t)$——点到点路径的路径参数
$s_c(t)$——圆弧路径的路径参数
s_e——点到点路径段的长度
s_{ec}——圆弧路径段的长度
s_{ep}——直线路径段的长度
s_{ew}——路径长度、方向变化
$s_c(t)$——圆弧路径参数
$s_p(t)$——直线路径参数
$s_w(t)$——方向变化路径参数
$\boldsymbol{s}_i$——从 K_i 到焦点重心 SP_i 的向量
SP_i——机器人手臂部分 i 的重心
$\boldsymbol{S}_G$——传递矩阵
$\boldsymbol{S}$，$\boldsymbol{S}'$——力控制的选择矩阵
t——时间参数
t_b——点到点路径的加速时间
t_{bc}——圆弧路径的加速时间
t_{bp}——直线路径的加速时间
t_{bw}——换向加速时间
t_e——点到点路径的路径时长
t_{ec}——圆弧路径的路径时长
t_{ep}——直线路径的路径时长
t_{ew}——方向变化的路径时长
t_v——点到点路径的制动时间
t_{vp}——直线路径的制动时间
t_{vc}——圆弧路径的制动时间
t_{vw}——换向制动时间
T_A——采样时间
T_L——位置控制回路的时间常数
T_N——PI 控制器复位时间
T_R——参考时间常数
T_{St}——控制回路时间常数
T_V——速度控制回路的时间常数
$\boldsymbol{T}_G$——传递矩阵
T_W——工具位置作为框架
${}_0^C\boldsymbol{T}$——K_C 和 K_0 之间的框架
${}_i^k\boldsymbol{T}$——K_k 和 K_i 之间的框架
T_Ipo——时间插值距离
u——齿轮系数，控制变量
$\ddot{u}$——超调量
u_i^*　替代控制变量 i
$\boldsymbol{u}$——列向量
$\hat{\boldsymbol{u}}$——前馈控制的输出向量
$\boldsymbol{U}_S$——控制量的向量
v_C——圆弧路径的速度
$\hat{v}_c$——v_c 的默认值
v_m——路径的速度
$\hat{v}_m$——v_m 的默认值
$v_{m,\max}$——最大可能的路径速度
v_p——直线路径速度
$\hat{v}_p$——v_p 的默认值
v_S——速度设定值
$v_{Ueb,CP}$——连续路径平滑参数
$v_{Ueb,PTP}$——点到点平滑参数
v_w——换向速度
$\hat{v}_w$——v_w 的默认值
$\boldsymbol{v}$——速度向量
$\boldsymbol{v}_i$——机器人手臂部分 i 的速度向量
V_R——ReDuS 控制器参数
$\boldsymbol{V}_s$——图像坐标中的目标向量
$\boldsymbol{v}_{S,i}$——机器人手臂部分 i 的重心速度向量
$\boldsymbol{V}$——图像坐标中的特征向量
$\boldsymbol{V}$——笛卡儿速度部分向量
w——受控变量的设定值
$\boldsymbol{w}(t)$——欧拉角向量
$\boldsymbol{w}_{St}$——欧拉角的起始向量
$\boldsymbol{w}_Z$——欧拉角的目标向量
x——笛卡儿坐标，控制变量
$\boldsymbol{x}$——世界坐标系的向量
$\boldsymbol{x}_C$——K_C 的基向量
$\boldsymbol{x}_V$——笛卡儿坐标中的图像特征

$\boldsymbol{x}_{V,s}$——笛卡儿坐标中的目标图像特征
y——笛卡儿坐标
$\boldsymbol{y}_C$——K_C 的基向量
z——笛卡儿坐标，干扰变量
z_C——K_C 的基向量
α——欧拉角，ReDuS 参数
α_i——关节 i 的德纳维特-哈滕贝格角
β——欧拉角，ReDuS 参数
ε_{CP}——CP 混合参数
φ_R——旋转角度
φ_R——相位储备
φ_Z——圆弧的圆心角
χ——欧拉角
θ——俯仰角
θ_i——关节 i 角度
τ_i——推力，关节 i 力矩
ω_D——通道回路频率
$\boldsymbol{\tau}$——关节力/力矩的向量
$\boldsymbol{\omega}$——角速度向量
$\boldsymbol{\omega}_i$——机器人手臂部分 i 的角速度向量
Ω——电动机角速度

目 录

第 1 章　工业机器人的组成

1.1　工业机器人的定义

机器人一词起源于捷克语“robota”（工作），1921 年在捷克作家卡雷尔·恰佩克的舞台剧《罗素姆的万能机器人》中首次出现，该剧中的机器人负责所有繁重的工作，但随着时间的流逝，它们开始反叛。即使在今天，机器人一词也反复与类人猿、类人机器相关联，除了具有驱动工具和执行机械工作的能力以外，还认为其具有性格特征和意志控制行为。

当机器人被解释为基于知识的代理，该代理或多或少可与其环境（见文献/1.15/）进行智能交互时，将其称为智能机器人。社会学家开始研究与人工智能相关的机器人技术对社会发展的影响（见第 1.2 节、1.7 节）。

在面向技术的领域中，机器人一词也被广泛使用。一些感知到某些信息并处理这些信息然后采取相应行动的系统也称为机器人。这样的广义定义包括自动驾驶汽车、配备传感器的工程机械等，也包括更简单的系统。

本书的工业机器人，可以看作是一种操作设备。操作技术涉及在空间中的多个运动轴上进行运动的技术，类似于人类的运动。操作设备的分类和定义存在或多或少的不同。在德国工程师协会准则 2860 中，操作的定义为对几何形状确定物体的给定空间布置的创建、界定的改变或临时维护。

工业机器人可完成各种各样的任务，如焊接和涂装，通常将其视为一种特殊的操作设备。图 1.1 所示为处理装置。嵌入式装置用于进给和取出工件。这些装置轴很少，可以通过限位开关接收行程信息。使用这些设备无法对空间中定义的路径进行编程。操纵系统可以远程操纵，它们对工业机器人的发展起决定性的作用。操纵系统由人工智能控制。操作者做出决定并指定动作。手动灵活性、认知技能、复杂的传感器和人类经验得到应用，并由技术系统支持。它主要在难以接近、危害健康的环境中执行困难的操作任务。为了控制遥控操纵系统的工作臂，使用了类似操作臂、操纵杆等结构。远程操纵器是遥控的操纵器，操作员可通过摄像头系统接收有关工作环境的信息。通常远程操纵器也是可编程的，或者使用远程操纵技术对工业机器人进行编程。德国工程师协会（VDI）准则 2860 定义工业机器人：运动可根据运动顺序和路径或角度自由设定（即无需机械干预即可指定或更改），在必要时由传感器引导。它们可以配备抓爪、工具或其他生产工具，可以执行装卸或其他生产任务。

DIN EN ISO 8373 的定义有些笼统，日本工业机器人协会（JIRA）对工业机器人一词的定义更为广泛（见文献/1.8/）。因此，在比较有关不同国家/地区使用工业机器人的数据

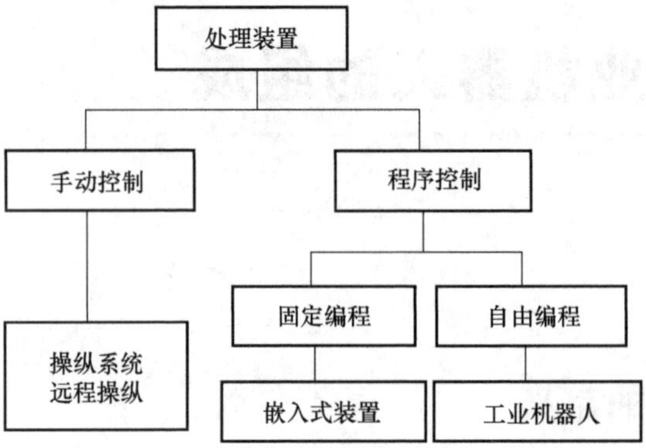

图 1.1　处理装置

时，应谨慎行事。

工业机器人与其他处理设备的主要区别在于可自由编程和通用属性。出于经济原因，工业机器人主要用于需要更短生产周期、更小批量生产以及需要经济高效、灵活改装的场合。应用的重要领域为装卸、焊接、去毛刺、涂装、组装、测量。工业机器人和机械手技术也催生了建筑机器人、医疗、服务机器人等相关领域的应用。

服务机器人技术在操纵器技术和工业机器人技术之间建立了联系。服务机器人为人们提供服务，它可以直接响应来自人的指令，也可以自动地以程序驱动的方式执行部分任务。

1.2　机械结构

工业机器人的任务是在空间中以合适的方式引导执行器。执行器可以是抓爪、测量头、加工工具等。执行器是机器人手臂与环境接触的一部分，以便拾取工件，对其进行加工等。执行器的特征点，例如工具尖端，称为工具中心点（TCP）。机器人由多个手臂零件和关节组成。机器人手臂部件和关节的布置决定了运动学结构。一般有两个主要类别：串行运动学和并行运动学。

串行机器人由一连串的手臂部件组成，这些手臂部件通过关节（轴）连接。执行器可以看作是手臂的最后一部分。执行器的运动可能性基本上由机器人的机械结构，即根据机器人手臂部位的大小、关节的类型和布置决定。图 1.2 所示为史陶比尔铰接式机器人 TX2-60 和 SCARA TS2-60 机器人，其中图 1.2a 带有 6 个转动关节。这种通常使用的类型称为立式铰接式机器人，有多种用途。

工业机器人的轴分为主轴和辅助轴。主轴显著影响工具中心点在空间中的位置，而辅助轴仅引起位置的微小变化，但主要决定执行器的校准和方向。

可以在空间中自由移动的物体具有 6 个自由度。根据 VDI 准则 2861 自由度 f 是刚体相对于参考系统可能独立运动（位移、旋转）的数量。f 对应于完全描述物体在空间中位置的条目数量。执行器的状况（位置和方向），在机器人技术文献中称为位姿，可以通过与参考坐标系相关的三个位置规范和三个旋转角来描述。

传动装置自由度 F 表示有多少个独立驱动的轴导致机器人手臂确定的运动。通过适当布置关节，6 个关节轴（$F=6$）可执行器的最大自由度 $f=6$。这是在具有 6 个轴的铰接式机器人中实现的。在特殊情况下，为了改善精确运动，使用了具有 6 个以上轴（$F>6$）的机器人，即所谓的冗余运动学，但这会导致更高的成本以及更大的控制工作量。双臂机器人也可用于特殊任务。图 1. 3a 所示为安川欧洲有限责任公司的解决方案，共有 15 个关节。这样的双臂系统适合于灵活且节省空间的组装，并且还可以节省夹持器。典型的工业机器人的负载质量与净质量之比为 1∶10，市场上也有轻型机器人，其负载质量与净质量之比约为 1∶2。图 1. 3b 所示为库卡的轻型机器人 iiwa，它具有 7 个旋转关节。该机器人的前期研制工作是由德国航空航天中心（DLR）的机电一体化与机器人研究所进行的。必要的刚性是通过先进的控制算法实现的，这些算法也基于额外的传感器（测试）值，可以获取关节加速度。

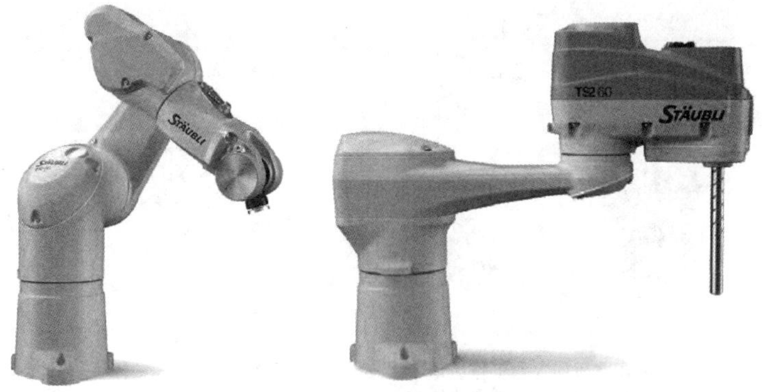

a) 铰接式机器人 TX2-60　　b) SCARA TS2-60机器人

图 1. 2　史陶比尔铰接式机器人 TX2-60 和 SCARA TS2-60 机器人（史陶比尔工作图片）

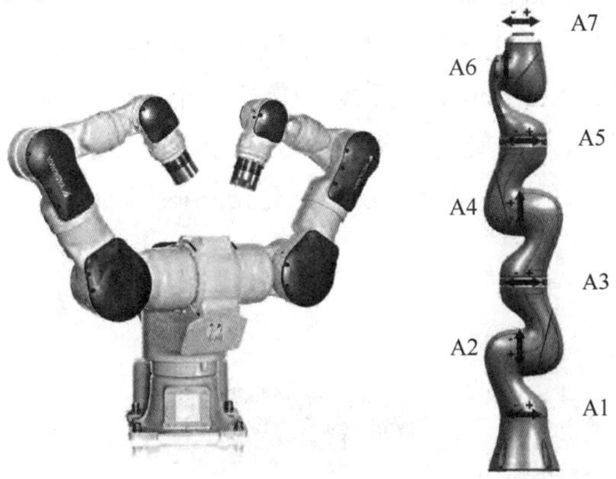

a) 双臂机器人SDA200(安川图片)　b) 轻型机器人(库卡机器人有限责任公司图片)

图 1. 3　双臂机器人和轻型机器人

少于 6 轴的机器人具有的自由度 $f<6$。这一类的一个重要代表是 SCARA（Selective Compliance Assembly Robot Arm）机器人，也称为转臂机器人。这种类型的串行机器人适用于在一个平面上进行的工作，例如钻孔、在电路板上设置焊点、某些组装和处理过程。前两个转动接头用于平面定位，第三个轴是平移轴，用于高度调整，例如在钻孔过程中下降和提升，第四个轴是转动轴。可以在工作区域内接近工具中心点的任何位置，但工具尖端始终指

向工作平面。执行器的方向只能通过绕纵轴旋转来改变，执行器的自由度为$f=F=4$。

其他重要的几何参数与机器人的运动部件可以到达的空间有关。根据《德国工业标准》2861 第 1 页，工作区域被理解为可以从辅助轴和执行器之间的界面中心到达的空间区域，以及所有轴运动的整体。图 1.4 所示为机器人的工作区域。完整的空间布局划分标记见《德国工业标准》2861 第 1 页。通常工作空间也可以理解为工具中心点可以到达的空间区域（见文献/1. 12/）。空间的区域，除了工具中心点的定位之外，执行器的方向也可以自由选择，然后是工作空间的一个子区域（“灵巧的工作空间”，见文献/1. 12/）。

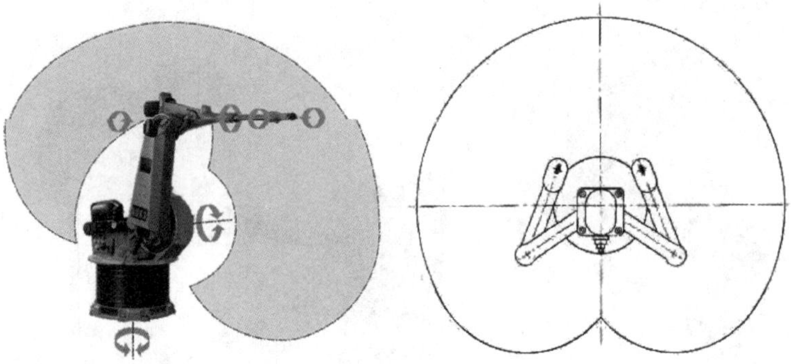

a) 库卡铰链式臂机器人的工作区域（库卡机器人有限责任公司图片）　b) IBM SCARA 机器人的工作区域(IBM 图片)

图 1.4　机器人的工作区域

以下部分涉及串行运动结构。并联机器人也用于专业领域。通过这些并行运动学，多个滑动或旋转关节直接作用于执行器。图 1.5 所示为 6 足机器人和三角式机器人。来自普爱纳米位移技术（PI）公司的 6 足 PI-Hex Antenna 天线，带有 6 个滑动接头。MAJAtronic 公司的三角式机器人 autonox 24，它具有 4 个旋转接头。并联机器人可以在最小的空间内快速定位和定向执行器，它们刚性相对较好，移动质量较小。有使用附加轴或多个臂来扩展工作区域的方法（如 Adept Quattro s650）。

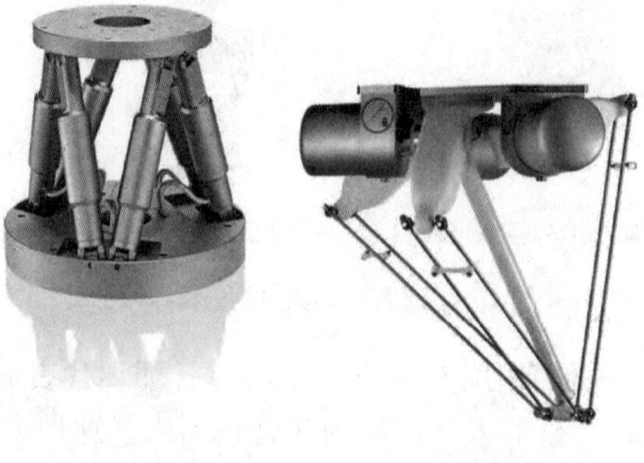

a) 6足机器人 PI-HexAntenna (PI公司图片)　b)三角式机器人autonox 24 (MAJAtronic 公司图片)

图 1.5　6 足机器人和三角式机器人

1.3 控制与编程

机器人的机械结构、控制与编程系统通常为一个整体并由制造商供应。KUKA 机器人公司基于计算机的 KR C4 机器人控制器的设备配备和接口如图 1.6 所示。机器人程序处理和路径规划操作、显示、文件管理和处理是基于 Windows 操作系统在计算机（见图 1.6 中编号 4）上进行的，并以实时扩展 VxWorks 为补充。除了使用手持式编程设备（见图 1.6 中编号 14）创建程序外，当然还可以使用库卡机器人语言（KRL）进行离线编程。其他重要组件是用作运行状态显示单元的控制系统面板（CSP，见图 1.6 中 3）和机柜控制单元（CCU，见图 1.6 中 9）。机柜控制单元是机器人控制器所有组件的中央配电单元和通信接口。在 5、6、7 中装有驱动器电源和驱动器控制器。SIB/SIB 扩展（安全接口板 10）提供安全的离散输入和输出。其他组件是线路过滤器 1、主开关 2、制动过滤器 8、可充电电池 12 和连接面板 13，它主要提供电动机线和数据线进出机器人手臂的连接。这也是解析器数字转换器（RDC）接口的位置，该接口处理解析器信号以测量电动机位置数据，并将其通过内部 KUKA 控制器总线（KCP）馈送到驱动控制器。通过相应的 KUKA 扩展总线（KEB）配置，机器人控制器可以通过总线（PROFIBUS、EtherCAT、DeviceNet）或串行接口与其他控制器联系，如和 PLC 通信。

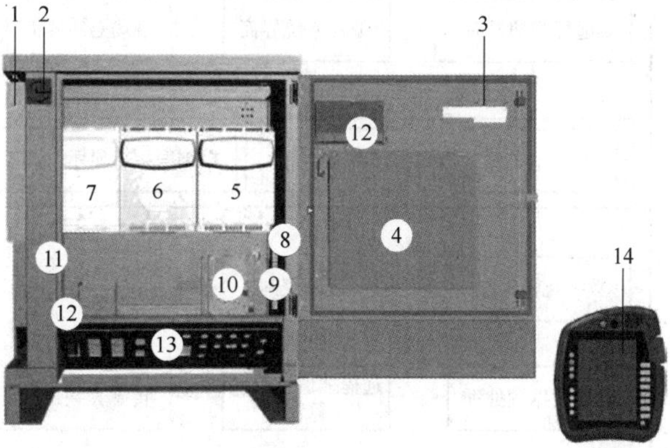

图 1.6　KR C4 控制器（KUKA 机器人公司工作图片）

控制和编程系统具有不同的任务（见图 1.7）。编程系统为用户提供功能和命令，以设置、校正和测试运动程序。

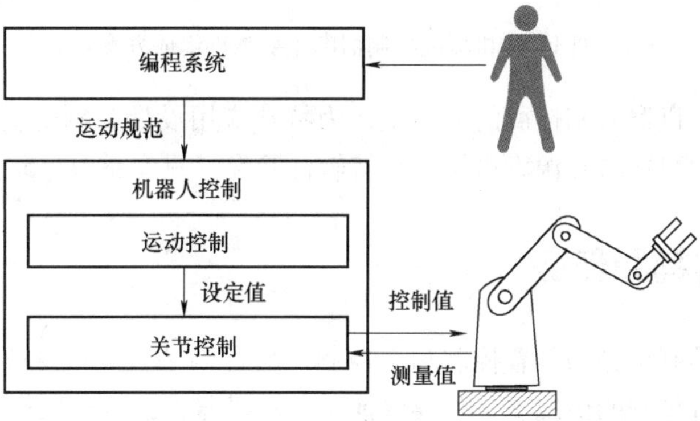

图 1.7　主要组件控制和编程系统

另外，可以根据外围事件来确定如何处理运动序列。软件工具可用于读取、存档和记录程序、可视化机器人运动等。编程系统是用户与工业机器人之间接口（HMI——人机界面）的重要组成部分。它使用户可以采用控件中包含的算法进行插补。与其他高度开发的机器一样，人机界面的属性是使用工业机器人的重要决策标准，因为编程需要简单、灵活以满足应用，出于成本原因，使用工业机器人系统至关重要。最近出现了用于多个机器人手臂的控制软件（如来自 ABB 的控制 IRC5）。需要多个机器人协同合作完成一项任务（协作机器人）。

机器人控制器包括必要的硬件和系统软件，以控制驱动电动机，从而执行程序指定的运动和加工过程。机器人控制的主要组成部分是运动控制，该运动控制根据编程的运动来计算关节运动的目标路线。必须计算机器人编程目标位置之间的合适中间值（插值）。笛卡儿空间中定义的运动必须转换为相应的关节运动（逆向运动学）。

关节控制的任务是基于这些目标运动和关节尺寸的测量值，通过驱动卡控制伺服电动机的关节尺寸，从而建立足够精确的运动，尽管有干扰变量，例如变化的负载和关节运动之间的耦合。图 1.8 所示为机器人控制器的主要软件组成方案。除了上面提到的任务，还有实时控制、处理来自外围信号的接口等。

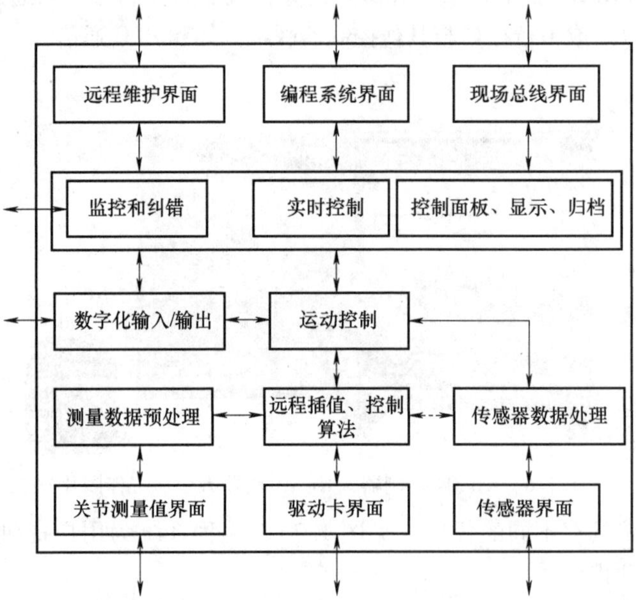

图 1.8　机器人控制器的主要软件组成方案

越来越多不属于机器人制造商的公司正在为特殊应用设计和制造新的或改进的机器人。机器人操作系统（ROS）的开源库可用于支持软件开发（见文献/1.15/）。

1.4　控制的结构和任务

工业机器人的控制可分为位置控制和力控制。力控制装置应确保规定的力/力矩对工作环境的影响。在位置控制的情况下，是要保证所需的机器人运动来执行工作任务，而与加工力/力矩无关。由于仅靠力控制无法完成复杂的工作任务，因此出现了位置和力控制的混合形式（混合控制），其中在位置和力控制之间进行了特定于任务的切换。尽管出于各种原因在工业实践中仍然使用相对较少的力控制，但是每个机器人控制器中都必须有位置控制。

机器人控制器中控件的功能嵌入如图 1.9 所示。运动控制根据程序员的指令创建目标运动，从而定义工作过程中的每个时间点所需的运动状态。控制值由合适的控制算法计算，作为这些设定点和相应测量变量的函数。通过这些控制值控制驱动系统，以尽可能实现所需的性能。从运动控制的角度来看，发生的力和力矩是干扰变量。

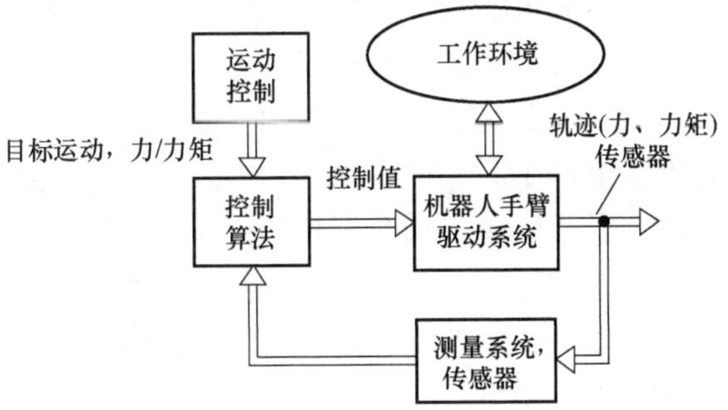

图 1.9　机器人控制器中控件的功能嵌入

为了调节机器人的关节运动，必须提供有关关节角度、滑动长度和关节速度的测量值。尽管有人将记录这些变量的技术设备视为内部传感器（见文献/1.13/、文献/1.25/），但它们在文献/1.14/中被称为测量传感器。

根据文献/1.14/中的定义，测量系统提供有关轴运动的信息，而传感器则提供有关周围情况的信息（例如，在传送带公差范围内的工件 x、y）并影响工作流程的进程。根据传感器信息，控制器可以对程序员无法详细预测的事件和条件做出反应。这种部分自主性也是从面向机器人的运动指令编程向面向任务的编程（见文献/1.15/、文献/1.25/）发展的先决条件。在机器人技术中开发传感器时，人类的感觉和视觉感知能力就是范例。在工业实践中越来越多地使用触觉传感器、力/力矩传感器、距离传感器以及具有后续图像处理功能的视频光学传感器。由于传感器将过程状态报告给控制器，因此该信息的处理可以理解为一个外部控制回路，该回路在工作坐标（笛卡儿坐标）中生成调整后的运动设定点，并在坐标变换（逆向运动学）之后提供内部控制（关节控制）和运动设定值（见图 1.10）。某些传感器（如力/力矩传感器）也可以直接影响关节控制回路。

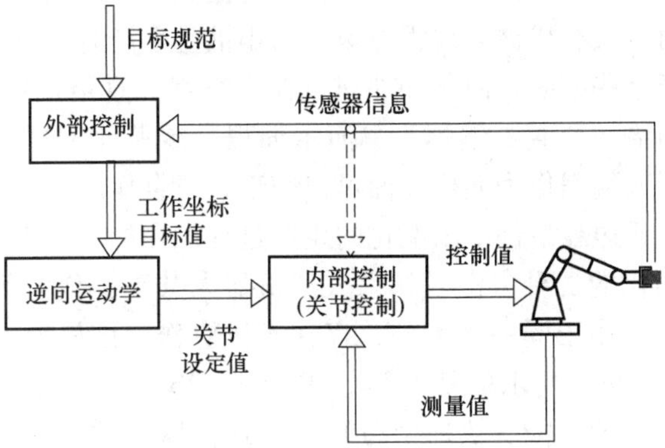

图 1.10　机器人的内部控制和外部控制

工业机器人手臂关节控制的一个特性是非线性耦合。关节控制的输出变量是关节轴的运动，它们相互影响。如果控制导致关节轴上的力矩或推力发生变化，则不仅会影响该关节轴，还会影响所有其他关节动作。因此，机器人手臂控制系统是一个耦合的多变量系统。这些关系是非线性的，因为必须使用三角函数和时间相关量的平方进行描述。

在图 1.11 中 3 个关节机器人的基础上，可以明确一些耦合：

1）在给定力矩下出现的关节角的状态取决于所有关节角的状态，因为关节 1 加速时的有效质量惯性矩取决于这些角度。如果机器人手臂向上伸展（垂直位置），则质量惯性矩最小。在机器人手臂部分 2 和手臂部分 3 的水平位置，最大质量惯性矩起作用。

2）重力在关节 2 中产生力矩，该力矩取决于关节 2 和 3 的位置。其适用于以下条件：在垂直位置，重力无影响；在水平位置，重力影响最大。

3）如果关节 1 移动，则向心矩作用在关节 2 和关节 3，这取决于关节 1 的角速度和当前角度。

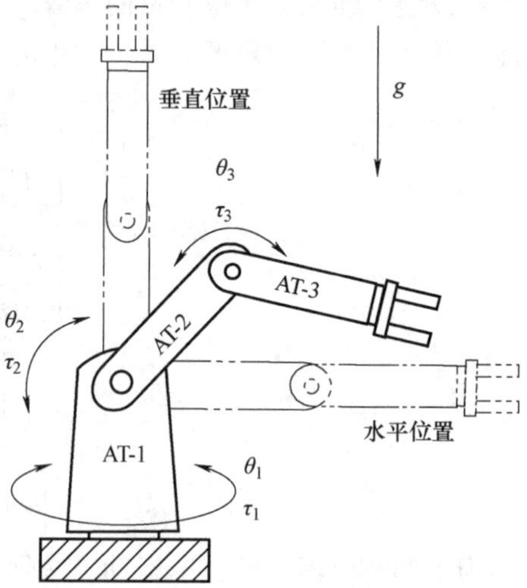

图 1.11 具有 3 个关节的机器人手臂耦合

关节控制工程化处理以及实际工作中要求机器人手臂必须尽可能以更高的路径精度运动是关节控制的关键。另外，开始向轻量化机器人方向进一步发展（见图 1.3b），即机器人手臂的移动自重与拾取的负载质量之比变得更小，这要求在控制改变负载质量或适应性方面非常好。由于力/力矩传感器的使用变得越来越经济，因此在新的应用领域中，例如装配，力控制将发挥越来越大的作用。

1.5 工业机器人技术的应用领域

长期以来，工业机器人技术的发展一直受到大规模生产的影响，尤其是汽车行业。高度灵活的工业机器人生产机器基本上必须执行快速和/或精确的运动。3 个边界条件影响着其发展：①通过增加产品种类来减少数量；②在中小型公司增加工业机器人的使用；③开发在装配或食品及其他近几年机器人技术几乎没有任何价值领域的应用。

在中小型公司，通常没有机器人编程专家。当小批量生产时，重要的是在改变应用任务时减少设置时间。由于这些原因，简化和加速机器人编程一直是机器人制造商开发的重点。在这种情况下，一般用语是“直观编程”“演示编程”或基于 CAD 模型的程序自动创建。从综合意义上讲，机器人编程作为人机界面可以归于人机合作。

针对少量零件生产或边界条件不断变化的生产过程，在加工过程中人与机器人之间的交互作用是实现经济自动化的一种方法。如果人和机器人共享工作空间，则称其为辅助机器人。如果机器人和工人工作于同一个工件，存在人机协作，该机器人称为协作机器人，见图 1.12a。已开发出满足安全要求的执行器，见图 1.12b。人类在生产过程中将自己的特性（杰出的感官技能、认知技能、快速学习）与工业机器人的特性（无疲劳、动作的高重复性、高精度）相结合。在人机协作过程中，对机器人控制器有特殊的安全要求。除了机器人安全性国际标准 ISO 10218 以外，还必须满足 ISO/TS 15066。可以说以人为中心的自动化的程度最终取决于工作场所的具体设计。对于辅助机器人技术和人机协作，轻量级机器人特别合适，它对人类而言具有较低的潜在风险。

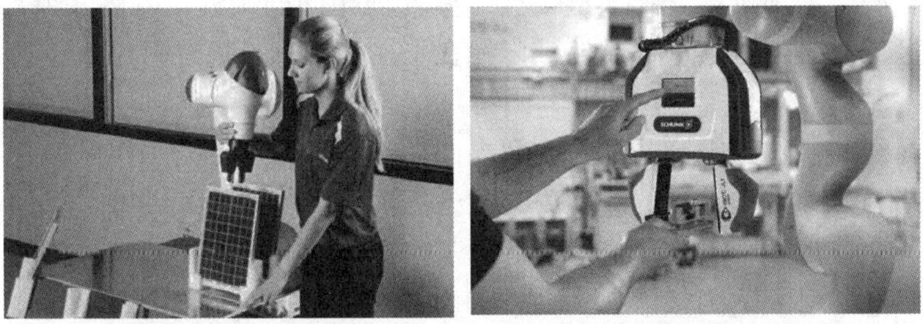

a) 与机器人协作的工作场所（安川公司工作图片）　　b) 协作抓手(雄克公司工作图片)

图 1.12　人机协作

如果人与机器人之间存在接触，则接触类型在风险评估中具有重要意义。ISO/TS 15066 介绍了人体生物力学极限值。根据身体部位的不同，施加不同的最大力量，直到发生伤害。例如，在头部高度工作的机器人比在腿部区域工作的机器人需要受到不同的力限制。必须考虑整个机器人单元的所有属性以进行风险评估。人与机器人之间的密切协作至关重要。具体有以下四种类型的协作：①共存；②串行；③并行；④合作。

人机协作（MRK）的确定如图 1.13 所示。协作的最低形式是共存，机器人的工作区域和人的工作区域相互靠近，没有重叠。

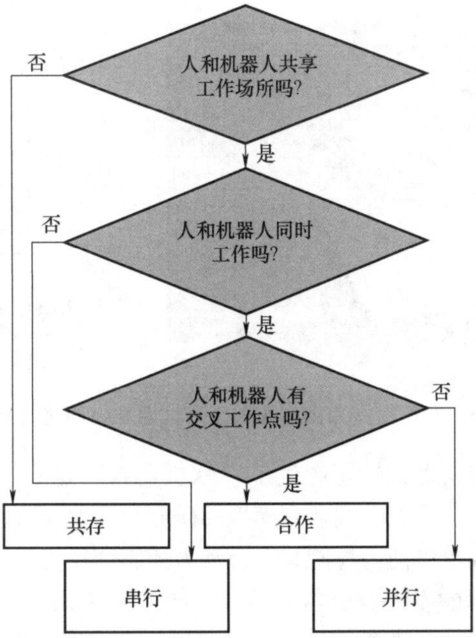

图 1.13　人机协作（MRK）的确定（见文献/1.30/）

使用协作机器人意味着通常无须使用传统的保护装置（防护围栏）；相反，使用了将风险降至最低的替代方法。一旦传感器检测到物体进入公共工作区域（紧急停止），机器人就会停止。通过适当的传感器，还可以检测到人的存在和位置，以便在接触发生之前适当降低速度。此外，功率和力限制可以根据生物力学限制值生效，以降低接触时受伤的风险。

在串行协作中，人和机器人在共享工作区域处理相同的工件，处理步骤不会同时发生。机器人在工作区域时必须对其进行监控，以便在不允许的人员接近时停止、降低速度或监控接触力。

并行协作时人和机器人在公共工作空间内同时工作。一旦进入工作区域，紧急停止在这里就不是好的措施。速度和发生的接触力必须根据需要进行监控和调整。

在最接近的合作形式中，人和机器人一起工作。由于此处需要接触，因此也省略了接触时的速度调整。这时必须监测接触力。在手动引导时（通过演示或用作起重辅助装置），机器人由引导装置引导，以便机器人将机器人的动力提供给人。

有多种技术可用于监控工作空间，如机器人手臂上的光栅、压敏台阶垫或触觉传感器系统，以检测物体的存在或接触。用激光扫描仪或相机系统来进行更灵活的工作空间监控。这些系统可以检测人的位置，根据人与机器人的接近程度来调整进给速度。相机监控有时需要复杂的算法来可靠地检测物体。此外，不利的是人不能直接看到安全区域，需要在房间内安全区域做固定标记降低这些系统的灵活性。基于投影的工作空间监控（见文献/1. 29/）提供了一个解决方案。对人和相机同样可见的线条和图案通过投影方式投影到工作空间中。相机系统可以通过简单的算法识别投影，并将其与预期的形状进行比较。如果有违反安全区域的行为，预期的相机图像会发生变化，从而可以可靠地检测到违反受保护区域的行为。图 1. 14 所示为基于投影的工作空间监控。工人将手握在投影线上，相机记录线条变化，检测违反保护区。

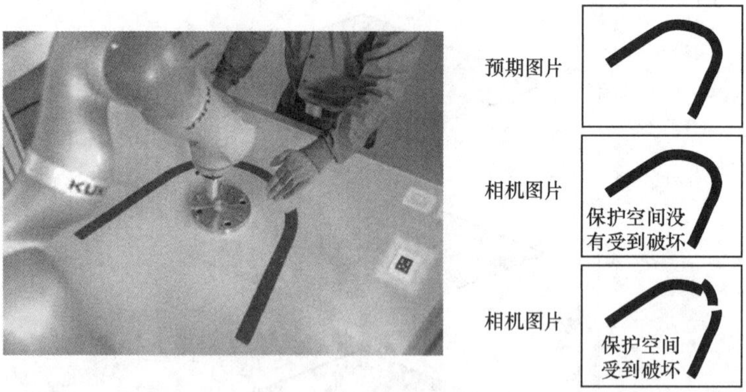

图 1. 14　基于投影的工作空间监控（弗劳恩霍夫工厂运营和自动化研究所，摄影 Stefan Deutsch）

结合人机协作和轻量级机器人，还产生了“软机器人”这一术语。该术语总结了涉及柔性机器人结构的供给、驱动、控制、调节和模拟的研究和开发。这些发展要求，除了对运动控制进行修改之外，控制工程也将使力控制和混合动力控制变得更加重要。当然，工业 4. 0 的生产场景也会影响机器人技术的发展。机器人组件，如工具/抓手，也能够进行相互通信。此类组件必须（更好地）与机器人控制器联网，并且可以与生产环境中的实体进行通信。

第 2 章　机器人位姿的描述

本章介绍如何完整描述机器人手臂的位置，通过实际任务介绍有关坐标系、自由向量、位置向量、旋转矩阵和齐次矩阵的基本知识，以及如何指定执行器在空间中的位置。本章的最后介绍了机器人学中常见的德纳维特-哈滕贝格约定，该约定定义了如何将必要的坐标系应用于机器人，以获得完整有效的机器人手臂运动学描述。

2.1　位姿描述的基础知识

2.1.1　坐标系

笛卡儿坐标系用于描述机器人执行器及手臂部件等的位置。从坐标系的原点开始相互垂直并成对排列的三个轴 x、y、z 形成笛卡儿坐标系（见图 2.1a）。它适用于右手螺旋法则。

如果将最短路径上的 x 轴旋转到 y 轴，则带有右手螺纹的螺旋将沿 z 轴正方向移动。

此外，必须在轴上订立一个比例，这取决于物理尺寸（见图 2.1b、c）。如果坐标系以两个轴位于图样平面中的方式表示，它由内指向图样平面外，则用一个圆圈和一个圆点绘制，否则，当它由外指向图样平面内则用一个圆圈和一个叉号表示（见图 2.1b、c）。这三个轴的交点称为坐标系的原点。

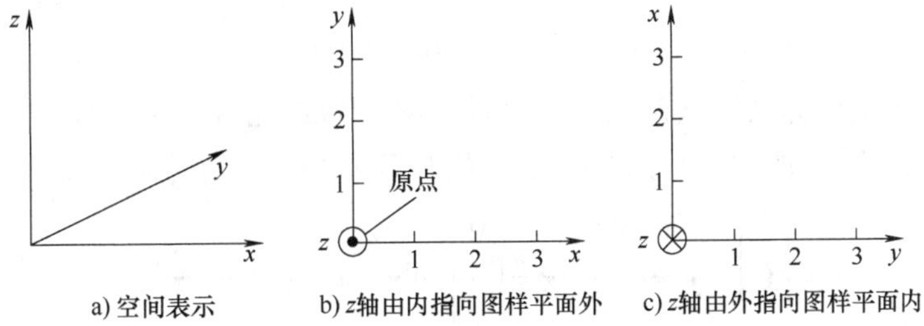

图 2.1　笛卡儿坐标系

2.1.2　自由向量

如果要在特定的时间点确定物体上任何点的速度（例如机器人手臂的重心），则必须同时指定当前正在移动点速度的大小和方向。这两个特征可以组合成一个自由的向量 $\boldsymbol{v}$（见图 2.2a）。线段的方向指示了物体在所考虑的时间点正在向何处移动。定向线段的长度决定了速度值的大小。

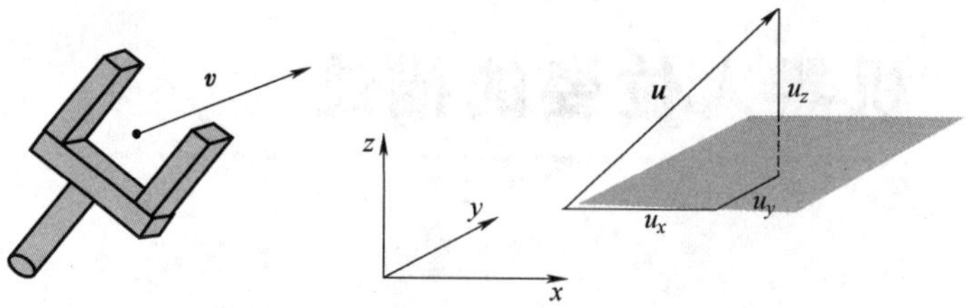

a) 工具中心点的线速度　　b) 在笛卡儿坐标系中向量u的分量表示

图 2.2　自由向量

在通常情况下，可以将同时具有大小和方向的物理量指定为自由向量。线段的长度是向量的大小。与此相反，标量仅通过指定大小来确定。标量的一个例子是时间。为了使向量可用于数学处理，向量可以在坐标系中表示（见图 2.2b）。坐标系轴上的垂直投影称为向量的分量。在这里，分量应排列成一列：

$$\boldsymbol{u}=\begin{pmatrix}u_x\\u_y\\u_z\end{pmatrix}$$

这种情况我们定义为列向量。同一列向量也可以写成转置行向量 $\boldsymbol{u}=(u_x,u_y,u_z)^{\mathrm{T}}$。自由向量可以并行移动，因为这种移动不会改变大小或方向。$-\boldsymbol{u}$ 是一个具有与 $\boldsymbol{u}$ 大小相同但方向相反的向量。向量的大小（模）为

$$|\boldsymbol{u}|=\sqrt{u_x^2+u_y^2+u_z^2} \tag{2.1}$$

属于向量 $\boldsymbol{u}$ 的方向向量 $\boldsymbol{e}_u$ 的模为 1，并显示为向量的方向（见图 2.3a）。方向向量可以用其分量表示：

$$\boldsymbol{e}_u=\frac{\boldsymbol{u}}{|\boldsymbol{u}|}=\begin{pmatrix}u_x/|\boldsymbol{u}|\\u_y/|\boldsymbol{u}|\\u_z/|\boldsymbol{u}|\end{pmatrix} \tag{2.2}$$

特殊方向向量是坐标系的基础向量。机器人必须始终配备多个坐标系。任意坐标系 K_i 及其基础向量如图 2.3b 所示。它们在坐标系 K_i 中表示为

$$\boldsymbol{x}_i=\begin{pmatrix}1\\0\\0\end{pmatrix},\ \boldsymbol{y}_i=\begin{pmatrix}0\\1\\0\end{pmatrix},\ \boldsymbol{z}_i=\begin{pmatrix}0\\0\\1\end{pmatrix},\ |\boldsymbol{x}_i|=|\boldsymbol{y}_i|=|\boldsymbol{z}_i|=1 \tag{2.3}$$

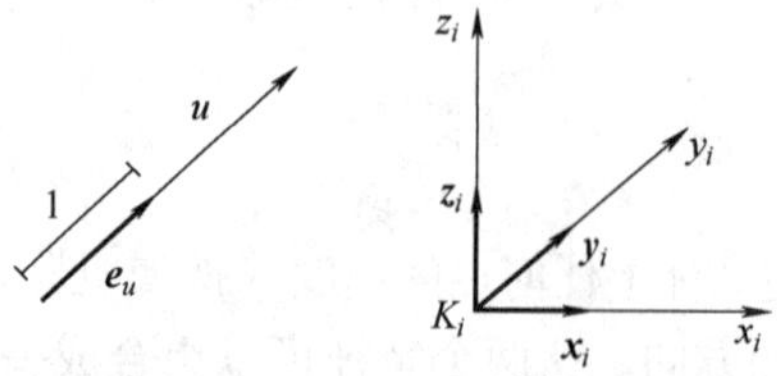

a) 方向向量　　b) 坐标系的基础向量

图 2.3　方向向量和坐标系的基础向量

2.1.3 向量运算

向量可以通过将逐个分量相加或相减来进行算术相加和相减：

$$\boldsymbol{u}_1+\boldsymbol{u}_2=\begin{pmatrix}u_{1x}+u_{2x}\\u_{1y}+u_{2y}\\u_{1z}+u_{2z}\end{pmatrix},\ \boldsymbol{u}_1-\boldsymbol{u}_2=\begin{pmatrix}u_{1x}-u_{2x}\\u_{1y}-u_{2y}\\u_{1z}-u_{2z}\end{pmatrix} \tag{2.4}$$

向量的加法和减法根据图 2.4 进行。通过将每个分量乘以标量，可以将向量乘以标量 k：

$$k\boldsymbol{u}=\begin{pmatrix}ku_x\\ku_y\\ku_z\end{pmatrix} \tag{2.5}$$

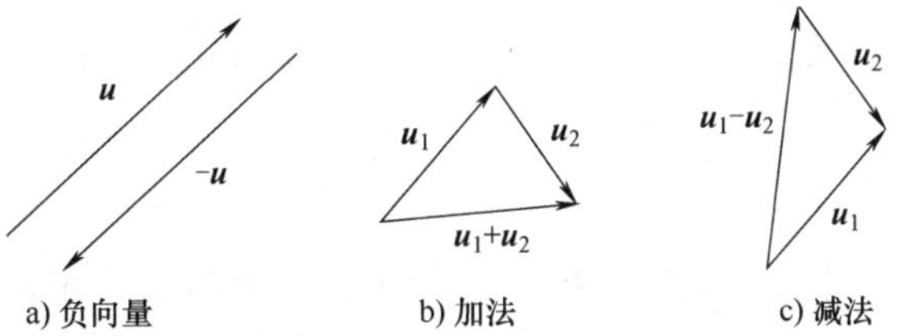

图 2.4　向量运算

向量通过乘以标量来保持其方向，即长度（模）乘以系数 k。向量积（叉积）和标量积是为向量的乘法定义的，示例如图 2.5 所示。外力通过旋转关节作用在机器人上，其大小和方向由向量 $\boldsymbol{f}_{ex}$ 表示。在 G 点出现力矩，该力矩的方向和大小取决于向量 $\boldsymbol{f}_{ex}$ 和 $\boldsymbol{r}$。$\boldsymbol{n}$ 垂直于由 $\boldsymbol{f}_{ex}$ 和 $\boldsymbol{r}$ 跨越的平面。它适用于 $|\boldsymbol{n}|=|\boldsymbol{r}|\cdot|\boldsymbol{f}_{ex}|\cdot\sin\alpha$，$\boldsymbol{n}$ 的大小和方向，可以用两个向量的叉积 $\boldsymbol{n}=\boldsymbol{r}\times\boldsymbol{f}_{ex}$ 在数学上表达。通常，两个向量的向量积定义为

$$\boldsymbol{u}_3=\boldsymbol{u}_1\times\boldsymbol{u}_2,\ \boldsymbol{u}_3=\begin{pmatrix}u_{3x}\\u_{3y}\\u_{3z}\end{pmatrix}=\begin{pmatrix}u_{1y}u_{2z}-u_{1z}u_{2y}\\u_{1z}u_{2x}-u_{1x}u_{2z}\\u_{1x}u_{2y}-u_{1y}u_{2x}\end{pmatrix} \tag{2.6}$$

$\boldsymbol{u}_3$ 垂直于 $\boldsymbol{u}_1$ 和 $\boldsymbol{u}_2$ 所构成的平面。右螺旋法则适用于 $\boldsymbol{u}_3$，也就是说，如果将 $\boldsymbol{u}_1$ 以最短的方式旋转到 $\boldsymbol{u}_2$，则右螺旋将沿 $\boldsymbol{u}_3$ 的方向移动（见图 2.6a）。两个向量 $\boldsymbol{u}_1$ 和 $\boldsymbol{u}_2$ 的标量积是当 $\boldsymbol{u}_1$ 垂直投影到 $\boldsymbol{u}_2$ 方向并乘以 $\boldsymbol{u}_2$ 的模时得出的值（见图 2.6b）。前提是两个向量都在一个共同的起点上绘制。标量积也可以用其分量表示。

$$\boldsymbol{u}_1\cdot\boldsymbol{u}_2=|\boldsymbol{u}_1|\cdot|\boldsymbol{u}_2|\cdot\cos\varphi=u_{1x}u_{2x}+u_{1y}u_{2y}+u_{1z}u_{2z} \tag{2.7}$$

由两个向量所包围的角度 φ 的余弦值可以借助标量积来计算：

$$\cos\varphi=\frac{\boldsymbol{u}_1\cdot\boldsymbol{u}_2}{|\boldsymbol{u}_1|\cdot|\boldsymbol{u}_2|}=\frac{u_{1x}u_{2x}+u_{1y}u_{2y}+u_{1z}u_{2z}}{\sqrt{u_{1x}^2+u_{1y}^2+u_{1z}^2}\sqrt{u_{2x}^2+u_{2y}^2+u_{2z}^2}} \tag{2.8}$$

作为向量积和标量积的示例，计算力矩 τ，该力矩必须由电动机施加在关节轴上，以抵抗图 2.5 中的力 $\boldsymbol{f}_{ex}=(5,15,10)^{\mathrm{T}}\mathrm{N}$ 来保持机器人手臂部分。从点 G 到施力点的向量为 $\boldsymbol{r}=(-0.5,0.4,0)^{\mathrm{T}}\mathrm{m}$。关节轴应指向 z 轴方向。力矩向量 $\boldsymbol{n}=\boldsymbol{r}\times\boldsymbol{f}_{ex}$ 可从式（2.6）获得，

$\boldsymbol{n}=(4,5,-9.5)^{\mathrm{T}}\mathrm{N}\cdot\mathrm{m}$。人们可以立即假设电动机必须用 z 正方向的力矩 $\tau=9.5\mathrm{N}\cdot\mathrm{m}$ 补偿 z 负方向的力矩 $-9.5\mathrm{N}\cdot\mathrm{m}$。但是，该结果可以根据式（2.7）进行计算得出标量积 $\tau=-\boldsymbol{n}\cdot\boldsymbol{z}=9.5\mathrm{N}\cdot\mathrm{m}$。如果旋转轴指向 x 轴和 y 轴的角等分线方向，则可以将该方向指定为方向向量 $\boldsymbol{e}_g=(1/\sqrt{2},1/\sqrt{2},0)^{\mathrm{T}}$，并在这种情况下计算得出 τ 为 $\tau=-\boldsymbol{n}\cdot\boldsymbol{e}_g$。

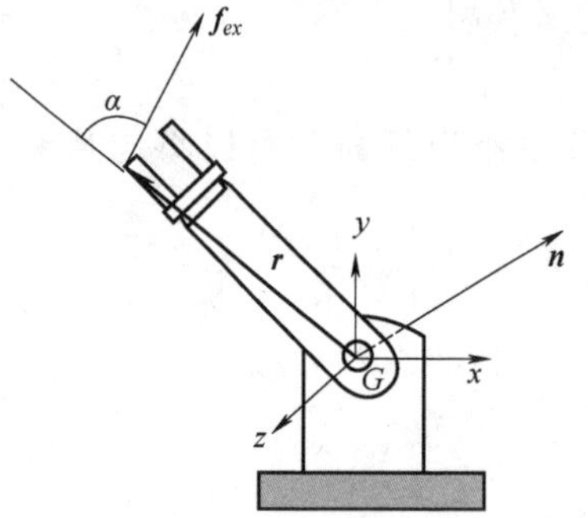

图 2.5　力矩向量为向量乘积的示例

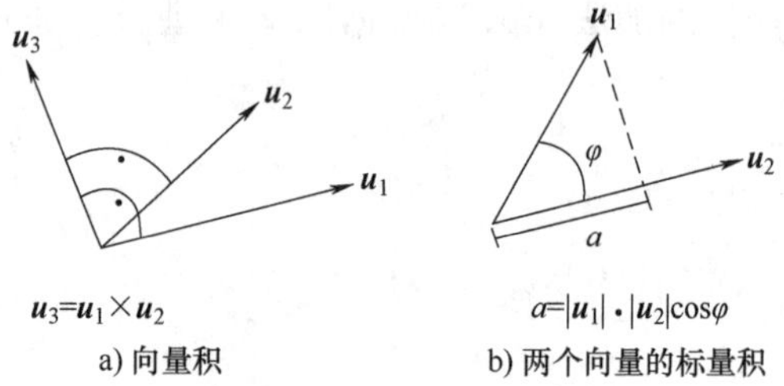

图 2.6　向量积和标量积

2.1.4　位置向量

点 P 在笛卡儿坐标系中由位置向量 $\boldsymbol{p}$ 唯一地确定。$\boldsymbol{p}$ 从原点开始，到 P 点结束。作为位置向量的示例，显示了从固定坐标系 K_0 的原点到工具中心点（TCP）的位置向量 $\boldsymbol{p}_0$ 如图 2.7 所示。机器人程序员给出该点在坐标 x_0、y_0 和 z_0 的位置。由图 2.7 可以看出，从任意坐标系 K_i 的原点到工具中心点的位置向量 $\boldsymbol{p}_i$ 与 $\boldsymbol{p}_0$ 都不相同。位置向量不能像自由向量一样平行移动。

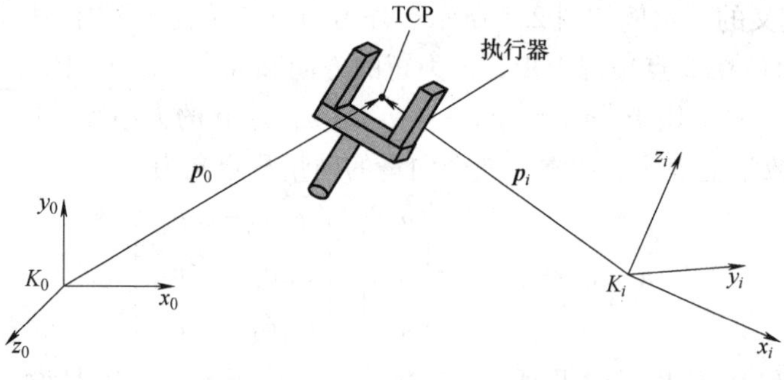

图 2.7　指向工具中心点（TCP）的位置向量

2.1.5　向量和矩阵中元素的排列

到目前为止，所有向量都具有三个分量，并且可以用几何表示。如果离开几何视图，则还可以将具有 n 个分量的向量视为 n 个数字的排列。本书中，机器人的关节坐标（关节角度或移位长度）将被合并为列向量：

$$\boldsymbol{q}=\begin{pmatrix}q_1\\q_2\\\vdots\\q_n\end{pmatrix}$$

如果将 $m\times n$ 个元素（数量、变化等）以 m 行和 n 列的矩形排列，则表示一个 $m\times n$ 矩阵。

2.1.6 旋转矩阵

前面介绍了如何在坐标系中指定三个分量以表达自由向量。对于工业机器人，总是定义多个坐标系。一个自由向量可以用多个坐标系表示。机器人的任何手臂部分都可以作为示例（见图 2.8）。该物体的一个优异点（例如重心）在某个时间点相对于地面以 0.8m/s 的绝对速度运动。速度的大小和方向由速度向量 $\boldsymbol{v}_{s,k}$ 给出。

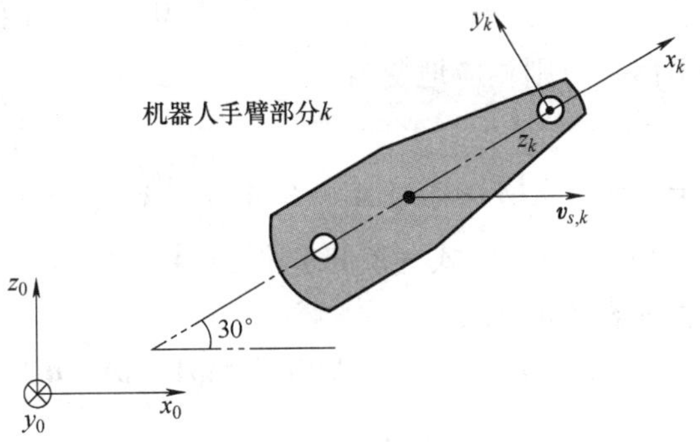

图 2.8　两个坐标系中的线速度 $\boldsymbol{v}_{s,k}$

除固定坐标系 K_0 外，还有一个坐标系 K_k，它永久地附着在运动臂部分上。轴线 x_k 指向臂部的纵向，在一定的时间点，其纵向轴线应相对于 x_0 轴线倾斜 30°。如果向量 $\boldsymbol{v}_{s,k}$ 以 K_0 的坐标表示，则以 $\boldsymbol{v}_{s,k}^{(0)}=(0.8,0,0)^{\mathrm{T}}\mathrm{m/s}$ 给出，以 K_k 的坐标表示为 $\boldsymbol{v}_{s,k}^{(k)}=(0.8\cos30°,-0.8\sin30°,0)^{\mathrm{T}}\mathrm{m/s}$，结果为 $\boldsymbol{v}_{s,k}^{(k)}=(0.6928,-0.4,0)^{\mathrm{T}}\mathrm{m/s}$。括号中的上标在这里和下文是描述向量的坐标系。很显然，在不同坐标系中的描述不会改变向量 $\boldsymbol{v}_{s,k}$。下面介绍在坐标系 K_k 中表示的向量如何通过旋转矩阵 ${}_0^k\boldsymbol{A}$ 转移到 K_0 的表示形式。K_k 的基向量用 K_0 表示。由基向量 $\boldsymbol{x}_k$ 我们知道它的长度为 1。人们可以像其他任何向量一样将此向量投影到 K_0 轴上，并得到表示形式为 $\boldsymbol{x}_k^{(0)}=(\cos30°,0,\sin30°)^{\mathrm{T}}$。通过这种方法可以在 K_0 中表示 $\boldsymbol{y}_k$ 和 $\boldsymbol{z}_k$。旋转矩阵 ${}_0^k\boldsymbol{A}$ 是这三个列向量组合成的一个矩阵。对于该示例，可得到：

$$ {}_0^k\boldsymbol{A}=(\boldsymbol{x}_k^{(0)}\quad \boldsymbol{y}_k^{(0)}\quad \boldsymbol{z}_k^{(0)})=\begin{pmatrix}\cos30° & -\sin30° & 0\\ 0 & 0 & -1\\ \sin30° & \cos30° & 0\end{pmatrix}=\begin{pmatrix}\sqrt{3}/2 & -1/2 & 0\\ 0 & 0 & -1\\ 1/2 & \sqrt{3}/2 & 0\end{pmatrix} $$

旋转矩阵 ${}_0^k\boldsymbol{A}$ 描述了坐标系 K_k 的基本向量如何相对于 K_0 旋转（自旋转）。

$$ \boldsymbol{v}_{s,k}^{(0)}={}_0^k\boldsymbol{A}\cdot\boldsymbol{v}_{s,k}^{(k)}=\begin{pmatrix}\sqrt{3}/2 & -1/2 & 0\\ 0 & 0 & -1\\ 1/2 & \sqrt{3}/2 & 0\end{pmatrix}\cdot\begin{pmatrix}0.8\sqrt{3}/2\\ -0.4\\ 0\end{pmatrix}=\begin{pmatrix}0.8\\ 0\\ 0\end{pmatrix} $$

如果旋转矩阵 ${}_0^k\boldsymbol{A}$ 乘以在坐标系 K_k 中表示的向量，则获得在坐标系 K_0 中的向量分量。现在应该推广旋转矩阵的这个属性。如果在直角坐标系 K_k 中将任意自由向量 $\boldsymbol{a}$ 表示为 $\boldsymbol{a}^{(k)}$，则将旋转矩阵 ${}_i^k\boldsymbol{A}$ 乘以 $\boldsymbol{a}^{(k)}$ 可以将其转换为另一个直角坐标系 K_i 的表示形式：

$$a^{(i)}=(x_k^{(i)},y_k^{(i)},z_k^{(i)})\cdot a^{(k)}={}_i^kA\cdot a^{(k)} \tag{2.9}$$

但是，如果在坐标系 K_i 中给出了向量 $\boldsymbol{a}$，并且在坐标系 K_k 中求出表示形式，则必须将上述等式在左边乘以逆矩阵${}_i^k\boldsymbol{A}$，以求解 $\boldsymbol{a}^{(k)}$。适用于以下公式：

$$a^{(k)}=[{}_i^kA]^{-1}\cdot a^{(i)}=[{}_i^kA]^{\mathrm{T}}\cdot a^{(i)}={}_k^iA\cdot a^{(i)}=(x_i^{(k)},y_i^{(k)},z_i^{(k)})\cdot a^{(i)} \tag{2.10}$$

在旋转矩阵的情况下，逆矩阵与转置矩阵相同。可以使用图 2.8 中的示例检验这种关系：

$$v_{s,k}^{(k)}={}_k^0A\cdot v_{s,k}^{(0)}=\begin{pmatrix}\sqrt{3}/2 & 0 & 1/2\\ -1/2 & 0 & \sqrt{3}/2\\ 0 & -1 & 0\end{pmatrix}\cdot\begin{pmatrix}0.8\\0\\0\end{pmatrix}=\begin{pmatrix}0.8\sqrt{3}/2\\-0.4\\0\end{pmatrix}$$

如果有两个以上的坐标系，则相应地变为

$$\begin{cases}{}_i^kA={}_i^{i+1}A\cdot{}_{i+1}^{i+2}A\cdots\cdots{}_{k-2}^{k-1}A\cdot{}_{k-1}^{k}A\\ {}_k^iA=[{}_i^kA]^{\mathrm{T}}={}_{k-1}^{k}A^{\mathrm{T}}\cdot{}_{k-2}^{k-1}A^{\mathrm{T}}\cdots\cdots{}_{i+1}^{i+2}A^{\mathrm{T}}\cdot{}_i^{i+1}A^{\mathrm{T}}={}_k^{k-1}A\cdot{}_{k-1}^{k-2}A\cdots\cdots{}_{i+2}^{i+1}A\cdot{}_{i+1}^{i}A\end{cases} \tag{2.11}$$

对于三个坐标系（见图 2.9），由式（2.11）得出${}_1^3\boldsymbol{A}={}_1^2\boldsymbol{A}\cdot{}_2^3\boldsymbol{A}$，${}_3^1\boldsymbol{A}={}_2^3\boldsymbol{A}^{\mathrm{T}}\cdot{}_1^2\boldsymbol{A}^{\mathrm{T}}={}_3^2\boldsymbol{A}\cdot{}_2^1\boldsymbol{A}$。例如，适用于向量 $\boldsymbol{a}$ 的各种表示形式为

$$a^{(2)}={}_2^3A\cdot a^{(3)},\ a^{(3)}={}_3^1A\cdot a^{(1)}={}_3^2A\cdot{}_2^1A\cdot a^{(1)}$$

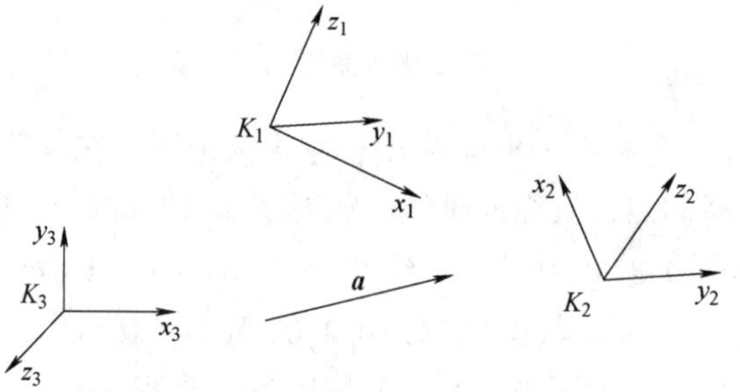

图 2.9　在三个不同坐标系中的向量表示

2.1.7　齐次矩阵（框架）

通过指定从参考坐标系 K_0 的原点到工具中心点的位置向量 $\boldsymbol{p}_0$，并不能清楚地确定执行器在空间中的位置（见图 2.7）。仍然必须指定执行器如何在空间中校准方向。为此，将坐标系 K_W 固定在执行器上，该执行器的原点位于工具中心点上（见图 2.10a）。W 代表工具坐标系。通过在静止的参考系 K_0 的坐标中指定基本向量 $\boldsymbol{x}_W$、$\boldsymbol{y}_W$、$\boldsymbol{z}_W$，可以根据需要校准执行器。这定义了 K_W 如何相对于 K_0 旋转。工具中心点位置和执行器方向的详细信息汇总在矩阵中为

$$T=\begin{pmatrix}x_W^{(0)} & y_W^{(0)} & z_W^{(0)} & p_0^{(0)}\\ 0 & 0 & 0 & 1\end{pmatrix}$$

可以为任意两个坐标系 K_i 和 K_k 定义框架（见图 2.10b）：

$${}_i^kT=\begin{pmatrix}x_k^{(i)} & y_k^{(i)} & z_k^{(i)} & p_{ik}^{(i)}\\ 0 & 0 & 0 & 1\end{pmatrix} \tag{2.12}$$

在 K_i 的坐标中给出 K_k 的基向量和从 K_i 原点到 K_k 原点的位置向量，以此充分描述了 K_k 在 K_i 中的位置。

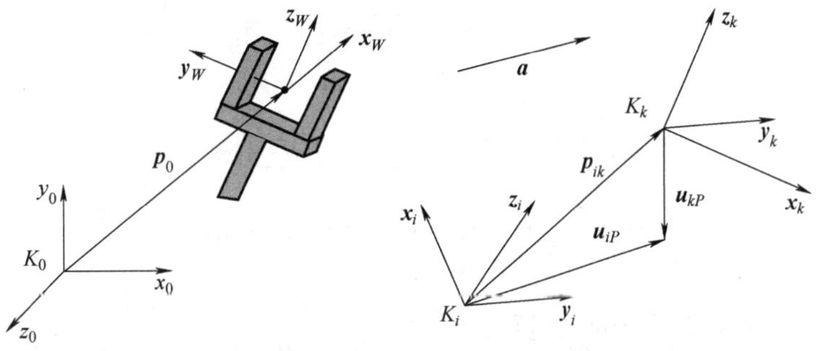

a) 执行器位置和方向　　b) 两个相对位置相互协调的坐标系统

图 2.10　执行器和坐标系统

借助${}_i^k\boldsymbol{T}$，可以将自由向量和位置向量转换为另一个坐标系的表示形式。为此，将自由向量写为具有四个分量的列向量，第四个分量始终为 0。然后将其应用于自由向量 $\boldsymbol{a}$：

$$\boldsymbol{a}^{(i)} = {}_i^k\boldsymbol{T} \cdot \boldsymbol{a}^{(k)} \tag{2.13}$$

例如，应将图 2.11 中的向量 $\boldsymbol{a}$ 从坐标系 K_k 中的描述转移到坐标系 K_i 中。首先根据式（2.12）设置 k_i 并在系统 K_k 中给出 $\boldsymbol{a}$ 的坐标。然后，用式（2.13）计算向量 $\boldsymbol{a}$ 在 K_i 坐标中的表示形式：

$${}_i^k\boldsymbol{T} = \begin{pmatrix} 0 & 0 & -1 & 0 \\ -1 & 0 & 0 & 4 \\ 0 & 1 & 0 & 2 \\ 0 & 0 & 0 & 1 \end{pmatrix}, \quad \boldsymbol{a}^{(k)} = \begin{pmatrix} 1 \\ 2 \\ 0 \\ 0 \end{pmatrix}, \quad \boldsymbol{a}^{(i)} = \begin{pmatrix} 0 & 0 & -1 & 0 \\ -1 & 0 & 0 & 4 \\ 0 & 1 & 0 & 2 \\ 0 & 0 & 0 & 1 \end{pmatrix} \cdot \begin{pmatrix} 1 \\ 2 \\ 0 \\ 0 \end{pmatrix} = \begin{pmatrix} 0 \\ -1 \\ 2 \\ 0 \end{pmatrix}$$

由于 3×3 矩阵对应于旋转矩阵，而第四行和第四列对于自由向量没有意义，因此根据式（2.9）使用旋转矩阵可以更轻松地计算此结果。在位置向量的映射中可以看到旋转矩阵的使用。位置向量在这里也被描述为具有四个分量的列向量，第四个分量的值是 1。如果像在坐标系 K_k 中那样给出从坐标系 K_k 的原点到点 P 的位置向量 $\boldsymbol{u}_{kP}^{(k)} = (-2,-1,0,1)^{\mathrm{T}}$，则从 K_i 的原点到点 P 的位置向量可以由式（2.14）计算：

$$\boldsymbol{u}_{iP}^{(i)} = {}_i^k\boldsymbol{T} \cdot \boldsymbol{u}_{kP}^{(k)} \tag{2.14}$$

图 2.11 所示为自由向量和位置向量的映射示例。给出从 K_k 的原点到 P 点的位置向量，则可以求出从 K_i 的原点到 P 点的位置向量。根据式（2.14），可以写为

$$\boldsymbol{u}_{iP}^{(i)} = \begin{pmatrix} 0 & 0 & -1 & 0 \\ -1 & 0 & 0 & 4 \\ 0 & 1 & 0 & 2 \\ 0 & 0 & 0 & 1 \end{pmatrix} \cdot \begin{pmatrix} -2 \\ -1 \\ 0 \\ 1 \end{pmatrix} = \begin{pmatrix} 0 \\ 6 \\ 1 \\ 1 \end{pmatrix}$$

尽管自由向量不会随旋转矩阵的映射而改变，而仅是其表示形式，两个位置向量 $\boldsymbol{u}_{kP}$ 和 $\boldsymbol{u}_{iP}$ 通常在大小或方向上都不相等。

如果在 K_i 中给出了自由向量或位置向量 $\boldsymbol{w}$，并且在坐标系 K_k 中求出了相应的向量，则适用于以下公式：

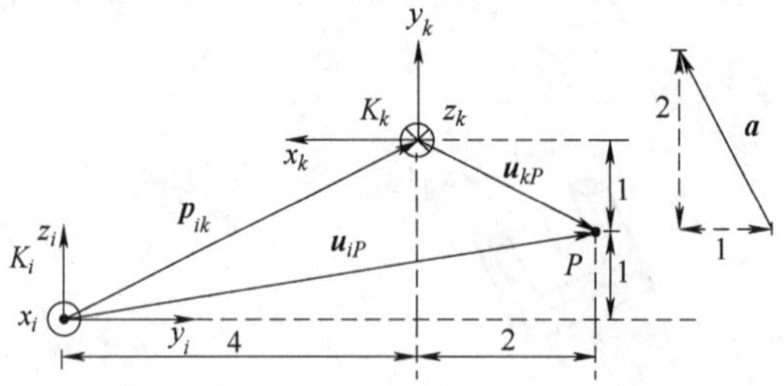

图 2.11　自由向量和位置向量的映射示例

$$\boldsymbol{w}^{(k)}=[{}_i^k\boldsymbol{T}]^{-1}\cdot\boldsymbol{w}^{(i)}={}_k^i\boldsymbol{T}\cdot\boldsymbol{w}^{(i)}=\begin{pmatrix}\boldsymbol{x}_i^{(k)} & \boldsymbol{y}_i^{(k)} & \boldsymbol{z}_i^{(k)} & \boldsymbol{p}_{ki}^{(k)}\\ 0 & 0 & 0 & 1\end{pmatrix}\cdot\boldsymbol{w}^{(i)} \tag{2.15}$$

与旋转矩阵相反，反转与矩阵的转置不同。逆齐次矩阵总是对每个齐次矩阵给出，以下公式适用：

$$ {}_k^i\boldsymbol{T}=[{}_i^k\boldsymbol{T}]^{-1}=\begin{pmatrix}{}_i^k\boldsymbol{A}^{\mathrm{T}} & -{}_i^k\boldsymbol{A}^{\mathrm{T}}\boldsymbol{p}_{ik}^{(i)}\\ \boldsymbol{0}^{\mathrm{T}} & 1\end{pmatrix} \tag{2.16}$$

其中${}_i^k\boldsymbol{A}$是旋转矩阵，与${}_i^k\boldsymbol{T}$的 3×3 矩阵相同。$\boldsymbol{p}_{ik}$是位置向量，有从 K_i 的原点到 K_k 和 $\boldsymbol{0}^{\mathrm{T}}=(0,0,0)$ 的原点的三个分量。如果将此规则应用于图 2.11 中的示例，则会得到

$$ {}_k^i\boldsymbol{T}=\begin{pmatrix}0 & -1 & 0 & 4\\ 0 & 0 & 1 & -2\\ -1 & 0 & 0 & 0\\ 0 & 0 & 0 & 1\end{pmatrix}$$

可以轻松检查 $\boldsymbol{u}_{kP}^{(k)}={}_k^i\boldsymbol{T}\cdot\boldsymbol{u}_{iP}^{(i)}$ 是否成立。如果在 K_i 和 K_k 之间定义了更多的坐标系，则根据式（2.11）应用以下公式：

$$\begin{cases}{}_i^k\boldsymbol{T}={}_i^{i+1}\boldsymbol{T}\cdot{}_{i+1}^{i+2}\boldsymbol{T}\cdots\cdots{}_{k-2}^{k-1}\boldsymbol{T}\cdot{}_{k-1}^{k}\boldsymbol{T}\\ {}_k^i\boldsymbol{T}=[{}_i^k\boldsymbol{T}]^{-1}={}_{k-1}^{k}\boldsymbol{T}^{-1}\cdot{}_{k-2}^{k-1}\boldsymbol{T}^{-1}\cdots\cdots{}_{i+1}^{i+2}\boldsymbol{T}^{-1}\cdot{}_i^{i+1}\boldsymbol{T}^{-1}={}_k^{k-1}\boldsymbol{T}\cdot{}_{k-1}^{k-2}\boldsymbol{T}\cdots\cdots{}_{i+2}^{i+1}\boldsymbol{T}\cdot{}_{i+1}^{i}\boldsymbol{T}\end{cases} \tag{2.17}$$

在机器人技术的许多领域中，都需要在不同坐标系中进行向量和位置向量的转换。工业机器人的关节坐标和笛卡儿坐标之间的转换以及动态计算就是这种情况。

2.1.8　通过欧拉角描述方向

执行器的方位在 2.1.7 小节中由位置向量给出并通过执行器坐标系的基本向量进行描述，这些向量以基本系统 K_0 的坐标表示。位置向量 $\boldsymbol{p}_0$ 描述了工具中心点（TCP）的位置，而向量 $\boldsymbol{x}_W$，$\boldsymbol{y}_W$，$\boldsymbol{z}_W$ 以基本坐标系 K_0 的坐标表示，描述了执行器相对于 K_0 的方位。由于用户必须提供 9 项信息来指定方位，因此，为用户界面建立了对方位的不同描述，即所谓的欧拉角。通常，仅用三个细节来描述参考坐标系 K_R 中的任何坐标系 K_W（W 代表目标坐标系，在机器人技术中，目标坐标系通常与工具坐标系相同）的方向。或者换句话说，坐标系 K_W 如何相对于参考坐标系 K_R 旋转，这种旋转可以用三个角度表示。当依次旋转时，这三个角度称为欧拉角。围绕参考系统 K_R 的轴旋转会形成一个（虚拟）辅助坐标系 K'。如果再次绕 K'定义的轴旋转，则将获得坐标系 K''。最后，它绕另一个轴 K''旋转，从而得到的坐标系与

坐标系 K_W 相同。但是，存在不同的定义（见文献/2.4/、/2.13/），其中两个应在此处列出。与旋转矩阵一样，借助欧拉角，任何直角坐标系到另一个坐标系的方向都可以独立于机器人技术进行描述。

1. *Z-Y-Z* 欧拉角

首先，假设辅助坐标系具有参考坐标系 K_R 的方位。它首先绕 K_R 的 z 轴旋转，然后围绕所得坐标系的 y 轴旋转，最后围绕当前坐标系的 z 轴旋转。可以采取以下措施：

1）辅助坐标系以角度 α 绕 z_R 轴旋转，因此所得坐标系 K'的 y'轴垂直于 z_W 轴。

2）它绕 y'轴以角度 β 旋转，因此生成的坐标系 K''的 z'轴与 z_W 相同。

3）按照角度 χ 旋转 $z''=z_W$，这样得到的坐标系统与目标坐标系 K_W 相同。

2. *Z-Y-X* 欧拉角

想象一个辅助坐标系具有参考坐标系 K_R 的方向，它先围绕 K_R的 z 轴旋转，然后围绕所得坐标系的 y 轴旋转，最后围绕当前坐标系的 x 轴旋转。

1）使辅助坐标系绕 z_R 轴旋转角度 A，以便在可能的情况下，所得坐标系 K 的 x'轴垂直于 z_W 轴，并尽可能采用 x_W 方向。

2）它绕 y'轴旋转角度 B，以使对于所得坐标系 K''遵循 $x''=x_W$。

3）它绕 $x''=x_W$ 旋转角度 C，因此得到的坐标系与目标坐标系 K_W 相同。

图 2.12 所示为欧拉角方位示例。这里的参考坐标系是静止坐标系 K_0。要确定刀具坐标系 K_W 的欧拉角。获得 *Z-Y-Z* 欧拉角的解 $\alpha=30°$，$\beta=90°$，$\chi=180°$，图 2.13 所示为该解的辅助坐标系 K'和 K''。应该注意的是，解 $\alpha=-150°$，$\beta=-90°$，$\chi=0°$ 也是可能的。

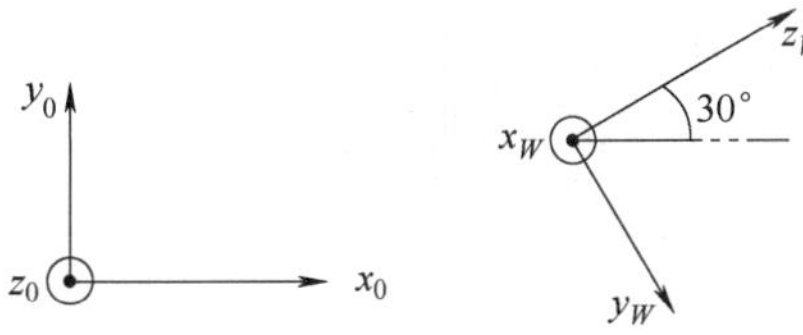

图 2.12　欧拉角方位示例

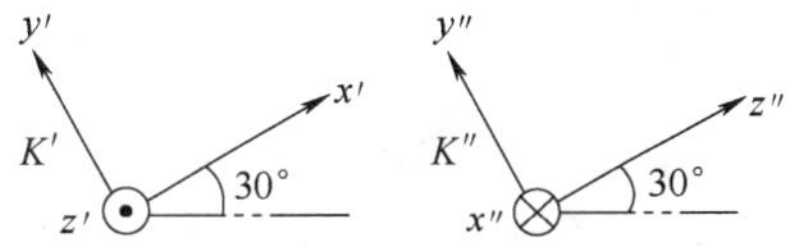

图 2.13　辅助坐标系 K'和 K''（一）

如果要指定 *Z-Y-X* 欧拉角，则解为 $A=-60°$，$B=-90°$，$C=-90°$，图 2.14 所示为该解的辅助坐标系 K'和 K''。这里也有其他解 $A=120°$，$B=90°$，$C=90°$或 $A=30°$，$B=-90°$，$C=180°$或 $A=0°$，$B=-90°$，$C=-150°$。

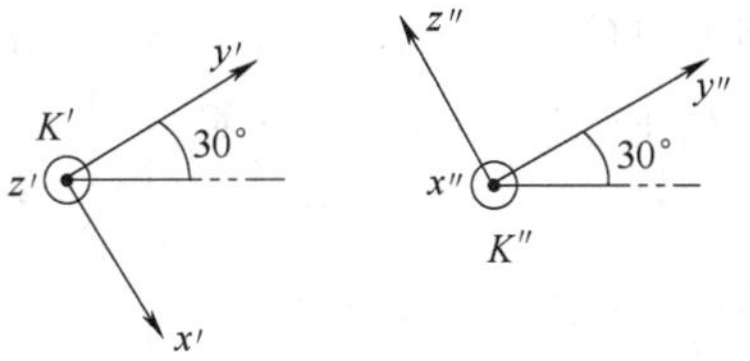

图 2.14　辅助坐标系 K'和 K''（二）

当然，在欧拉角和旋转矩阵之间必须存在关系，该关系描述了目标坐标系 K_W 在参考坐标系 K_R 中的单位向量。这个旋转矩阵可以通过将表达单个旋转运动的三个旋转矩阵相乘得到：

$$\boldsymbol{R}={}_{R}^{W}\boldsymbol{A}=(\boldsymbol{x}_W^{(R)}\quad \boldsymbol{y}_W^{(R)}\quad \boldsymbol{z}_W^{(R)})={}_{R}^{\prime}\boldsymbol{A}\cdot{}_{\prime}^{\prime\prime}\boldsymbol{A}\cdot{}_{\prime\prime}^{W}\boldsymbol{A}$$

式（2.18）适用于 $C_\alpha=\cos\alpha$，$S_\alpha=\sin\alpha$ 等的 *Z-Y-Z* 欧拉角。

$$\boldsymbol{R}={}_R^W\boldsymbol{A}=\begin{pmatrix}C_\alpha & -S_\alpha & 0\\ S_\alpha & C_\alpha & 0\\ 0 & 0 & 1\end{pmatrix}\cdot\begin{pmatrix}C_\beta & 0 & S_\beta\\ 0 & 1 & 0\\ -S_\beta & 0 & C_\beta\end{pmatrix}\cdot\begin{pmatrix}C_\chi & -S_\chi & 0\\ S_\chi & C_\chi & 0\\ 0 & 0 & 1\end{pmatrix}$$

$$=\begin{pmatrix}C_\alpha C_\beta C_\chi-S_\alpha S_\chi & -C_\alpha C_\beta S_\chi-S_\alpha C_\chi & C_\alpha S_\beta\\ S_\alpha C_\beta C_\chi+C_\alpha S_\chi & -S_\alpha C_\beta S_\chi+C_\alpha C_\chi & S_\alpha S_\beta\\ -S_\beta C_\chi & S_\beta S_\chi & C_\beta\end{pmatrix}=(\boldsymbol{x}_W^{(R)}\quad \boldsymbol{y}_W^{(R)}\quad \boldsymbol{z}_W^{(R)}) \tag{2.18}$$

在相反的情况下，如果已知旋转矩阵 $\boldsymbol{R}={}_R^W\boldsymbol{A}$ 并求解欧拉角，则可以使用式（2.18）用以下规则来计算欧拉角：

$$\beta=\arccos(R_{33}),\alpha=\arctan2(R_{23},R_{13}),\chi=\arctan2(R_{32},R_{31}) \tag{2.19}$$

如果计算 $\beta=0$，则解是退化的。在这种情况下，无法明确计算 α 和 χ，因为 α 和 χ 都是围绕参考坐标系 z 轴的旋转角。只能计算 α 和 χ 的和。根据式（2.18）得到

$$\boldsymbol{R}=\begin{pmatrix}C_\alpha C_\chi-S_\alpha S_\chi & -C_\alpha S_\chi-S_\alpha C_\chi & 0\\ S_\alpha C_\chi+C_\alpha S_\chi & -S_\alpha S_\chi+C_\alpha C_\chi & 0\\ 0 & 0 & 1\end{pmatrix}=\begin{pmatrix}\cos(\alpha+\chi) & -\sin(\alpha+\chi) & 0\\ \sin(\alpha+\chi) & \cos(\alpha+\chi) & 0\\ 0 & 0 & 1\end{pmatrix}$$

并且适用于

$$\alpha+\chi=\arctan2(R_{21},R_{11}) \tag{2.20}$$

该关系适用于 *Z-Y-X* 欧拉角 A、B、C

$$\boldsymbol{R}={}_R^W\boldsymbol{A}=(\boldsymbol{x}_W^{(R)}\quad \boldsymbol{y}_W^{(R)}\quad \boldsymbol{z}_W^{(R)})=\begin{pmatrix}C_A & -S_A & 0\\ S_A & C_A & 0\\ 0 & 0 & 1\end{pmatrix}\cdot\begin{pmatrix}C_B & 0 & S_B\\ 0 & 1 & 0\\ -S_B & 0 & C_B\end{pmatrix}\cdot\begin{pmatrix}1 & 0 & 0\\ 0 & C_C & -S_C\\ 0 & S_C & C_C\end{pmatrix}$$

$$=\begin{pmatrix}C_A C_B & -S_A C_C+C_A S_B S_C & S_A S_C+C_A S_B C_C\\ S_A C_B & C_A C_C+S_A S_B S_C & -C_A S_C+S_A S_B C_C\\ -S_B & C_B S_C & C_B C_C\end{pmatrix} \tag{2.21}$$

现在可以使用规则：

$$B=\arcsin(-R_{31}),\ A=\arctan2(R_{21},R_{11}),\ C=\arctan2(R_{32},R_{33}) \tag{2.22}$$

由给定的旋转矩阵计算 *Z-Y-X* 欧拉角 A、B、C。在这种情况下，$B=\pm90°$ 的解是退化的，A 和 C 是围绕 z_R 轴旋转。只能计算 A 和 C 之间的和或差。当 $B=\pm90°$ 时，式（2.21）变为

当 $B=90°$ 时，$$\boldsymbol{R}=\begin{pmatrix}0 & -S_A C_C+C_A S_C & S_A S_C+C_A C_C\\ 0 & C_A C_C+S_A S_C & -C_A S_C+S_A C_C\\ -1 & 0 & 0\end{pmatrix}=\begin{pmatrix}0 & -\sin(A-C) & \cos(A-C)\\ 0 & \cos(A-C) & \sin(A-C)\\ -1 & 0 & 0\end{pmatrix}$$

当 $B=-90°$ 时，$$\boldsymbol{R}=\begin{pmatrix}0 & -S_A C_C-C_A S_C & S_A S_C-C_A C_C\\ 0 & C_A C_C-S_A S_C & -C_A S_C-S_A C_C\\ 1 & 0 & 0\end{pmatrix}=\begin{pmatrix}0 & -\sin(A+C) & -\cos(A+C)\\ 0 & \cos(A+C) & -\sin(A+C)\\ -1 & 0 & 0\end{pmatrix}$$

因此

$$\begin{aligned}&\text{当 } B=90°\text{ 时，}A-C=\arctan2(R_{23},R_{22})\\ &\text{当 } B=-90°\text{ 时，}A+C=\arctan2(R_{23},R_{13})\end{aligned} \tag{2.23}$$

在式（2.20）、式（2.22）和式（2.23）中，使用函数 arctan2 代替反三角函数 arctan。arctan 只提供$-\pi/2$ 和 $\pi/2$ 之间的值，而 arctan2 可以有$-\pi$ 和 π 之间的值作为函数值，取决于对边和邻边的符号。通常，式（2.24）适用于 arctan2 函数：

$$\varphi=\arctan2(y,x)=\begin{cases}\varphi=\arctan\left(\dfrac{y}{x}\right), & 0\leqslant\varphi\leqslant\pi/2, \quad (+x,+y)\\ \varphi=\pi+\arctan\left(\dfrac{y}{x}\right), & \pi/2\leqslant\varphi\leqslant\pi, \quad (-x,+y)\\ \varphi=-\pi+\arctan\left(\dfrac{y}{x}\right), & -\pi\leqslant\varphi\leqslant-\pi/2, \quad (-x,-y)\\ \varphi=\arctan\left(\dfrac{y}{x}\right), & -\pi/2\leqslant\varphi\leqslant 0, \quad (+x,-y)\end{cases} \tag{2.24}$$

2.1.9 滚动角-俯仰角-偏航角

可以用滚动角-俯仰角-偏航角描述方向，在这里，旋转始终围绕参考坐标系 K_R 的轴进行。目标坐标系通过绕参考坐标系的 x 轴、y 轴和 z 轴旋转得到。用三个旋转角描述目标坐标系相对于参考坐标系的方向。

旋转必须遵守以下顺序（见图 2.15）：

1）坐标系 K'绕 z_R 轴旋转角度 ϕ（滚动角）得到目标坐标系 K_W。

2）坐标系 K'绕 y_R 轴旋转角度 θ（俯仰角）得到坐标系 K''。

3）辅助坐标系绕 x_R 轴旋转角度 ψ（偏航角）得到坐标系 K'。

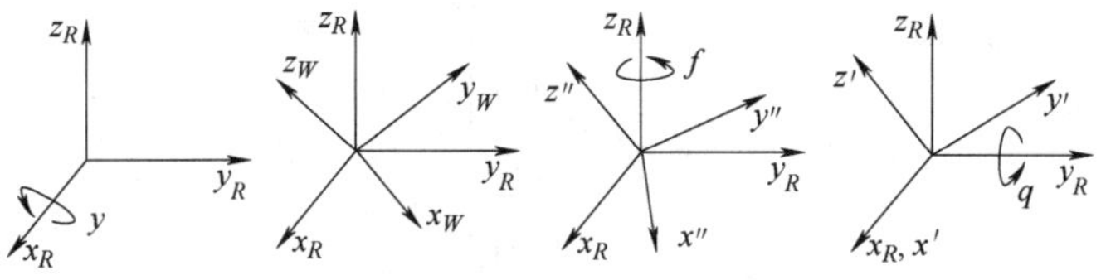

图 2.15 滚动角-俯仰角-偏航角

根据式（2.18）和式（2.21），旋转矩阵为

$$\boldsymbol{R}={}_R^W\boldsymbol{A}=(\boldsymbol{x}_W^{(R)}\quad \boldsymbol{y}_W^{(R)}\quad \boldsymbol{z}_W^{(R)})=\begin{pmatrix}C_\phi C_\theta & -S_\phi C_\psi+C_\phi S_\theta S_\psi & S_\phi S_\psi+C_\phi S_\theta C_\psi\\ S_\phi C_\theta & C_\phi C_\psi+S_\phi S_\theta S_\psi & -C_\phi S_\psi+S_\phi S_\theta C_\psi\\ -S_\theta & C_\theta S_\psi & C_\theta C_\psi\end{pmatrix} \tag{2.25}$$

根据给定的旋转矩阵 $\boldsymbol{R}$，滚动角-俯仰角-偏航角为

$$\phi=\arctan2(R_{21},R_{11}),\theta=\arcsin(-R_{31}),\psi=\arctan2(R_{32},R_{33}) \tag{2.26}$$

这也是由退化解引起的，不是根据式（2.26）计算 ψ 和 ϕ，而是用式（2.27）给出 ψ 和 ϕ 的和或差。

$$\begin{aligned}&\text{当 }\theta=90°\text{时，}\psi-\phi=\arctan2(R_{23},R_{22})\\ &\text{当 }\theta=-90°\text{时，}\psi+\phi=\arctan2(R_{23},R_{13})\end{aligned} \tag{2.27}$$

2.1.10 通过旋转向量和旋转角度描述方位

可以用方向向量 $\boldsymbol{e}_R$（旋转向量）和旋转角度 φ_R 描述一个坐标系相对于参考坐标系方位。为了保持当前坐标系的方位，参考坐标系（虚拟）绕 $\boldsymbol{e}_R$ 旋转了角度 φ_R。图 2.16a 所示为该原理。旋转向量在参考坐标系 K_i 中表示为 $\boldsymbol{e}_R^{(i)}$。图 2.16b 所示为简单示例。显然，参考坐标系 K_0 必须围绕 z 轴旋转角度 α。在这种情况下，$\boldsymbol{e}_R^{(i)}=(0 \quad 0 \quad 1)^{\mathrm{T}}$ 和 $\varphi_R=\alpha$。

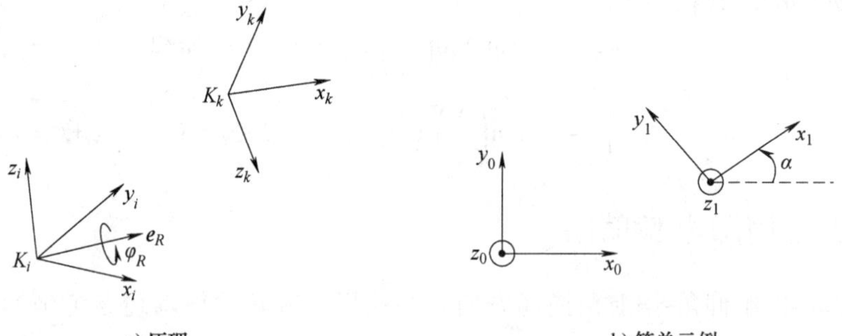

图 2.16 使用旋转向量和旋转角度描述方位

与欧拉角规范相反，在比图 2.16b 复杂的示例中，很难直接确定旋转向量和旋转角。因此，大多数工业机器人的编程语言主要使用欧拉角来定义方向。比如执行器的方向需要不断变化时，使用旋转向量和旋转角来描述具有优势。路径控制就是这种情况（见第 4.3 节）为了紧凑表示，可应用所谓的四元数。四元数可以理解为具有四个分量的复数或标量和向量。

$$\boldsymbol{qt}=\begin{pmatrix} qt_1 \\ qt_2 \\ qt_3 \\ qt_4 \end{pmatrix} \tag{2.28}$$

分量 qt_1 被称为标量分量，分量 qt_2、qt_3 和 qt_4 被称为向量分量。单位四元数主要用于运动学关系，即适用 $\sqrt{qt_1^2+qt_2^2+qt_3^2+qt_4^2}=1$。有关四元数的定义和计算规则，见文献/2.12/和文献/6.13/。在此应说明如何基于旋转矩阵建立单位四元数，并最终将其转换为相应的旋转角 φ_R 和旋转向量 $\boldsymbol{e}_R$。如果

$${}_i^k\boldsymbol{A}=\begin{pmatrix} A_{11} & A_{12} & A_{13} \\ A_{21} & A_{22} & A_{23} \\ A_{31} & A_{32} & A_{33} \end{pmatrix}$$

描述坐标系 K_k 相对于坐标系 K_i 的方向的旋转矩阵，则适用以下条件：

$$\begin{pmatrix} qt_1 \\ qt_2 \\ qt_3 \\ qt_4 \end{pmatrix}=\begin{pmatrix} 0.5\sqrt{A_{11}+A_{22}+A_{33}+1} \\ 0.5\operatorname{sgn}(A_{32}-A_{23})\sqrt{A_{11}-A_{22}-A_{33}+1} \\ 0.5\operatorname{sgn}(A_{13}-A_{31})\sqrt{A_{22}-A_{33}-A_{11}+1} \\ 0.5\operatorname{sgn}(A_{21}-A_{12})\sqrt{A_{33}-A_{11}-A_{22}+1} \end{pmatrix} \tag{2.29}$$

符号函数 $y=\mathrm{sgn}(x)=\{-1$ 当 $x<0, 0$ 当 $x=0, 1$ 当 $x>0\}$。可以由四元数计算出：

$$\varphi_R = 2\arccos(q_{t1}),\quad \boldsymbol{e}_R = \begin{pmatrix} q_{t2} \\ q_{t3} \\ q_{t4} \end{pmatrix} / \sin(0.5\varphi_R) \tag{2.30}$$

对于图 2.16b 中的简单示例，旋转矩阵 ${}^1_0\boldsymbol{A} = \begin{pmatrix} \cos\alpha & -\sin\alpha & 0 \\ \sin\alpha & \cos\alpha & 0 \\ 0 & 0 & 1 \end{pmatrix}$，由式（2.29）得到：

$$\begin{pmatrix} qt_1 \\ qt_2 \\ qt_3 \\ qt_4 \end{pmatrix} = \begin{pmatrix} 0.5\sqrt{2(1+\cos\alpha)} \\ 0 \\ 0 \\ 0.5\mathrm{sgn}(2\sin\alpha)\sqrt{2(1-\cos\alpha)} \end{pmatrix} = \begin{pmatrix} \sqrt{0.5(1+\cos\alpha)} \\ 0 \\ 0 \\ \mathrm{sgn}(\sin\alpha)\sqrt{0.5(1-\cos\alpha)} \end{pmatrix}$$

计算式（2.30）和半角公式 $\sqrt{0.5(1+\cos\alpha)} = \cos\dfrac{\alpha}{2}$，$\sqrt{0.5(1-\cos\alpha)} = \sin\dfrac{\alpha}{2}$，则有

$$\varphi_R = 2\arccos\left(\cos\frac{\alpha}{2}\right) = |\alpha|,\quad \boldsymbol{e}_R = \begin{pmatrix} 0 \\ 0 \\ \sin\dfrac{\alpha}{2} \end{pmatrix} / \sin\frac{\alpha}{2} = \begin{pmatrix} 0 \\ 0 \\ \mathrm{sgn}(\sin\alpha) \end{pmatrix}$$

必须将参考坐标系 K_i 绕 z_i 轴旋转一个角度 α，以便将两个坐标系相互转换。图 2.12 中的坐标系 K_W 的方向将由旋转向量和旋转角度表示。旋转矩阵 ${}^W_0\boldsymbol{A}$ 可以根据式（2.18）和式（2.21）使用给定的欧拉角来计算，或者直接从图 2.12 指定为

$${}^W_0\boldsymbol{A} = \begin{pmatrix} 0 & \sin30^\circ & \cos30^\circ \\ 0 & -\cos30^\circ & \sin30^\circ \\ 1 & 0 & 0 \end{pmatrix} = \begin{pmatrix} 0 & 0.5 & \sqrt{3}/2 \\ 0 & -\sqrt{3}/2 & 0.5 \\ 1 & 0 & 0 \end{pmatrix}$$

用式（2.29）获得四元数

$$\begin{pmatrix} qt_1 \\ qt_2 \\ qt_3 \\ qt_4 \end{pmatrix} = \begin{pmatrix} 0.5\sqrt{1-\sqrt{3}/2} \\ -0.5\sqrt{\sqrt{3}/2+1} \\ -0.5\sqrt{1-\sqrt{3}/2} \\ -0.5\sqrt{\sqrt{3}/2+1} \end{pmatrix} = \begin{pmatrix} 0.183 \\ -0.683 \\ -0.183 \\ -0.683 \end{pmatrix}$$

最后由式（2.30）得到角度 $\varphi_R = 2.7735 \triangleq 158.909^\circ$ 和旋转向量 $\boldsymbol{e}_R = (-0.694\ \ -0.186\ \ -0.694)$。

2.1.11 机器人执行器的自由度

物体的自由度 f 是刚体相对于参考坐标系（见文献/2.12/）可能独立运动的数目。f 与在空间描述可变位置所需的最少信息（坐标）数量同义。只能在一个平面移动的长方体（见图 2.17）具有 3 个自由度。在物体侧面指向平面的点由具有两个坐标的位置向量描述。长方体仍然可以绕垂直于平面并通过点 P 的轴旋转。通过该旋转角度和两个位置信息，长方体的位置就确定了。可以在空间自由移动的刚体具有 6 个自由度（见图 2.17b）。标记

点 P 的位置，例如重心的位置，由位置向量的 3 个分量定义，它们是平移的 3 个自由度。物体仍然可以绕 3 个轴旋转而无须更改点 P 的位置，这就是 3 个旋转自由度。它们描述了一个物体相对于参考坐标系的方位。

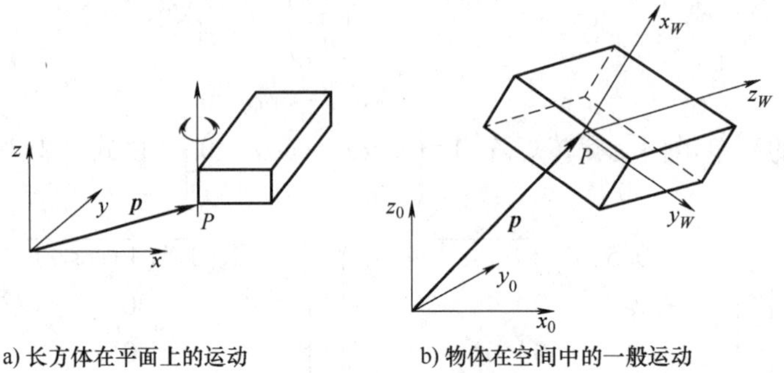

图 2.17　物体的自由度

因此，执行器被视为空间中具有 6 个自由度的刚体。工具中心点对应于图 2.17 中的点 P。其位置由向量 $\boldsymbol{p}$ 定义。向量 $\boldsymbol{p}$ 指向的点不一定必须属于该物体，但必须和物体刚性连接。方位可由 3 个欧拉角给出。如果用户完全指定了执行器的位置和方向，则机器人通常只能在其工作空间中占据该所需位置，前提是它至少有 6 个适当布置的关节。

2.1.12　运动坐标系中向量的微分

为了建立动态模型，将根据时间导出向量，以确定机器人手臂部分的绝对速度和加速度，并计算作用力/力矩。与此同时，必须根据时间进行微分的向量通常与一个坐标系相关，该坐标系和机器人手臂部位牢固连接。向量的变化与移动坐标系相关，而绝对变化与静止参考坐标系相关。

静止坐标系 K_0（惯性系）和坐标系 K_i（见图 2.18a）。K_i 相对于 K_0 运动，该运动可以通过平移速度 $\boldsymbol{v}_i=\frac{\mathrm{d}}{\mathrm{d}t}\boldsymbol{r}_i$ 和角速度向量 $\boldsymbol{\omega}_i$ 来描述，即它由 K_i 的原点的平移运动和围绕 K_i 的原点的旋转组成。$\boldsymbol{\omega}_i$ 的方向是坐标系 K_i 相对于 K_0 旋转的瞬时旋转轴的方向，该向量的模 $|\boldsymbol{\omega}_i|$ 是角速度。现在要给出任何（自由）向量 $\boldsymbol{a}$ 的绝对变化（相对于惯性系 K_0 的变化）。如果使用相对于 K_i 的相对变化 $\boldsymbol{v}_a=\frac{\mathrm{d}^{(i)}\boldsymbol{a}}{\mathrm{d}t}$，则适用以下条件：

$$\frac{\mathrm{d}\boldsymbol{a}}{\mathrm{d}t}=\frac{\mathrm{d}^{(i)}\boldsymbol{a}}{\mathrm{d}t}+\boldsymbol{\omega}_i\times\boldsymbol{a} \tag{2.31}$$

由于 $\boldsymbol{a}$ 是任意向量，因此式（2.31）也适用于 $\boldsymbol{\omega}_i$。

$$\frac{\mathrm{d}\boldsymbol{\omega}_i}{\mathrm{d}t}=\frac{\mathrm{d}^{(i)}\boldsymbol{\omega}_i}{\mathrm{d}t}+\boldsymbol{\omega}_i\times\boldsymbol{\omega}_i=\frac{\mathrm{d}^{(i)}\boldsymbol{\omega}_i}{\mathrm{d}t} \tag{2.32}$$

作为向量推导的示例，将计算双关节机器人的第二个手臂部分的重心 S_{P2} 的绝对速度 $\boldsymbol{v}_{s2}$（见图 2.18b）。$\boldsymbol{s}_2$ 和 $\boldsymbol{p}_2$ 随时间的变化与 K_2 相关。为了获得 $\boldsymbol{v}_{s2}$，可借助式（2.31）对向量 $\boldsymbol{r}_{s2}=\boldsymbol{p}_2+\boldsymbol{s}_2$ 进行微分：

$$\boldsymbol{v}_{s2}=\frac{\mathrm{d}\boldsymbol{r}_{s2}}{\mathrm{d}t}=\frac{d(\boldsymbol{p}_2+\boldsymbol{s}_2)}{\mathrm{d}t}=\frac{\mathrm{d}^{(2)}\boldsymbol{p}_2}{\mathrm{d}t}+\frac{\mathrm{d}^{(2)}\boldsymbol{s}_2}{\mathrm{d}t}+\boldsymbol{\omega}_2\times\boldsymbol{r}_{s2}=\frac{\mathrm{d}^{(2)}\boldsymbol{p}_2}{\mathrm{d}t}+\boldsymbol{\omega}_2\times\boldsymbol{r}_{s2}$$

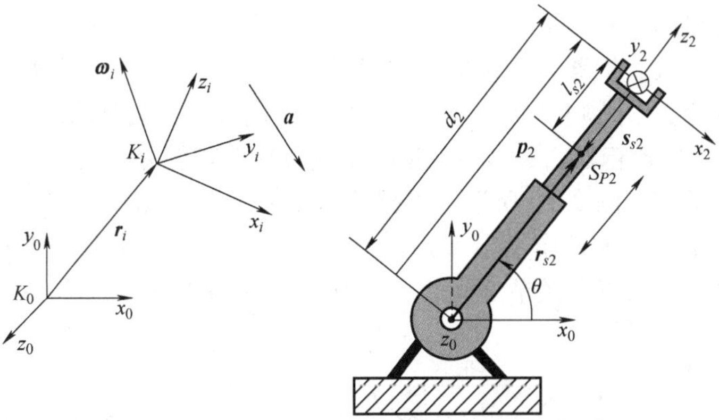

图 2.18 物体的自由度

由于 $\boldsymbol{s}_2$ 相对于 K_2 不变，因此 $\boldsymbol{s}_2$ 对 K_2 的导数消失了。如果使用分量符号中的向量进行数学运算，则涉及的向量必须在同一坐标系中表示。如果在 K_2 中显示 $\boldsymbol{p}_2$、$\boldsymbol{s}_2$、$\boldsymbol{r}_{s2}$ 和 $\boldsymbol{\omega}_2$，则可以直接计算上述方程式。如果要在 K_0 的分量中给出 $\boldsymbol{v}_{s2}$，则 $\boldsymbol{v}_{s2}$ 为

$$\boldsymbol{v}_{s2}^{(0)} = {}_0^2\boldsymbol{A}\cdot\left(\frac{\mathrm{d}^{(2)}\boldsymbol{p}_2}{\mathrm{d}t}+\boldsymbol{\omega}_2\times\boldsymbol{r}_{s2}\right)$$

${}_0^2\boldsymbol{A}$ 是将 K_2 中表示的向量转换为 K_0 表示的旋转矩阵。由于坐标系 K_2 只能相对于 K_0 垂直于图样平面以角速度 $\dot{\theta}$ 移动，因此 $\boldsymbol{\omega}_2$ 仅具有一个 z 分量。如果向量 $\boldsymbol{s}_2$ 的长度是 l_{s2}，以下可用于所需的向量和${}_0^2\boldsymbol{A}$。

$$\boldsymbol{r}_{s2}^{(2)}=\boldsymbol{p}_2^{(2)}+\boldsymbol{s}_2^{(2)}=\begin{pmatrix}0\\0\\d_2-l_{s2}\end{pmatrix},\quad \frac{\mathrm{d}^{(2)}\boldsymbol{r}_{s2}^{(2)}}{\mathrm{d}t}=\begin{pmatrix}0\\0\\\dot{d}_2\end{pmatrix},\quad \boldsymbol{\omega}_2^{(2)}=\begin{pmatrix}0\\-\dot{\theta}\\0\end{pmatrix},\quad {}_0^2\boldsymbol{A}=\begin{pmatrix}\sin\theta & 0 & \cos\theta\\-\cos\theta & 0 & \sin\theta\\0 & -1 & 0\end{pmatrix}$$

如果现在计算 $\boldsymbol{v}_{s2}^{(2)}$ 和 $\boldsymbol{v}_{s2}^{(0)}$，将得到

$$\boldsymbol{v}_{s2}^{(2)}=\begin{pmatrix}-(d_2-l_{s2})\dot{\theta}\\0\\\dot{d}_2\end{pmatrix},\quad \boldsymbol{v}_{s2}^{(0)}=\begin{pmatrix}-\sin\theta(d_2-l_{s2})\dot{\theta}+\cos\theta\dot{d}_2\\\cos\theta(d_2-l_{s2})\dot{\theta}+\sin\theta\dot{d}_2\\0\end{pmatrix}$$

所计算的速度是基于惯性系统的绝对速度，而与表示速度向量的坐标系无关。两个向量的模和方向相同，只是在不同的坐标系中显示了方向。如果是 $\dot{\theta}=0$ 和 $\dot{d}_2\neq0$，$\boldsymbol{v}_{s2}^{(2)}$ 仅在 z_2 方向上具有分量 $\dot{d}_2$。对于每个力矩记录，无论当前角度 θ 如何，重心都在 z_2 方向上移动。在 K_0 中指定速度时，速度具有 x_0 方向的分量 $\cos\theta\dot{d}_2$ 和 y_0 方向的分量$\sin\theta\dot{d}_2$，此处包含实际角度 θ。

2.2 用于工业机器人的德纳维特-哈滕贝格约定

2.2.1 具有开放运动链的工业机器人

大多数工业机器人被设计成一个开放的运动链，借助开放式运动链，机器人的每个手臂

部分都通过关节连接到另外的手臂部分。每个关节只有一个关节轴。图 2. 19 所示为作为开放运动链的工业机器人。机器人手臂部分的编号从静止底座开始，即机器人手臂部件为 0。如果机器人具有 n 个关节，则最后一个手臂部分 n 是执行器，关节的编号从 1 到 n。关节运动 n 仅影响臂部 n，即执行器，关节 1 的运动影响所有手臂部分。为简化起见，人们使用示意图和符号来示意关节。图 2. 20 所示为根据德国工程师协会标准 2861 作的机器人示意图。如果有多个轴的关节，比如球窝关节，则如上所述，关节轴之间没有臂部。为了遵守该约定，假设虚拟机器人手臂部分关节之间的质量为 0，在关节之间的延伸为 0（见图 2. 21）。

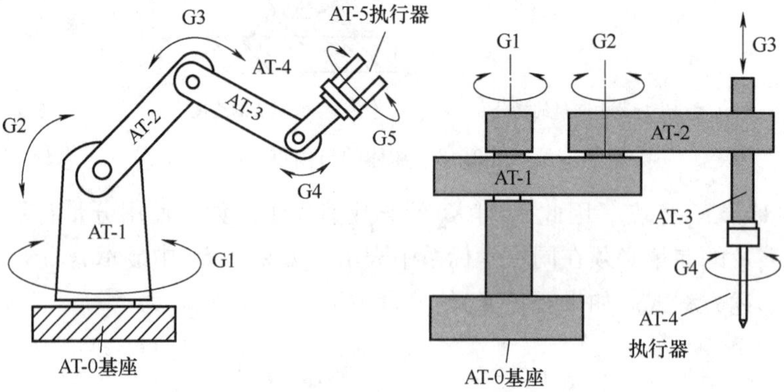

a) 5个关节的铰链机器人　　b) SCARA机器人(4个关节)

图 2. 19　作为开放运动链的工业机器人

AT—手臂部分　G—关节

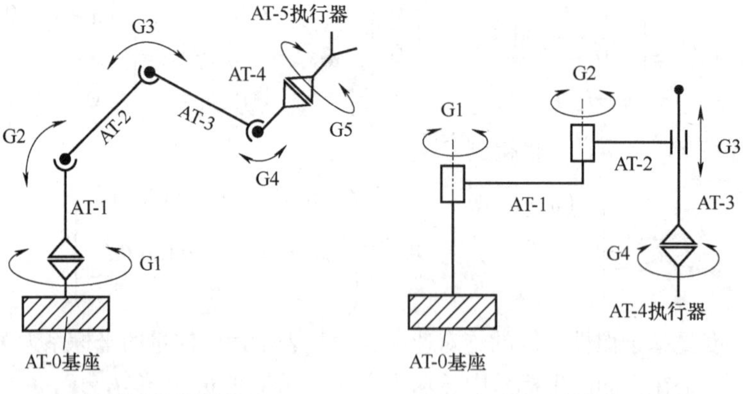

a) 5个关节的关节臂机器人　　b) SCARA机器人(4个关节)

图 2. 20　根据德国工程师协会标准 2861 作的机器人示意图

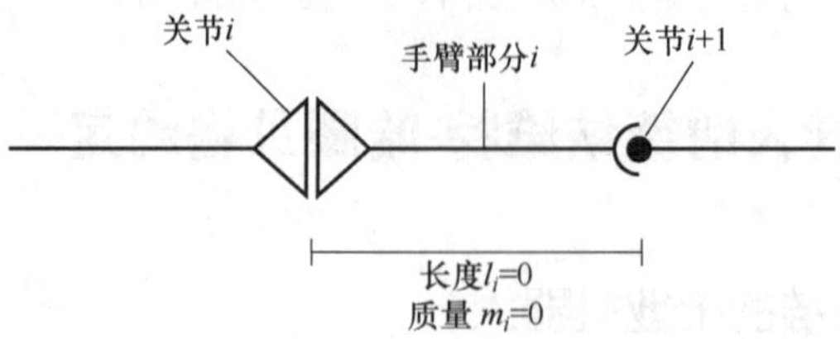

图 2. 21　假设虚拟机器人手臂部分关节之间的质量为 0

2.2.2 基于德纳维特-哈滕贝格约定的坐标系和运动学参数

执行器的位置和方向取决于关节坐标，即关节轴的角度或移动长度。如果机器人的程序员在笛卡儿坐标中指定执行器的位置（工具中心点的位置和执行器坐标系的方向），则整个机器人所有手臂部分在空间中的位置通常无法明确确定。当在相应的关节坐标中映射执行器的位置和方向时，会出现歧义和奇异点。如果将关节坐标指定为绝对值，则机器人手臂在空间中的位置是清晰的。必须将关节坐标的数值明确地分配给每个关节位置。明确定义旋转的正方向和关节坐标值为 0 的各个关节的位置。

在规划运动时可能有必要考虑机器人除执行器外其他手臂部分的位置，以避免与障碍物碰撞。为了完整地描述整个机器人的位置，从而解决上述任务，可以运用文献/2. 16/的德纳维特-哈滕贝格约定。包括固定底座在内的机器人手臂的每个手臂部分都设置有根据一定规则定义的坐标系。在一般情况下，必须指定 6 个参数来描述坐标系统相对于参考系统的位置：3 个平移信息（目标坐标系或参考系的原点）、3 个旋转信息（目标坐标系相对于参考坐标系如何旋转）。使用德纳维特-哈滕贝格约定，两个相邻坐标系之间的相对位置只用四个参数就可以描述，其中 3 个参数对于具有开放运动链的机器人手臂而言是恒定的，而一个参数则表示随时间变化的关节坐标。可以将一组关节坐标清楚地分配给整个机器人手臂的每个位置。适用于机器人手臂的定义如下。

1. 坐标系的定义

具有 n 个关节机器人的每个手臂部分 $i(i=0,1,\cdots,n)$ 均具有一个坐标系 K_i。K_i 牢固地连接到手臂部分 i。因此，坐标系 K_i 不会相对于手臂部分 i 移动。基本上，坐标系 K_i 的放置方式可以使用 4 个德纳维特-哈滕贝格参数将 K_i 转换为 K_{i-1}。

（1）基本坐标系 K_0 的定义

1）K_0 表示基本坐标系或世界坐标系。它牢固地和底座连接（手臂部分为 0）。

2）K_0 的原点位于第一关节轴上的某个位置。通常是将 K_0 的原点放在手臂部分 1 的附近（见图 2. 22～图 2. 25）。

3）单位向量为 $\boldsymbol{z}_0$ 的 z_0 轴指向第一关节轴。在向量 $\boldsymbol{x}_0$、$\boldsymbol{y}_0$、$\boldsymbol{z}_0$ 形成右手系统的条件下，可以自由选择 x_0 轴和 y_0 轴。

（2）坐标系 $K_i(i=1,2,\cdots,n-1)$ 的定义

通常，K_i 的原点位于关节轴 $i+1$ 上。

如果关节轴 i 和 $i+1$ 相交，则 K_i 的原点位于这两个轴的交点处。

如果关节轴 i 和 $i+1$ 平行，则 K_i 的原点可以放置在关节轴 $i+1$ 上的任何位置。有时，选择以下过程是有意义的：首先，使用这些规则确定 K_{i+1} 的来源。一旦确定了 K_{i+1} 的原点，就将 K_i 的原点放在关节轴 $i+1$ 的那个点上，以使 K_i 的原点和 K_{i+1} 的原点之间的距离最小。

如果关节轴 i 和 $i+1$ 不相交，并且它们也不平行，则适用以下条件：求解关节轴 i 和关节轴 $i+1$ 的公共法线。然后，将坐标系 K_i 的原点放在共同法线与关节轴 $i+1$ 的交点上。

带有单位向量 $\boldsymbol{z}_i$ 的 z_i 轴沿着关节轴 $i+1$ 放置（z_i 方向有两个选项，必须选择其中一个选项）。

1）如果 z_{i-1} 轴和 z_i 轴相交，则 x_i 轴平行于 $\boldsymbol{z}_{i-1}\times\boldsymbol{z}_i$ 的方向（必须选择该方向的两种可能

性之一）。

2）如果 z_{i-1} 轴和 z_i 轴不相交，则将带有单位向量 $\boldsymbol{x}_i$ 的 x_i 轴沿着轴 i 和轴 $i+1$ 的公共法线放置。方向就是从关节轴 i 到关节轴 $i+1$ 的法线方向。如果 z_{i-1} 轴和 z_i 轴在同一条线上，则可以将 x_i 选择为 x_{i-1}。

（3）坐标系 K_n 的定义

z_n 轴通过工具中心点沿 z_{n-1} 轴的方向放置。x_n 垂直于 z_{n-1} 并从 z_{n-1} 轴指向 z_n 轴。如果 z_{n-1} 轴和 z_n 轴在同一条线上，则将 x_n 选择为 x_{n-1}。如果可能，应将工具中心点指定为原点。

2. 德纳维特-哈滕贝格参数

根据德纳维特-哈滕贝格约定定义的两个相邻坐标系可以通过两次平移和两次旋转相互转换。可以确定以下参数：

1）围绕关节 i 的绝对旋转角度 θ_i，即围绕 $\boldsymbol{z}_{i-1}$，$\boldsymbol{x}_{i-1}$ 在 $\boldsymbol{x}_i$ 中旋转。

2）从 K_{i-1} 的原点沿 z_{i-1} 平移 d_i，使 K_{i-1} 和 K_i 的原点之间的距离最小（在 z_{i-1} 方向上测量）。

3）在 $\boldsymbol{x}_i$ 方向上平移 a_i，使 K_{i-1} 的原点尽可能接近 K_i 的原点或与 K_i 的原点重合（a_i 始终为正）。

4）绕 $\boldsymbol{x}_i$ 旋转的角度 α_i，它将 z_{i-1} 转换为 z_i。

由于确定 α_i 通常会带来困难，因此应在此处给出更详细的规则：

1）x_i 轴被认为通过平行移动复制到 K_{i-1} 的原点，并牢固地结合到坐标系 K_{i-1}。

2）α_i 现在是围绕复制的 x_i 轴的旋转，以至于 z_{i-1} 转换为 z_i（仅方向）。

3）复制的轴被再次删除。

4 个德纳维特-哈滕贝格参数确定了上述规则定义的两个相邻坐标系之间的相对位置。这些参数是平移 a_i 和 d_i 以及角度 α_i 和 θ_i。如果关节 i 是旋转关节，则 θ_i 是变化的关节变量（关节坐标），而 α_i、d_i、a_i 是常数。在平移关节的情况下，位移长度 d_i 是可变关节坐标，θ_i、α_i、a_i 是恒定的。根据要求，德纳维特-哈滕贝格约定明确定义了旋转关节的旋转正方向和滑动关节的正方向，以及关节变量为 0 的位置。因此，如果旋转方向为 z_{i-1}，则 θ_i 的旋转方向为正，否则为负旋转方向。在滑动关节的情况下，当关节沿 z_{i-1} 方向移动时，d_i 会变大，否则，d_i 会变小。

应该根据德纳维特-哈滕贝格的坐标系和参数将在带有两个旋转关节轴的简单机器人手臂上进行相关处理（见图 2.22）。该机器人手臂由具有 6 个旋转关节的多关节臂机器人（R6 机器人）的前两个关节组成，因此称为 R6-12。将 K_0 的原点放置在第一关节轴上，没有指定关节轴的哪一点。在此选择关节轴上最靠近关节轴 2 的点。x_0 轴和 y_0 轴的放置方式使得坐标系 K_0 形成右手系统。现在必须选择 K_1 的原点，该原点必须在第二关节轴上的某个位置。关节轴一和二不相交，也不平行。两个关节轴有一个共同的法线。必须选择该法线与关节轴 2 的交点作为 K_1 的原点。x_1 轴从第一关节轴指向第二关节轴，y_1 轴的选择应使坐标系 K_1 形成右手系统。由于机器人手臂有两个关节，因此最后一个坐标系为 K_2。z_2 轴位于 z_1 轴方向，x_2 由 z_1 轴指向 z_2 轴方向。可以将原点放在工具中心点中。

在图 2.22 所示的位置 $\theta_1=0$，因为无须围绕 z_0 轴旋转即可将 x_0 沿 x_1 方向移动。也不需要在 z_0 方向上平移以最小化 K_0 和 K_1 之间的距离，因此 $d_1=0$。由于 K_0 和 K_1 的原点不一致，因此第二平移 a_1 不能为 0。a_1 在方向 x_1 上生成，因此具有值 l_{11}。现在必须将坐

标系 K_0绕 x_1 旋转，以便适用 $z_0=z_1$。该旋转为 $\alpha_1=-90°$，因为从 z_0 转到 z_1 的右手螺旋将逆着 x_1 轴的方向移动。这样，也可以确定 θ_2、d_2、a_2 和 α_2。角度 θ_1、θ_2 是关节坐标。如果 θ_2 也为 0，则必须移动第二个关节，该关节的旋转方向相对于与机器人手臂部分 1 牢固连接的 z_1 轴进行测量，其旋转方向为 90°，然后得到如图 2.23 所示的位置。当绕关节 1 旋转时，K_1 和 K_2 的位置将改变。如果仅绕关节 2 旋转，则仅 K_2 的位置会改变。关节轴 i 绕 z_{i-1}的运动会改变机器人关节手臂部分 i 到 n 的位置以及与这些臂部件牢固连接的坐标系 K_i 至 K_n。

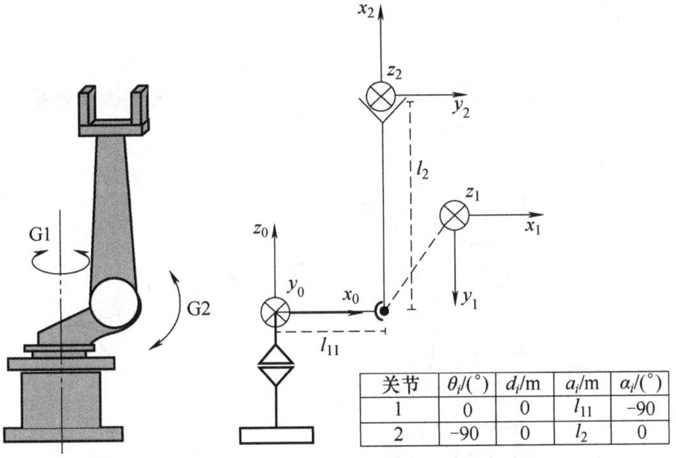

关节	θ_i/(°)	d_i/m	a_i/m	α_i/(°)
1	0	0	l_{11}	-90
2	-90	0	l_2	0

图 2.22　具有坐标系的双关节机器人 R6-12

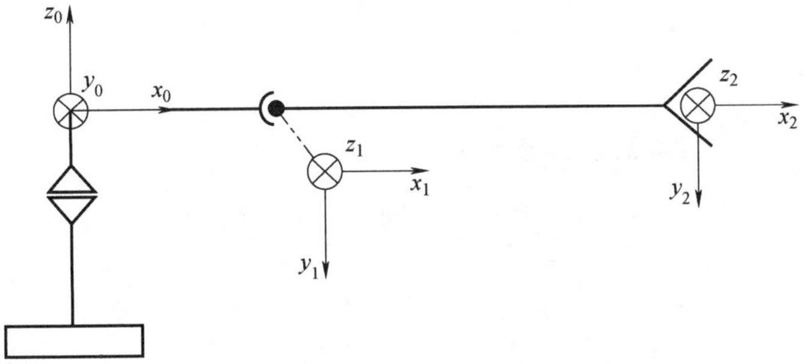

图 2.23　在位置 $\theta_1=\theta_2=0$ 的双关节机器人 R6-12

图 2.24～图 2.26 所示为具有坐标系和德纳维特-哈滕贝格参数的机器人。图 2.24 所示为具有两个旋转关节和一个滑动关节的机器人坐标系。平移轴被认为是第三轴，这就是为什么机器人手臂也被称为快速探索随机树机器人的原因。由于关节轴 2 和关节轴 3 相交，因此 K_2 的原点与 K_1 的原点重合，如虚线所示。机器人手臂部分 2 是虚拟的臂部。该机器人的关节变量为 θ_1、θ_2、d_3。θ_3 是常数，移位长度 d_3 是可变的。在此也应注意，绕关节轴 2 旋转会更改 K_2 和 K_3 的位置，但在沿 z_2 方向平移时仅会更改 K_3 的位置。

R6 关节臂机器人还根据给定的规则提供了坐标系（见图 2.25 和图 2.26）。由于关节轴 3 和关节轴 4 相交，因此 K_3 的原点位于此相交点，并且 K_2 和 K_3 的原点重合。

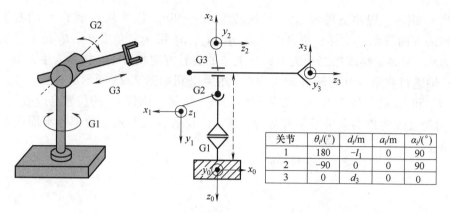

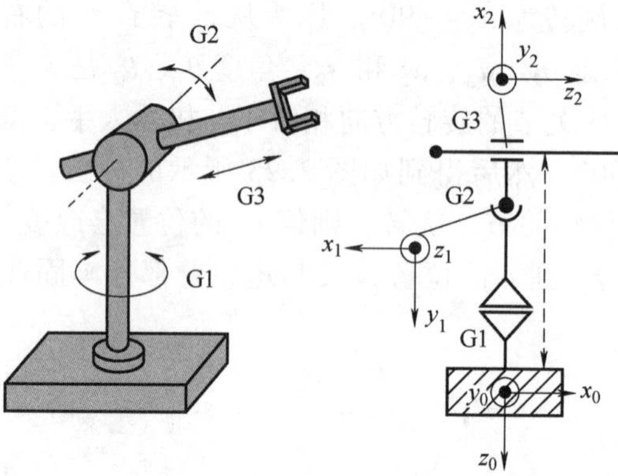

关节	θ_i/(°)	d_i/m	a_i/m	α_i/(°)
1	180	$-l_1$	0	90
2	-90	0	0	90
3	0	d_3	0	0

图 2.24　具有两个旋转关节和一个滑动关节的机器人坐标系

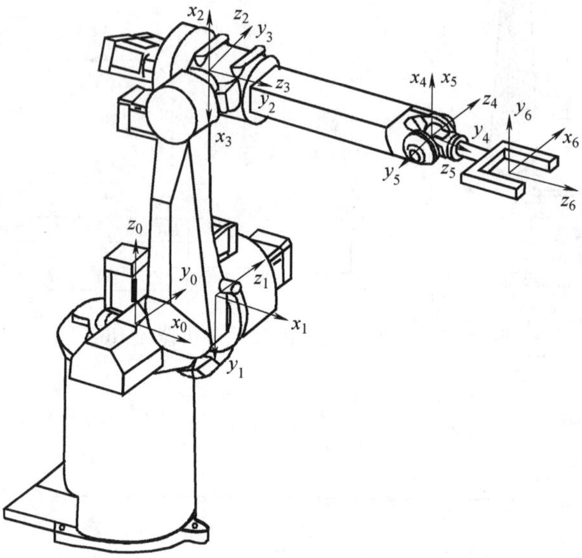

图 2.25　具有坐标系的 R6 关节臂机器人

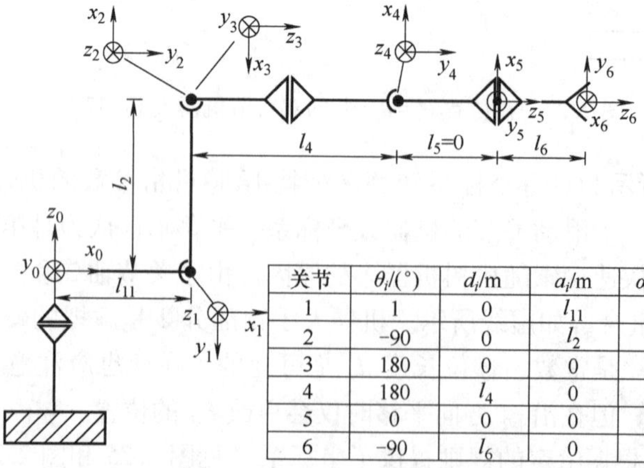

关节	θ_i/(°)	d_i/m	a_i/m	α_i/(°)
1	1	0	l_{11}	-90
2	-90	0	l_2	0
3	180	0	0	90
4	180	l_4	0	90
5	0	0	0	-90
6	-90	l_6	0	0

图 2.26　R6 关节臂机器人示意图（带有坐标系和德纳维特-哈滕贝格参数）

2.2.3 基于德纳维特-哈滕贝格参数的旋转矩阵和齐次矩阵

旋转矩阵，表示一个坐标系相对于另一个坐标系的基向量。根据德纳维特-哈滕贝格约定定义的两个坐标系可以通过两个旋转角 θ 和 α 以相同的方式对齐。然而，这意味着两个相邻坐标系的旋转矩阵仅取决于这两个参数。如果相邻坐标系一般用 i 和 $i-1$ 表示，则得到旋转矩阵

$$ {}_{i-1}^{i}\boldsymbol{A}=(\boldsymbol{x}_i^{(i-1)}\quad \boldsymbol{y}_i^{(i-1)}\quad \boldsymbol{z}_i^{(i-1)})=\begin{pmatrix}\cos\theta_i & -\sin\theta_i\cos\alpha_i & \sin\theta_i\sin\alpha_i\\ \sin\theta_i & \cos\theta_i\cos\alpha_i & -\cos\theta_i\sin\alpha_i\\ 0 & \sin\alpha_i & \cos\alpha_i\end{pmatrix} \tag{2.33}$$

在 R6-12（见图 2.22）的示例中，θ_1、θ_2 是可变关节角。得到旋转矩阵

$$ {}_{0}^{1}\boldsymbol{A}=(\boldsymbol{x}_1^{(0)}\quad \boldsymbol{y}_1^{(0)}\quad \boldsymbol{z}_1^{(0)})=\begin{pmatrix}\cos\theta_1 & 0 & -\sin\theta_1\\ \sin\theta_1 & 0 & \cos\theta_1\\ 0 & -1 & 0\end{pmatrix},\ {}_{1}^{2}\boldsymbol{A}=(\boldsymbol{x}_2^{(1)}\quad \boldsymbol{y}_2^{(1)}\quad \boldsymbol{z}_2^{(1)})=\begin{pmatrix}\cos\theta_2 & -\sin\theta_2 & 0\\ \sin\theta_2 & \cos\theta_2 & 0\\ 0 & 0 & 1\end{pmatrix}$$

如果要针对所示位置在 K_0 中表示 K_2 的单位向量，则需将两个旋转矩阵相乘：

$$ {}_{0}^{2}\boldsymbol{A}=(\boldsymbol{x}_2^{(0)}\quad \boldsymbol{y}_2^{(0)}\quad \boldsymbol{z}_2^{(0)})={}_{0}^{1}\boldsymbol{A}\cdot{}_{1}^{2}\boldsymbol{A}=\begin{pmatrix}1 & 0 & 0\\ 0 & 0 & 1\\ 0 & -1 & 0\end{pmatrix}\cdot\begin{pmatrix}0 & 1 & 0\\ -1 & 0 & 0\\ 0 & 0 & 1\end{pmatrix}=\begin{pmatrix}0 & 1 & 0\\ 0 & 0 & 1\\ 1 & 0 & 0\end{pmatrix}$$

对于明确的位置可以很容易地直接检查结果。x_2 指向 z_0 轴的方向，因此必须适用 $\boldsymbol{x}_2^{(0)}=(0,0,1)^{\mathrm{T}}$。但是，这个向量 $\boldsymbol{x}_2^{(0)}$ 在${}_{0}^{2}\boldsymbol{A}$ 第一列中，上述矩阵就是这种情况。因此，$\boldsymbol{y}_2^{(0)}$ 和 $\boldsymbol{z}_2^{(0)}$ 可以进行验证。

如果要描述相邻坐标系的两个原点的相对位置，则应使用平移参数 d 和 a，可以使用齐次矩阵进行完整描述。现在可以通过 4 个参数来描述两个相邻坐标系的位置。因此，必须能够使用 a_i、d_i、α_i 和 θ_i 来描述该旋转矩阵${}_{i-1}^{i}\boldsymbol{T}$。

$$ {}_{i-1}^{i}\boldsymbol{T}=\begin{pmatrix}\boldsymbol{x}_i^{(i-1)} & \boldsymbol{y}_i^{(i-1)} & \boldsymbol{z}_i^{(i-1)} & \boldsymbol{p}_{i-1,i}^{(i-1)}\\ 0 & 0 & 0 & 1\end{pmatrix}=\begin{pmatrix}\cos\theta_i & -\sin\theta_i\cos\alpha_i & \sin\theta_i\sin\alpha_i & a_i\cos\theta_i\\ \sin\theta_i & \cos\theta_i\cos\alpha_i & -\cos\theta_i\sin\alpha_i & a_i\sin\theta_i\\ 0 & \sin\alpha_i & \cos\alpha_i & d_i\\ 0 & 0 & 0 & 1\end{pmatrix} \tag{2.34}$$

矩阵${}_{i-1}^{i}\boldsymbol{T}$，$i=1$，…，$n$ 也称为德纳维特-哈滕贝格矩阵。它们随着关节角度为 θ_i 的旋转关节 i 和位移长度为 d_i 的滑动关节 i 的变化而变化。通常使用特殊的齐次矩阵 $\boldsymbol{T}_W={}_{0}^{n}\boldsymbol{T}$。该矩阵描述了工具中心点的位置以及具有 n 个关节的机器人或基本坐标系 K_0 中坐标系 K_n 的对齐方式：

$$\boldsymbol{T}_W={}_{0}^{n}\boldsymbol{T}={}_{0}^{1}\boldsymbol{T}\cdot{}_{1}^{2}\boldsymbol{T}\cdot\cdots\cdot{}_{n-2}^{n-1}\boldsymbol{T}\cdot{}_{n-1}^{n}\boldsymbol{T}=\begin{pmatrix}\boldsymbol{x}_n^{(0)} & \boldsymbol{y}_n^{(0)} & \boldsymbol{z}_n^{(0)} & \boldsymbol{p}_0^{(0)}\\ 0 & 0 & 0 & 1\end{pmatrix} \tag{2.35}$$

如果可能，选择 K_n 作为工具坐标系 K_W。但是，这对于特殊的工具（执行器）是不可能的，因为如果出于实际原因将工具中心点放置在特定点上，则无法使用德纳维特-哈滕贝格参数对工具坐标系进行描述。在这种情况下，必须使用常数齐次矩阵来描述坐标系 K_n 中的工具坐标系。对于 R6-12，获得了德纳维特-哈滕贝格矩阵：

$$ {}_0^1\boldsymbol{T}=\begin{pmatrix}\cos\theta_1 & 0 & -\sin\theta_1 & l_{11}\cos\theta_1\\ \sin\theta_1 & 0 & \cos\theta_1 & l_{11}\sin\theta_1\\ 0 & -1 & 0 & 0\\ 0 & 0 & 0 & 1\end{pmatrix},\quad {}_1^2\boldsymbol{T}=\begin{pmatrix}\cos\theta_2 & -\sin\theta_2 & 0 & l_2\cos\theta_2\\ \sin\theta_2 & \cos\theta_2 & 0 & l_2\sin\theta_2\\ 0 & 0 & 1 & 0\\ 0 & 0 & 0 & 1\end{pmatrix} $$

对于图 2.22 所示的位置 $\theta_1=0°$，$\theta_2=-90°$，均质矩阵 $\boldsymbol{T}_W={}_0^2\boldsymbol{T}$ 计算为

$$ \boldsymbol{T}_W={}_0^2\boldsymbol{T}={}_0^1\boldsymbol{T}\cdot{}_1^2\boldsymbol{T}=\begin{pmatrix}\boldsymbol{x}_n^{(0)} & \boldsymbol{y}_n^{(0)} & \boldsymbol{z}_n^{(0)} & \boldsymbol{p}_0^{(0)}\\ 0 & 0 & 0 & 1\end{pmatrix}=\begin{pmatrix}0 & 1 & 0 & l_{11}\\ 0 & 0 & 1 & 0\\ 1 & 0 & 0 & l_2\\ 0 & 0 & 0 & 1\end{pmatrix} $$

可以在图 2.22 中检查这个简单示例的正确性。西北（3·3）子矩阵是${}_0^2\boldsymbol{A}$ 并已在上面给出，位置向量 $\boldsymbol{p}_0=(h_{11}\quad 0\quad h_2)^{\mathrm{T}}$ 也可以很容易地验证。

练习题

1. 如果要在图 2.8 中描述 K_k 或 K_0 的方向，请以 Z-Y-X 符号输入 3 个欧拉角。绘制坐标系 K'和 K''，指定旋转矩阵${}_{''}^{K}\boldsymbol{A}$、${}_{'}^{''}\boldsymbol{A}$、${}_0^{'}\boldsymbol{A}$，并以此方式计算${}_0^k\boldsymbol{A}$。

2. 当表示参考坐标系中目标坐标系单位向量的旋转矩阵为$\begin{pmatrix}0 & 1 & 0\\ 1 & 0 & 0\\ 0 & 0 & -1\end{pmatrix}$时，绘制参考坐标系和目标坐标系。根据旋转矩阵确定 Z-Y-Z 和 Z-Y-X 欧拉角以及滚动角-俯仰角-偏航角。

3. 根据第 2.1.12 节中（见图 2.18）的示例计算加速度$\dfrac{\mathrm{d}\boldsymbol{v}_{s2}}{\mathrm{d}t}$，并在 K_0 和 K_2 中指定加速度向量。

4. 在具有相关坐标系的位置 $\theta_1=-180°$、$\theta_2=-135°$绘制双关节机器人 R6-12（见图 2.22）。

5. 如果 $l_1=1\mathrm{m}$ 且 $d_3=0.5\mathrm{m}$，给出图 2.24 中机器人在右侧所示位置的齐次矩阵 $\boldsymbol{T}_W={}_0^3\boldsymbol{T}$。给出矩阵${}_3^0\boldsymbol{A}$，该矩阵描述 K_3 坐标系中 K_0 的单位向量。位置向量 $\boldsymbol{p}_H^{(3)}=(-0.5,0.25,-0.4)^{\mathrm{T}}\mathrm{m}$ 从工具中心点（K_3 的原点）指向障碍物的点 P。对于位置 $\theta_1=90°$、$\theta_2=0°$、$d_3=0.5\mathrm{m}$，计算从 K_0 到点 P 的位置向量。

6. 图 3.5 是依据德纳维特-哈滕贝格约定坐标系统的平面双关节机器人。输入德纳维特-哈滕贝格参数并绘制机器人在位置 $\theta_1=0°$、$\theta_2=0°$和 $\theta_1=-45°$、$\theta_2=135°$的草图。

7. 根据德纳维特-哈滕贝格放置坐标系到 SCARA 机器人（见图 2.19b 和图 2.20b），然后输入德纳维特-哈滕贝格参数。用正变换测试结果。

8. 如果 $\theta_1=0°$、$\theta_2=90°$，计算练习题 7 中 SCARA 机器人的工具中心点位置和执行器的 Z-Y-X 欧拉角方向，根据第 2.1.10 节标示旋转向量和旋转角度。

第 3 章　机器人坐标系和世界坐标系之间的转换

为了执行工作，工业机器人的执行器要与环境接触，例如抓取物体或加工工件等。在许多加工和处理操作中，如在焊接路径中，重要的是工具中心点要跟随空间中定义的焊缝，并且执行器始终保持适合焊接的方向。如第 2 章所述，这条路径是在空间固定的参考坐标系中指定的，通常情况下是基本坐标系 K_0。在机器人技术中，被称为笛卡儿坐标系、世界坐标系或世界系统。机器人关节必须通过驱动器适当地移动，才能以足够的精度实现所需的运动。如果通过指定工具中心点的位置和方向来描述执行器在某个时间的位置，则必须根据该信息计算关节坐标（机器人坐标），此任务被称为逆变换或逆运动学。如果必须确定执行器的当前位置，最简单的方法是测量关节坐标并使用式（2.35）计算执行器的位置和方向，此任务被称为正变换或正运动学问题。图 3.1 所示为运动学变换示意图，其中位置向量 $\boldsymbol{p}$ 从固定空间参考坐标系的原点指向工具中心点，并且通过参考坐标系的坐标中指定执行器的基本向量 $\boldsymbol{x}_W$、$\boldsymbol{y}_W$、$\boldsymbol{z}_W$ 来描述方向。在旋转关节的情况下，关节的坐标是关节角度 θ_i；在滑动关节的情况下，位移的长度是 d_i。为了统一符号，引入了第 i 个关节的广义坐标 θ_i。所有关节的广义坐标也可以布置为元组并组合在列向量中。所以它适用于以下情形：$q_i=\theta_i$，如果关节 i 是旋转关节，则 $q_i=d_i$；如果关节 i 是滑动关节，则 $\boldsymbol{q}=(q_1,q_2,\cdots,q_n)^{\mathrm{T}}$。

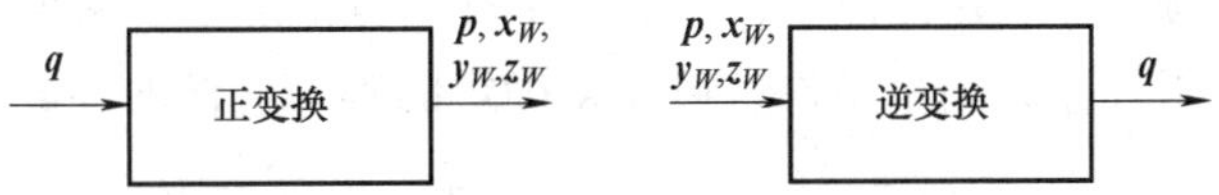

图 3.1　运动学变换示意图

如果方向不是由向量 $\boldsymbol{x}_W^{(0)}$、$\boldsymbol{y}_W^{(0)}$、$\boldsymbol{z}_W^{(0)}$ 给出，而是由欧拉角给出，则式（2.18）和式（2.21）可用于换算。如果方向可以用作四元数，则通过式（3.1）将四元数 $\boldsymbol{qt}=(qt_1\quad qt_2\quad qt_3\quad qt_4)^{\mathrm{T}}$ 转换为旋转矩阵 ${}_0^W\boldsymbol{A}=(\boldsymbol{x}_W^{(0)}\quad \boldsymbol{y}_W^{(0)}\quad \boldsymbol{z}_W^{(0)})$。

$$
{}_0^W\boldsymbol{A}=\begin{pmatrix} 2(qt_1^2+qt_2^2)-1 & 2(qt_2\cdot qt_3-qt_1\cdot qt_4) & 2(qt_2\cdot qt_4+qt_1\cdot qt_3) \\ 2(qt_2\cdot qt_3+qt_1\cdot qt_4) & 2(qt_1^2+qt_3^2)-1 & 2(qt_3\cdot qt_4-qt_1\cdot qt_2) \\ 2(qt_2\cdot qt_4-qt_1\cdot qt_3) & 2(qt_3\cdot qt_4+qt_1\cdot qt_2) & 2(qt_1^2+qt_4^2)-1 \end{pmatrix} \tag{3.1}
$$

图 3.1 中的两个任务都可以理解为非线性映射。

3.1　正变换

正变换是关节坐标到笛卡儿坐标（世界坐标）的清晰映射。如果关节坐标在某个时间点已知，则可以完整描述机器人手臂在空间中的位置，尤其是已明确定义工具中心点

（TCP）的位置和执行器的方向。根据式（2.35），执行器位置的计算可简化为德纳维特-哈滕贝格矩阵的乘积。

$$\boldsymbol{T}_W(\boldsymbol{q})={}_0^n\boldsymbol{T}(\boldsymbol{q})={}_0^1\boldsymbol{T}(q_1)\cdot{}_1^2\boldsymbol{T}(q_2)\cdot\cdots\cdot{}_{n-2}^{n-1}\boldsymbol{T}(q_{n-1})\cdot{}_{n-1}^{\;n}\boldsymbol{T}(q_n)=\begin{pmatrix}\boldsymbol{x}_n^{(0)} & \boldsymbol{y}_n^{(0)} & \boldsymbol{z}_n^{(0)} & \boldsymbol{p}_0^{(0)}\\ 0 & 0 & 0 & 1\end{pmatrix} \quad (3.2)$$

每个矩阵${}_{i-1}^{\;i}\boldsymbol{T}$都是关节坐标$q_i$的函数。通过机器人手臂的关节坐标，还可以知道笛卡儿坐标空间中所有手臂部位的位置。若给出位置向量$\boldsymbol{u}^{(i)}$，该位置向量从牢固连接到机器人手臂部位i的坐标系K_i指向机器人手臂部位i的标记点P，则可以通过式（2.13）计算该点在空间中的位置。作为位置向量，u用1作为第四分量进行扩展。从静止的笛卡儿坐标系K_0的原点到此点的位置向量可以表示为

$$\boldsymbol{u}_{0P}^{(0)}={}_0^i\boldsymbol{T}(q_1,q_2,\cdots,q_i)\cdot\boldsymbol{u}_{iP}^{(i)}={}_0^1\boldsymbol{T}(q_1)\cdot{}_1^2\boldsymbol{T}(q_2)\cdot\cdots\cdot{}_{i-1}^{\;i}\boldsymbol{T}(q_i)\cdot\boldsymbol{u}_{iP}^{(i)}$$

3.2 逆变换

3.2.1 歧义和奇异性

与正变换相比，逆变换存在更大的困难。如果给出了工具中心的位置和执行器的方向，则对应的关节坐标可能有不同的解。必须区分歧义问题和奇异性问题。图3.2所示为歧义的简单示例。执行器在世界坐标系中的位置对应于关节角度有两种解。在这种情况下，控制器必须根据所给定条件决定解决方案。图3.3所示为奇异性示例，其中涉及机器人手臂的最后3个关节（见图2.25和图2.26）。对于关节5的当前角度q_5，原则上对于角度q_4和角度q_6有无数个解。在q_5的这个角度下，q_4和q_6的相同变化对应于执行器在q_5角度处的相同变化（此处执行器绕z_6旋转）。在此位置，机器人手臂的自由度要少一个。为了解决这样的奇异位置，将控制性能指标作为约束条件，以获得确定的解。这样的性能指标可以写为

$$f(q_4,q_6)=c_1(q_{4,A}-q_4)^2+c_2(q_{6,A}-q_6)^2\overset{!}{=}MIN \quad (3.3)$$

式（3.3）中的$q_{4,A}$和$q_{6,A}$是机器人依照设定路径移动时根据先前的逆变换计算出的关节角度。由式（3.3）采用q_4和q_6的解，该解最接近先前的解。

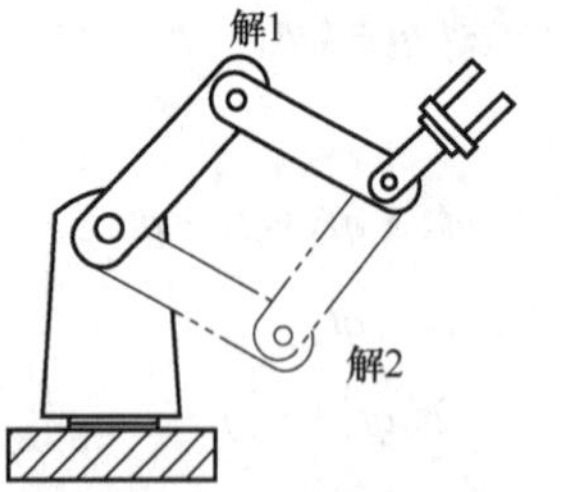

图3.2　歧义的简单示例

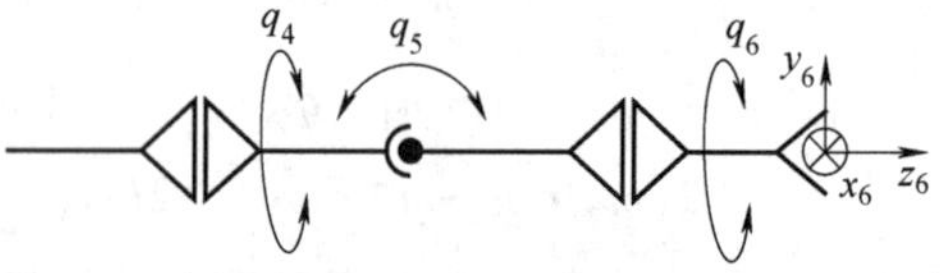

图3.3　奇异性示例

3.2.2 解决方案的条件和方法

机器人手臂（包括其执行器）的最大工作空间是工具中心点可达到的空间，这是由手臂部件的尺寸和各个关节的运动范围决定的。在这个工作范围的边缘，通常只能选择非常有

限的方向。对于逆变换，需要考虑工作空间的子空间，这也允许自由选择方向。如果在子空间中自由选择工具中心点的位置和执行器的方向，那么机器人手臂必须至少有 6 个适当排列的关节。对于少于 6 个关节的机器人，其运动自由度小于 6，并且位置和/或方向的选择受到限制。对于具有 6 个关节的机器人手臂，运动链的最后 3 个关节在一点相交，这也称为中央手腕（见图 3.4）。大多数市售的机器人手臂都有一个中央手腕。在这种情况下，非线性逆变换的解析解是可能的（见文献/3.12/）。对于没

图 3.4　中央手腕

有中央手腕的机器人手臂和超过 6 个关节的机器人手臂，只能通过各种搜索和优化方法找到数值近似解（见文献/3.14/）。

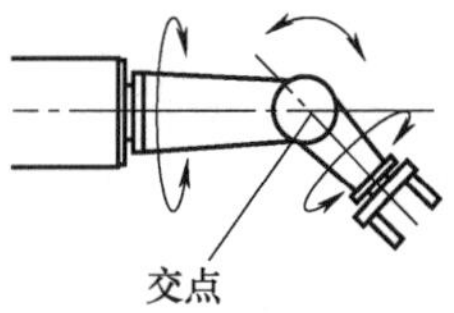

3.2.3　双关节机器人上的逆变换

首先使用一个简单的双关节机器人来考虑逆变换的原理（见图 3.5），这样可以很容易地理解该过程。工具中心点只能在 x_0-y_0 平面上移动。需要注意的是必须根据德纳维特-哈滕贝格约定规定关节角度。如在图 3.5 中所示的位置 $q_1 = 0°$ 和 $q_2 = -90°$。

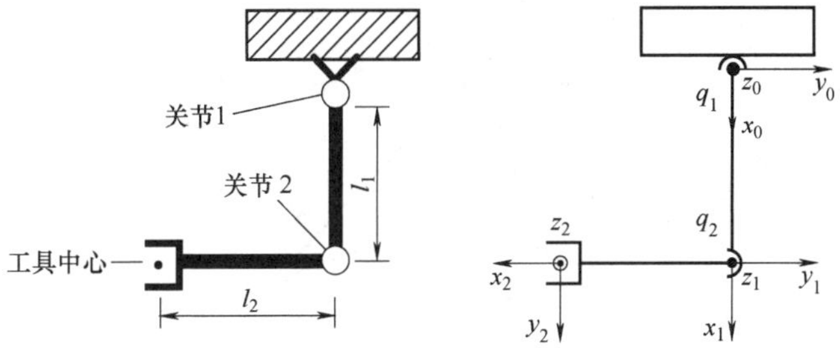

图 3.5　平面双关节机器人

对于这种双关节系统，只能将工具中心点在 x_0-y_0 平面上的位置指定为笛卡儿坐标，并计算与该位置相对应的关节角度 $q_1 = \theta_1$ 和 $q_2 = \theta_2$。虽然在工具中心点可到达的该平面范围内，对于 q_1 和 q_2 通常有两个解，但在可到达区域的边缘可能仅有一个解。要选择解决方案，比如可以将角度 A 用于 Z-Y-X 欧拉角。在图 3.5 中 $A = -90°$，A 的值不能独立于工具中心点的位置进行选择，因为只有两个关节。可以通过两个解相对于 A 的大小比来选择 q_1 和 q_2 的解。应尝试使用三角关系从机器人手臂的特殊运动学计算出解。此方法用于工业机器人控制，在此称为几何解决方案。在这种方法中，通常使用余弦定律，如图 3.6 所示。

$$S_1^2 = S_2^2 + S_3^2 - 2S_2S_3\cos\varphi_1$$
$$S_2^2 = S_1^2 + S_3^2 - 2S_1S_3\cos\varphi_2$$
$$S_3^2 = S_1^2 + S_2^2 - 2S_1S_2\cos\varphi_3$$

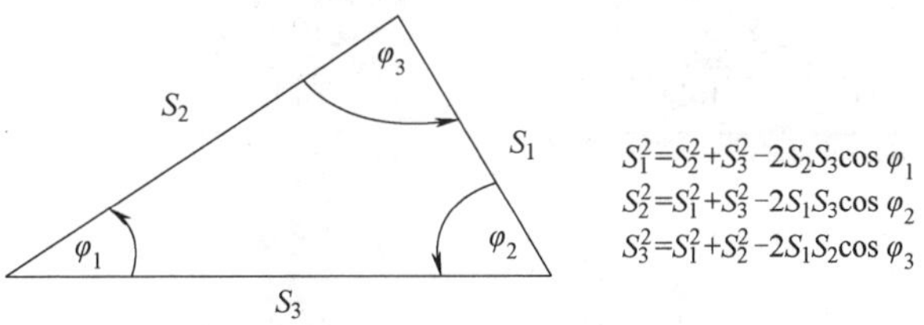

图 3.6　余弦定律

从给定的位置向量 $\boldsymbol{p} = \boldsymbol{p}^{(0)} = (p_x^{(0)} \quad p_y^{(0)})^{\mathrm{T}}$，即从基本系统 K_0 的原点指向工具中心点的位置，应该计算出 q_1 和 q_2。图 3.7 所示为平面双关节机器人的几何解，引入角度 α、β、χ。α

计算公式为

$$\alpha = \arctan2(p_y^{(0)}, p_x^{(0)}) \tag{3.4}$$

余弦定律用于计算 β 和 χ：

$$l_2^2 = l_1^2 + |\boldsymbol{p}|^2 - 2l_1|\boldsymbol{p}|\cos\beta,\ \beta = \arccos\left(\frac{l_1^2 + |\boldsymbol{p}|^2 - l_2^2}{2l_1|\boldsymbol{p}|}\right), \tag{3.5}$$

$$|\boldsymbol{p}|^2 = l_2^2 + l_1^2 - 2l_1l_2\cos\chi,\ \chi = \arccos\left(\frac{l_1^2 + l_2^2 - |\boldsymbol{p}|^2}{2l_1l_2}\right) \tag{3.6}$$

通过这些辅助角，可得到 q_1 和 q_2 的解：

$$q_1 = \alpha - \beta,\ q_2 = \pi - \chi \tag{3.7}$$

余弦是一个偶函数 $\cos(\varphi) = \cos(-\varphi)$。因此，对于 β 和 χ 有两个解，对于 q_1 和 q_2 也是有两个解。从中选择一个解，可以使用一个指标，如 Z-Y-X 欧拉角 A 的值。其中 $-\pi \leqslant A \leqslant \pi$。如果欧拉角 A 选择较大的值，则在计算 β 和 χ 时使用正值；如果欧拉角 A 选择较小的值，则在计算 β 和 χ 时使用负值。

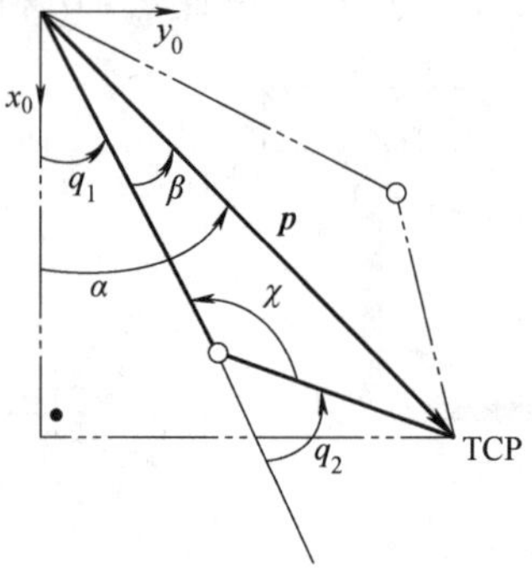

图 3.7　平面双关节机器人的几何解

3.2.4　SCARA 机器人的逆变换

图 3.8 所示为 SCARA 机器人。坐标系根据德纳维特-哈滕贝格约定设置。

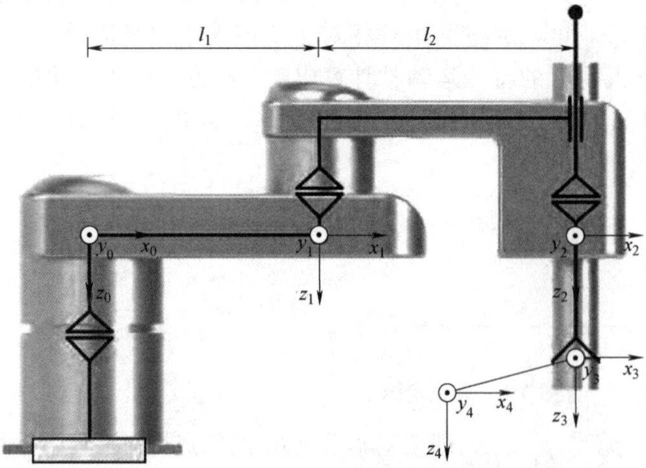

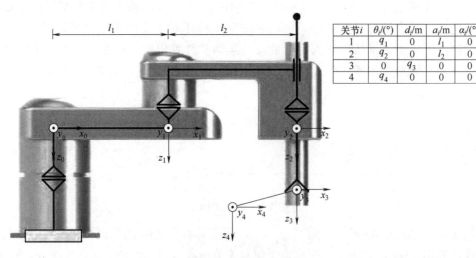

关节 i	θ_i/(°)	d_i/m	a_i/m	α_i/(°)
1	q_1	0	l_1	0
2	q_2	0	l_2	0
3	0	q_3	0	0
4	q_4	0	0	0

图 3.8　SCARA 机器人

由德-纳表（见图 3.8）得到德纳维特-哈滕贝格矩阵为

$$
{}_{0}^{1}\boldsymbol{T}=\begin{pmatrix}\cos(q_1) & -\sin(q_1) & 0 & l_1\cos(q_1)\\ \sin(q_1) & \cos(q_1) & 0 & l_1\sin(q_1)\\ 0 & 0 & 1 & 0\\ 0 & 0 & 0 & 1\end{pmatrix},\quad {}_{1}^{2}\boldsymbol{T}=\begin{pmatrix}\cos(q_2) & -\sin(q_2) & 0 & l_2\cos(q_2)\\ \sin(q_2) & \cos(q_2) & 0 & l_2\sin(q_2)\\ 0 & 0 & 1 & 0\\ 0 & 0 & 0 & 1\end{pmatrix}
$$

$$
{}_{2}^{3}\boldsymbol{T}=\begin{pmatrix}1 & 0 & 0 & 0\\ 0 & 1 & 0 & 0\\ 0 & 0 & 1 & q_3\\ 0 & 0 & 0 & 1\end{pmatrix},\quad {}_{3}^{4}\boldsymbol{T}=\begin{pmatrix}\cos(q_4) & -\sin(q_4) & 0 & 0\\ \sin(q_4) & \cos(q_4) & 0 & 0\\ 0 & 0 & 1 & 0\\ 0 & 0 & 0 & 1\end{pmatrix}
$$

正变换矩阵为

$$
\begin{aligned}
\boldsymbol{T}_W &= {}_{0}^{1}\boldsymbol{T}\cdot{}_{1}^{2}\boldsymbol{T}\cdot{}_{2}^{3}\boldsymbol{T}\cdot{}_{3}^{4}\boldsymbol{T}\\
&=\begin{pmatrix}\cos(q_1+q_2+q_4) & -\sin(q_1+q_2+q_4) & 0 & l_2\cos(q_1+q_2)+l_1\cos(q_1)\\ \sin(q_1+q_2+q_4) & \cos(q_1+q_2+q_4) & 0 & l_2\sin(q_1+q_2)+l_1\sin(q_1)\\ 0 & 0 & 1 & q_3\\ 0 & 0 & 0 & 1\end{pmatrix}
\end{aligned}\tag{3.8}
$$

如果考虑式（3.8）中齐次矩阵 $\boldsymbol{T}_W$ 的位置向量 $\boldsymbol{p}=(p_x,p_y,p_z)^{\mathrm{T}}$，可以看出，末端执行器的位置与关节 4 无关。TCP 的 x 位置和 y 位置仅受关节 1 和关节 2 的影响。z 位置完全取决于关节 3：

$$
\begin{cases}p_x=l_2\cos(q_1+q_2)+l_1\cos(q_1)\\ p_y=l_2\sin(q_1+q_2)+l_1\sin(q_1)\\ p_z=q_3\end{cases}\tag{3.9}
$$

比较式（3.8）中的旋转矩阵［$\boldsymbol{T}_W$ 的西北（3×3）矩阵］与绕 z 轴的旋转 A［见式（2.20）］，可以直接确定欧拉角 A：

$$
A=q_1+q_2+q_4\tag{3.10}
$$

式（3.9）表明 SCARA 机器人在 x-y 平面上的运动学与平面双关节机器人的运动学相同。式（3.7）为关节 1 和关节 2 的逆运动学关系。位置 p_z 和欧拉角 A 显示了关节坐标系和世界坐标系之间的数学关系。p_z 和 A 的正变换与式（3.7）的反演导出 SCARA 机器人的逆运动学：

$$
\begin{cases}q_1=\alpha-\beta\\ q_2=\pi-\chi\\ q_3=p_z\\ q_4=A-q_1-q_2\end{cases}\tag{3.11}
$$

3.2.5 R6 关节臂机器人的几何逆变换

在实践中，首选逆变换的几何解。以 R6 关节臂机器人的逆变换为例，如果指定了工具中心点的位置和方向，则可根据几何条件连续计算关节角度。欧拉角可以利用式（2.18）

和式（2.21）转换为旋转矩阵。同样，四元数可以用式（3.1）映射到相应的旋转矩阵中。因此可以在德纳维特-哈滕贝格矩阵

$$T=\begin{pmatrix} x_W^{(0)} & y_W^{(0)} & z_W^{(0)} & p_0^{(0)} \\ 0 & 0 & 0 & 1 \end{pmatrix}=\begin{pmatrix} l & m & n & p \\ 0 & 0 & 0 & 1 \end{pmatrix}=\begin{pmatrix} l_x & m_x & n_x & p_x \\ l_y & m_y & n_y & p_y \\ l_z & m_z & n_z & p_z \\ 0 & 0 & 0 & 1 \end{pmatrix} \tag{3.12}$$

中指定世界坐标系的规范，其中向量 $\boldsymbol{l}=\boldsymbol{x}_W$，$\boldsymbol{m}=\boldsymbol{y}_W$，$\boldsymbol{n}=\boldsymbol{z}_W$，$\boldsymbol{p}$ 用于表示工具坐标系的位置和方向。式（3.12）所有元素都存在于具有数值的时间点上。式（3.12）中的信息是在世界系统 K_0 中表达向量的组成部分。先前时间上的解 $\boldsymbol{q}_{alt}$ 也用于在歧义的情况下建立解并处理奇异位置。现在遵循的逆转换基于文献/3.12/中提出的方法，当有一个中央手腕时，可对其形式稍加修改。

从 K_0 的原点到坐标系 K_4 的原点的位置向量在计算 q_1、q_2 和 q_3 中起重要作用。K_4 的原点也是最后 3 个关节轴 4、5、6 的交点。$\boldsymbol{p}_{46}$ 仅取决于关节角度 q_1、q_2 和 q_3。在不知道这些关节坐标的情况下，$\boldsymbol{p}_{04}$ 由 p 和最后 3 个轴的交点指向工具中心点的向量 $\boldsymbol{p}_{46}$ 给出。向量 $\boldsymbol{p}_{46}$ 可给定单位向量 n 的方向和长度 $d_6=l_6$（量）。因此有

$$\boldsymbol{p}_{04}=\boldsymbol{p}-\boldsymbol{p}_{46}=\boldsymbol{p}-d_6\cdot\boldsymbol{n} \tag{3.13}$$

角度 q_1 的计算见图 3.9。将位置向量 $\boldsymbol{p}_{04}$ 投影到 x_0–y_0 平面上，q_1 为

$$q_1=\arctan2(p_{04,y},p_{04,x}) \tag{3.14}$$

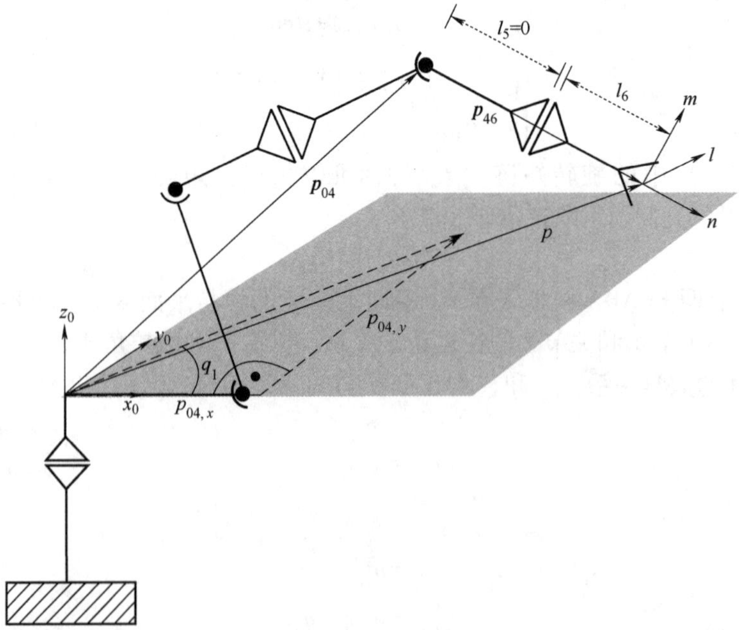

图 3.9　角度 q_1 的计算

使用 q_1 计算向量 $\boldsymbol{p}_{14}$，从 K_1 的原点指向 K_4 的原点，则 $\boldsymbol{p}_{01}+\boldsymbol{p}_{14}=\boldsymbol{p}_{04}$。向量 $\boldsymbol{p}_{01}$ 的长度为 l_{11}。q_1 是 x_0 轴与向量 $\boldsymbol{p}_{01}$ 之间的夹角。因此可以计算得出 $\boldsymbol{p}_{14}$ 为

$$\boldsymbol{p}_{14}=\boldsymbol{p}_{04}-\boldsymbol{p}_{01}=\boldsymbol{p}_{04}-l_{11}\begin{pmatrix}\cos q_1\\ \sin q_1\\ 0\end{pmatrix} \tag{3.15}$$

根据 $\boldsymbol{p}_{14}$ 的值，借助余弦定律可以确定辅助角 φ，并由此确定角度 q_3（见图 3.10）为

$$\varphi=\arccos\frac{l_2^2+l_4^2-|\boldsymbol{p}_{14}|^2}{2l_2l_4},\quad q_3=\frac{3}{2}\pi-\varphi \tag{3.16}$$

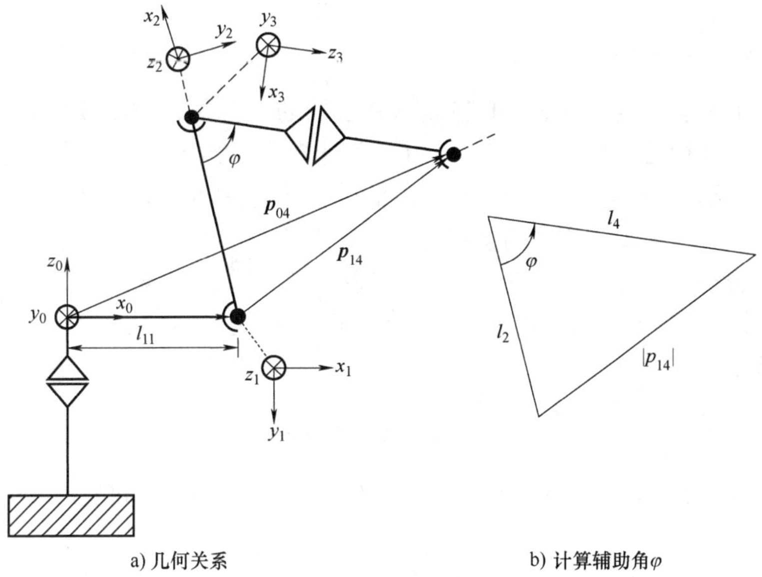

图 3.10　角度 q_3 的计算

在计算时，应考虑德纳维特-哈滕贝格约定对角度 q_3 的定义（见图 2.26）。图 3.11 所示为角度 q_2 的计算。使用计算出的角度 q_1，将向量 $\boldsymbol{p}_{14}$ 在坐标系 K_1 中用旋转矩阵 ${}^0_1\boldsymbol{A}(q_1)=[{}^1_0\boldsymbol{A}(q_1)]^{\mathrm{T}}$ 进行转换：

$$\boldsymbol{p}_{14}^{(1)}={}^0_1\boldsymbol{A}\cdot\boldsymbol{p}_{14}^{(0)}=\begin{pmatrix}\cos q_1 & \sin q_1 & 0\\ 0 & 0 & -1\\ -\sin q_1 & \cos q_1 & 0\end{pmatrix}\cdot\boldsymbol{p}_{14}^{(0)} \tag{3.17}$$

借助函数 arctan2 和余弦定律可以计算出辅助角 β_1 和 β_2：

$$\beta_1=\arctan2(-p_{14,y}^{(1)},p_{14,x}^{(1)}),\ \beta_2=\arccos\frac{l_2^2+|\boldsymbol{p}_{14}|^2-l_4^2}{2l_2|\boldsymbol{p}_{14}|},\ q_2=-(\beta_1+\beta_2) \tag{3.18}$$

为了计算 q_5，在向量 $\boldsymbol{z}_3$ 和向量 $\boldsymbol{z}_6=\boldsymbol{z}_W=\boldsymbol{n}$ 之间使用标量积（见图 3.12）。这两个单位向量之间的标量积［见式（2.7）］提供了角度 q_5 的余弦，因为坐标系 K_3 的位置在计算 q_1、q_2 和 q_3 之后已知，向量 n 已知。该标量积的结果不受未知关节角 q_4 的影响。可以得到

$$\boldsymbol{z}_3\cdot\boldsymbol{n}=|\boldsymbol{z}_3||\boldsymbol{n}|\cos q_5=\cos q_5,\quad q_5=\arccos(\boldsymbol{z}_3\cdot\boldsymbol{n}) \tag{3.19}$$

$\boldsymbol{n}$ 在 K_0 中指定，必须在坐标系 K_0 中描述向量 $\boldsymbol{z}_3$。$\boldsymbol{z}_3$ 是旋转矩阵 ${}^3_0\boldsymbol{A}$ 中的第三列向量：

$${}^3_0\boldsymbol{A}=(\boldsymbol{x}_3^{(0)},\boldsymbol{y}_3^{(0)},\boldsymbol{z}_3^{(0)})={}^1_0\boldsymbol{A}(q_1)\cdot{}^2_1\boldsymbol{A}(q_2)\cdot{}^3_2\boldsymbol{A}(q_3) \tag{3.20}$$

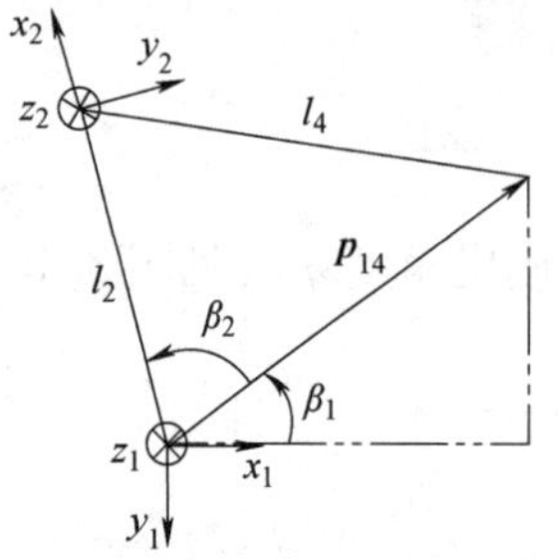

图 3.11　角度 q_2 的计算

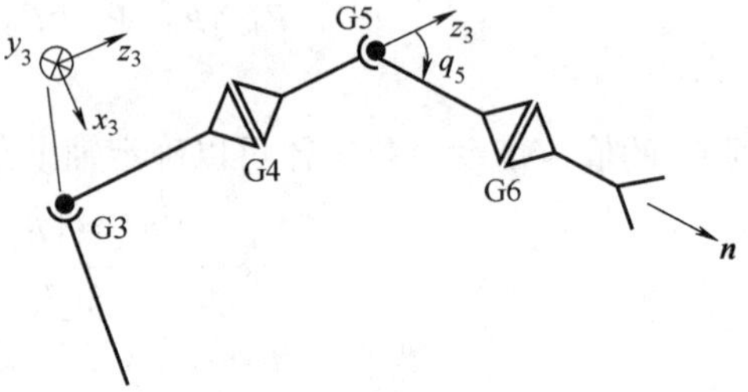

图 3.12　角度 q_5 的计算

由于已经计算了角度 $q_1 \sim q_3$，${}_0^3\boldsymbol{A}$ 和 $z_3^{(0)}$ 是已知的。在执行逆变换时，当然必须考虑式（3.19）对 q_5 进行的计算是多解的。现在必须计算关节坐标 q_4 和 q_6。首先，应处理不存在奇异位置的情况，也就是说 $q_5 \neq 0$。q_6 对向量 $\boldsymbol{z}_6=\boldsymbol{n}$ 没有影响。由图 3.12 可以看出，对于 $q_4=k\pi$，$k=0$，1，2，$\boldsymbol{n}$ 和 z_3 之间的叉积与向量 $\boldsymbol{y}_3$ 共线。由于在图 2.25 和图 2.26 中假设了角度 $q_4=\pi$，因此现在计算了角度 Δq_4，该角度表示了与图 2.25 和图 2.26 中绘制的角位置相比的变化。使用垂直于 z_3 和 $\boldsymbol{n}$ 的单位向量 $\boldsymbol{c}$ 与向量 $\boldsymbol{y}_3$ 之间的标量积计算角度 Δq_4 的绝对值（见图 3.13）：

$$\boldsymbol{c}^{(0)}=\frac{\boldsymbol{n}^{(0)}\times \boldsymbol{z}_3^{(0)}}{|\boldsymbol{n}^{(0)}\times \boldsymbol{z}_3^{(0)}|},\ |\Delta \boldsymbol{q}_4|=\arccos(\boldsymbol{y}_3^{(0)}\cdot \boldsymbol{c}^{(0)}) \tag{3.21}$$

对于 $\Delta q_4=0$，y_3 和 $\boldsymbol{c}$ 平行或反平行，反余弦变为 0，y_3 和 $\boldsymbol{c}$ 之间的角度为关节坐标 Δq_4 的绝对值。

$$\chi=\arccos(\boldsymbol{x}_3^{(0)}\cdot \boldsymbol{c}^{(0)}),\quad \chi<\frac{\pi}{2}\Rightarrow \Delta q_4=-|\Delta q_4|,\quad \chi\geqslant\frac{\pi}{2}\Rightarrow \Delta q_4=|\Delta q_4| \tag{3.22}$$

其中，

$$q_4=\pi+\Delta q_4 \tag{3.23}$$

为了将角度作为给定值传递给控制器，必须考虑运动的限制，比如运动范围限于 $-\pi\leqslant q_4\leqslant\pi$，则有

$$q_4=-\mathrm{sign}(\Delta q_4)\pi+\Delta q_4 \tag{3.24}$$

$\boldsymbol{x}_3^{(0)}$ 和 $\boldsymbol{y}_3^{(0)}$ 已经由式（3.20）确定。图 3.13b 为关节坐标 q_6 的计算。角度 q_6 相对于 $\boldsymbol{z}_5$ 进行测量，绕 $\boldsymbol{z}_5$ 旋转不会改变向量 $\boldsymbol{n}$，而是改变向量 $\boldsymbol{l}$ 和向量 $\boldsymbol{m}$。为了确定 q_6，必须确定向量 $\boldsymbol{l}$ 和向量 $\boldsymbol{m}$ 如何相对于 $\boldsymbol{x}_5$ 和 $\boldsymbol{y}_5$ 旋转。在计算 q_4 和 q_5 之后，向量 $\boldsymbol{x}_5$ 和 $\boldsymbol{y}_5$ 可知。

$${}_0^5\boldsymbol{A}=(\boldsymbol{x}_5^{(0)},\boldsymbol{y}_5^{(0)},\boldsymbol{z}_5^{(0)})={}_0^3\boldsymbol{A}(q_1,q_2,q_3)\cdot {}_3^4\boldsymbol{A}(q_4)\cdot {}_4^5\boldsymbol{A}(q_5) \tag{3.25}$$

如果角度 q_6 的值为 0，则基本向量 $\boldsymbol{x}_5$ 和 $\boldsymbol{x}_6=\boldsymbol{l}$ 相等。因此，q_6 的绝对值可以与式（3.21）相似。

$$|q_6|=\arccos(\boldsymbol{x}_5^{(0)}\cdot \boldsymbol{l}^{(0)}) \tag{3.26}$$

该符号是从角度 δ 获得的：

$$\delta=\arccos(\boldsymbol{y}_5^{(0)}\cdot \boldsymbol{l}^{(0)}),\ \delta\leqslant\frac{\pi}{2}\Rightarrow q_6=|q_6|,\delta>\frac{\pi}{2}\Rightarrow q_6=-|q_6| \tag{3.27}$$

对于多关节臂机器人，q_6 可以在一个方向上移动超过 360°。这意味着，式（3.26）和

式（3.27）可能会有其他解，它们的差值是2π整数倍的正偏移或负偏移。在确定解时，应使用最接近旧解的值。

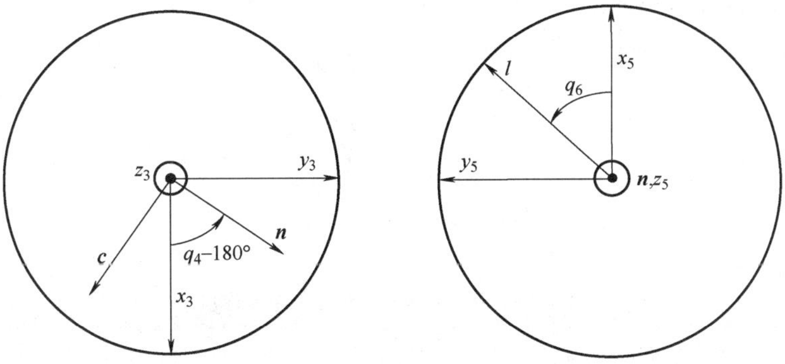

a) 计算角度q_4　　b) 计算角度q_6

图3.13　计算 q_4 和 q_6

如果根据式（3.19），$q_5=0$ 或非常小，则存在奇异位置，并且 q_4 和 q_6 必须在附加条件下求解。在逆变换时，必须考虑歧义（配置），仅考虑在相应关节运动范围内的解。

3.3 用雅可比矩阵进行运动学转换

针对当今的特殊应用场合，机器人运动学也在不断完善。逆变换的自动生成对于通过仿真系统进行测试非常重要，因为对于新设计或修改的运动学还没有解析解可用。由于可以自动设置雅可比矩阵，因此可以在雅可比矩阵的基础上进行自动逆变换。

3.3.1 机器人技术中的雅可比矩阵

如果 $\boldsymbol{F}(\boldsymbol{x})=(F_1(\boldsymbol{x}),\cdots,F_m(\boldsymbol{x}))^{\mathrm{T}}$ 是具有可变向量 $\boldsymbol{x}=(x_1\quad\cdots\quad x_n)^{\mathrm{T}}$ 的向量函数，则有

$$\boldsymbol{J}(\boldsymbol{x})=\begin{pmatrix}\dfrac{\partial F_1(\boldsymbol{x})}{\partial x_1} & \cdots & \dfrac{\partial F_1(\boldsymbol{x})}{\partial x_n}\\ \vdots & \vdots & \vdots\\ \dfrac{\partial F_m(\boldsymbol{x})}{\partial x_1} & \cdots & \dfrac{\partial F_m(\boldsymbol{x})}{\partial x_n}\end{pmatrix} \tag{3.28}$$

式（3.28）被称为雅可比矩阵或函数矩阵（见文献/3.1/）。在机器人运动学中，$\boldsymbol{q}$ 中的关节变量被视为变量向量。利用机器人手臂的雅可比矩阵 $\boldsymbol{J}(\boldsymbol{q})$，可以将向量 $\dot{\boldsymbol{q}}$ 中汇总的关节速度映射到向量 $\dot{\boldsymbol{x}}$ 上。$\dot{\boldsymbol{x}}$ 包含工具中心点的线速度向量和描述执行器方向随时间变化的方向（方向变化的速度）向量。如果以 K_0 的坐标表示线速度和执行器方向变化的速度，则映射方程式为

$$\dot{\boldsymbol{x}}^{(0)}=\boldsymbol{J}_0(\boldsymbol{q})\cdot\dot{\boldsymbol{q}} \tag{3.29}$$

“0”表示执行器的速度以 K_0 的坐标表示。工具中心点的速度由向量 $\boldsymbol{p}$ 的时间导数给出。$\boldsymbol{p}$ 从坐标系 K_0 的基点指向工具中心点（见图3.14）。如果方向由欧拉角给出，则向量 $\dot{\boldsymbol{x}}$

表示为 $\dot{\boldsymbol{x}}^{(0)}=(\dot{p}_x^{(0)}\quad \dot{p}_y^{(0)}\quad \dot{p}_z^{(0)}\quad \dot{\alpha}\quad \dot{\beta}\quad \dot{\chi})^{\mathrm{T}}$ 或 $\dot{\boldsymbol{x}}^{(0)}=(\dot{p}_x^{(0)}\quad \dot{p}_y^{(0)}\quad \dot{p}_z^{(0)}\quad \dot{A}\quad \dot{B}\quad \dot{C})^{\mathrm{T}}$。图 3.14 所示为执行器的平移速度和角速度。执行器的方向变化由角速度向量 $\boldsymbol{\omega}_W$ 确定。单位向量 $\boldsymbol{e}_W=\boldsymbol{\omega}_W/|\boldsymbol{\omega}_W|$ 是瞬时旋转轴，绝对值 $|\boldsymbol{\omega}_W|$ 是瞬时角速度。

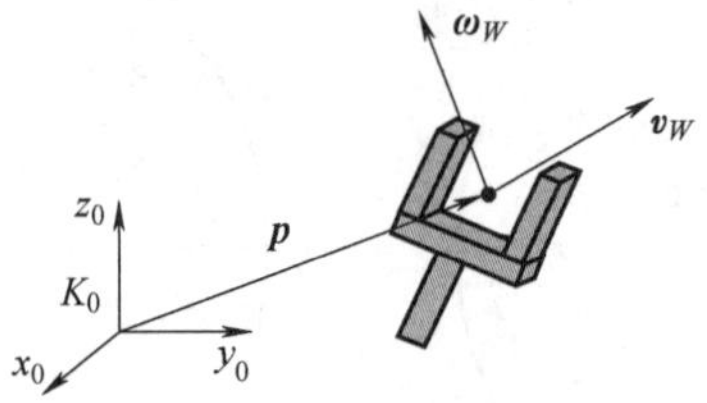

图 3.14　执行器的平移速度和角速度

在图 3.14 中，线速度 $\boldsymbol{v}_W=\dfrac{\mathrm{d}\boldsymbol{p}}{\mathrm{d}t}=(\dot{p}_x\quad \dot{p}_y\quad \dot{p}_z)^{\mathrm{T}}$。结合 $\dot{\boldsymbol{x}}=(\boldsymbol{v}_W^{\mathrm{T}}\quad \boldsymbol{\omega}_W^{\mathrm{T}})^{\mathrm{T}}$，式（3.29）变为

$$\dot{\boldsymbol{x}}^{(0)}=\begin{pmatrix}\boldsymbol{v}_W^{(0)}\\ \boldsymbol{\omega}_W^{(0)}\end{pmatrix}=\boldsymbol{J}_0(\boldsymbol{q})\cdot\dot{\boldsymbol{q}}=\begin{pmatrix}\boldsymbol{J}_{0v}(\boldsymbol{q})\\ \boldsymbol{J}_{0\omega}(\boldsymbol{q})\end{pmatrix}\cdot\dot{\boldsymbol{q}} \tag{3.30}$$

由于关节坐标的向量 $\boldsymbol{q}$ 具有 n 个分量（n 是机器人关节的数量），因此雅可比矩阵 $\boldsymbol{J}_0$ 的维度为 $6\times n$，而子矩阵 $\boldsymbol{J}_{0v}$ 和 $\boldsymbol{J}_{0\omega}$ 的维度为 $3\times n$。向量 $\boldsymbol{v}_W$ 和 $\boldsymbol{\omega}_W$ 中的速度数据是绝对的，它们是指惯性系统，但可以用不同的坐标系表示，例如，在执行器坐标系中 $K_W\equiv K_n$。旋转矩阵表示不同坐标系中的瞬时速度。

$$\begin{aligned}&\boldsymbol{v}_W^{(0)}={}_0^W\boldsymbol{A}\cdot\boldsymbol{v}_W^{(W)},\boldsymbol{v}_W^{(W)}={}_W^0\boldsymbol{A}\cdot\boldsymbol{v}_W^{(0)},\boldsymbol{\omega}_W^{(0)}={}_0^W\boldsymbol{A}\cdot\boldsymbol{\omega}_W^{(W)},\boldsymbol{\omega}_W^{(W)}={}_W^0\boldsymbol{A}\cdot\boldsymbol{\omega}_W^{(0)}\\&{}_W^0\boldsymbol{A}={}_0^W\boldsymbol{A}^{\mathrm{T}}\end{aligned} \tag{3.31}$$

利用式（3.30）和式（3.31），得到式（3.32）：

$$\begin{aligned}\dot{\boldsymbol{x}}^{(W)}&=\begin{pmatrix}\boldsymbol{v}_W^{(W)}\\ \boldsymbol{\omega}_W^{(W)}\end{pmatrix}=\begin{pmatrix}{}_W^0\boldsymbol{A} & \boldsymbol{0}\\ \boldsymbol{0} & {}_W^0\boldsymbol{A}\end{pmatrix}\cdot\begin{pmatrix}\boldsymbol{v}_W^{(0)}\\ \boldsymbol{\omega}_W^{(0)}\end{pmatrix}=\begin{pmatrix}{}_W^0\boldsymbol{A} & \boldsymbol{0}\\ \boldsymbol{0} & {}_W^0\boldsymbol{A}\end{pmatrix}\cdot\begin{pmatrix}\boldsymbol{J}_{0v}(\boldsymbol{q})\\ \boldsymbol{J}_{0\omega}(\boldsymbol{q})\end{pmatrix}\cdot\dot{\boldsymbol{q}}\\&=\begin{pmatrix}\boldsymbol{J}_{Wv}(\boldsymbol{q})\\ \boldsymbol{J}_{W\omega}(\boldsymbol{q})\end{pmatrix}\cdot\dot{\boldsymbol{q}}=\boldsymbol{J}_W(\boldsymbol{q})\cdot\dot{\boldsymbol{q}}\end{aligned} \tag{3.32}$$

式（3.32）中零矩阵的维度为 3×3。旋转矩阵 ${}_W^0\boldsymbol{A}={}_0^W\boldsymbol{A}^{\mathrm{T}}$ 取决于机器人的当前位置。如果 $\dot{\boldsymbol{x}}^{(W)}=\boldsymbol{J}_W(\boldsymbol{q})\cdot\dot{\boldsymbol{q}}$，则有

$$\begin{aligned}\dot{\boldsymbol{x}}^{(0)}&=\begin{pmatrix}\boldsymbol{v}_W^{(0)}\\ \boldsymbol{\omega}_W^{(0)}\end{pmatrix}=\begin{pmatrix}{}_0^W\boldsymbol{A} & \boldsymbol{0}\\ \boldsymbol{0} & {}_0^W\boldsymbol{A}\end{pmatrix}\cdot\begin{pmatrix}\boldsymbol{v}_W^{(W)}\\ \boldsymbol{\omega}_W^{(W)}\end{pmatrix}=\begin{pmatrix}{}_0^W\boldsymbol{A} & \boldsymbol{0}\\ \boldsymbol{0} & {}_0^W\boldsymbol{A}\end{pmatrix}\cdot\begin{pmatrix}\boldsymbol{J}_{Wv}(\boldsymbol{q})\\ \boldsymbol{J}_{Ww}(\boldsymbol{q})\end{pmatrix}\cdot\dot{\boldsymbol{q}}\\&=\begin{pmatrix}\boldsymbol{J}_{0v}(\boldsymbol{q})\\ \boldsymbol{J}_{0\omega}(\boldsymbol{q})\end{pmatrix}\cdot\dot{\boldsymbol{q}}=\boldsymbol{J}_0(\boldsymbol{q})\cdot\dot{\boldsymbol{q}}\end{aligned} \tag{3.33}$$

在机器人手臂自由度小于 6 的情况下，并非向量 $\dot{\boldsymbol{x}}$ 中组合的所有速度都可以改变。仅将 $\dot{\boldsymbol{x}}$ 的那些相互独立的分量组合在一个简化的向量 $\dot{\boldsymbol{x}}_{\mathrm{red}}$ 中是有必要的。$\dot{\boldsymbol{x}}_{\mathrm{red}}$ 的分量数等于自由度。使用简化的雅可比矩阵对式（3.32）和式（3.33）进行简化：

$$\dot{\boldsymbol{x}}_{\mathrm{red}}^{(0)}=\boldsymbol{J}_{0,\mathrm{red}}(\boldsymbol{q})\cdot\dot{\boldsymbol{q}},\quad \dot{\boldsymbol{x}}_{\mathrm{red}}^{(W)}=\boldsymbol{J}_{W,\mathrm{red}}(\boldsymbol{q})\cdot\dot{\boldsymbol{q}} \tag{3.34}$$

如果机器人可以赋予执行器自由度 f，则 $\dot{\boldsymbol{x}}_{\mathrm{red}}$ 具有分量，而简化后的雅可比矩阵的维度

为 $f \cdot n$。

生成机器人手臂的雅可比矩阵的方式有多种（见文献/3.2/~文献/3.4/）。以下示例是在正变换的基础上建立雅可比矩阵。

以平面双关节机器人（见图 3.5）为例，考虑正变换，由齐次矩阵 ${}_0^W\boldsymbol{T}(\boldsymbol{q})=\boldsymbol{T}_W(\boldsymbol{q})$ 表示。

$$
{}_0^1\boldsymbol{T}=\begin{pmatrix}\cos q_1 & -\sin q_1 & 0 & l_1\cos q_1\\ \sin q_1 & \cos q_1 & 0 & l_1\sin q_1\\ 0 & 0 & 1 & 0\\ 0 & 0 & 0 & 1\end{pmatrix},\quad {}_1^2\boldsymbol{T}=\begin{pmatrix}\cos q_2 & -\sin q_2 & 0 & l_2\cos q_2\\ \sin q_2 & \cos q_2 & 0 & l_2\sin q_2\\ 0 & 0 & 1 & 0\\ 0 & 0 & 0 & 1\end{pmatrix}
$$

$$
\boldsymbol{T}_W(\boldsymbol{q})={}_0^2\boldsymbol{T}(\boldsymbol{q})={}_0^1\boldsymbol{T}\cdot{}_1^2\boldsymbol{T}=\begin{pmatrix}C_1C_2-S_1S_2 & -(C_1S_2+S_1C_2) & 0 & l_2(C_1C_2-S_1S_2)+l_1C_1\\ C_1S_2+S_1C_2 & C_1C_2-S_1S_2 & 0 & l_2(C_1S_2+S_1C_2)+l_1S_1\\ 0 & 0 & 1 & 0\\ 0 & 0 & 0 & 1\end{pmatrix}
$$

$C_i=\cos q_i, S_i=\sin q_i$

如果要将 Z-Y-X 欧拉角的变化用作方向的变化，则 $A=q_1+q_2$，$B=0$，$C=0$。先绕 q_1 然后绕 q_2 旋转，坐标系 K_0 的方向为 $K_W=K_2$。因此，正变换为

$$
\begin{cases}p_x^{(0)}=l_2\cos(q_1+q_2)+l_1\cos q_1\\ p_y^{(0)}=l_2\cos(q_1+q_2)+l_1\cos q_1\\ p_z^{(0)}=0\\ A=q_1+q_2, B=0, C=0\end{cases} \tag{3.35}
$$

速度向量 $\dot{\boldsymbol{x}}^{(0)}=(\dot{p}_x^{(0)}\quad \dot{p}_y^{(0)}\quad \dot{p}_z^{(0)}\quad \dot{A}\quad \dot{B}\quad \dot{C})^{\mathrm{T}}$。通过式（3.35），得到

$$
\begin{pmatrix}\dot{p}_x^{(0)}\\ \dot{p}_y^{(0)}\\ \dot{p}_z^{(0)}\\ \dot{A}\\ \dot{B}\\ \dot{C}\end{pmatrix}=\begin{pmatrix}-l_2\sin(q_1+q_2)-l_1\sin q_1 & -l_2\sin(q_1+q_2)\\ l_2\cos(q_1+q_2)+l_1\cos q_1 & l_2\cos(q_1+q_2)\\ 0 & 0\\ 1 & 1\\ 0 & 0\\ 0 & 0\end{pmatrix}\cdot\begin{pmatrix}\dot{q}_1\\ \dot{q}_2\end{pmatrix}=\boldsymbol{J}_0(\boldsymbol{q})\cdot\dot{\boldsymbol{q}} \tag{3.36}
$$

角速度向量 $\boldsymbol{\omega}^{(0)}$ 方向变化的表示可以直接指定。执行器只能绕 z_0 轴旋转。q_1 和 q_2 对于旋转起作用，并且 $\boldsymbol{\omega}_W^{(0)}=(0\quad 0\quad \omega_{W,z})^{\mathrm{T}}=(0\quad 0\quad \dot{q}_1+\dot{q}_2)^{\mathrm{T}}$ 成立。因此有

$$
\begin{pmatrix}\boldsymbol{v}_W^{(0)}\\ \boldsymbol{\omega}_W^{(0)}\end{pmatrix}=\begin{pmatrix}-l_2\sin(q_1+q_2)-l_1\sin q_1 & -l_2\sin(q_1+q_2)\\ l_2\cos(q_1+q_2)+l_1\cos q_1 & l_2\cos(q_1+q_2)\\ 0 & 0\\ 0 & 0\\ 0 & 0\\ 1 & 1\end{pmatrix}\cdot\begin{pmatrix}\dot{q}_1\\ \dot{q}_2\end{pmatrix}=\boldsymbol{J}_0(\boldsymbol{q})\cdot\dot{\boldsymbol{q}} \tag{3.37}
$$

根据式（3.32），在坐标系 K_W 中，旋转矩阵 ${}^0_W\boldsymbol{A}$ 由式（3.7）确定为 3×3 西北子矩阵从 $\boldsymbol{T}_W(\boldsymbol{q})$ 到

$$
{}^0_W\boldsymbol{A}=\begin{pmatrix}\cos(q_1+q_2) & \sin(q_1+q_2) & 0\\ -\sin(q_1+q_2) & \cos(q_1+q_2) & 0\\ 0 & 0 & 1\end{pmatrix}
$$

的转置。考虑三角函数的加法定理，可以由式（3.32）得到

$$
\dot{\boldsymbol{x}}^{(W)}=\begin{pmatrix}\boldsymbol{v}_W^{(W)}\\ \boldsymbol{\omega}_W^{(W)}\end{pmatrix}=\begin{pmatrix}l_1\sin(q_2) & 0\\ l_2+l_1\cos(q_2) & l_2\\ 0 & 0\\ 0 & 0\\ 0 & 0\\ 1 & 1\end{pmatrix}\cdot\dot{\boldsymbol{q}}=\boldsymbol{J}_W(q_2)\cdot\dot{\boldsymbol{q}} \tag{3.38}
$$

如果比较式（3.38）与式（3.37），可以看出，$\boldsymbol{J}_W$ 比 J_0 的形式更简单。大多数机器人手臂都是这种情况。此处考虑图 3.5 所示平面双关节机器人具有自由度 $f=2$。根据式（3.34）向量 $\dot{\boldsymbol{x}}_{\text{red}}$ 有两个分量。选择哪一个？由于 $\dot{p}_z$、$\dot{B}$、$\dot{C}$ 或 $\dot{p}_z$、ω_x、ω_y 始终为 0，因此排除了这些分量。为了简化表示，可以选择配对 $\dot{\boldsymbol{x}}_{\text{red}}=(\dot{p}_x\quad \dot{p}_y)^{\text{T}}$，$\dot{\boldsymbol{x}}_{\text{red}}=(\dot{p}_x\quad \dot{A})^{\text{T}}$，$\dot{\boldsymbol{x}}_{\text{red}}=(\dot{p}_x\quad \omega_z)^{\text{T}}$，或者 $\dot{\boldsymbol{x}}_{\text{red}}=(\dot{p}_y\quad \dot{A})^{\text{T}}$，$\dot{\boldsymbol{x}}_{\text{red}}=(\dot{p}_y\quad \omega_z)^{\text{T}}$。从应用程序的角度来看，只有第一个配对才有意义。简化形式是基于式（3.36）和式（3.37），由式（3.34）得出

$$
\begin{pmatrix}\dot{p}_x^{(0)}\\ \dot{p}_y^{(0)}\end{pmatrix}=\begin{pmatrix}-l_2\sin(q_1+q_2)-l_1\sin q_1 & -l_2\sin(q_1+q_2)\\ l_2\cos(q_1+q_2)+l_1\cos q_1 & l_2\cos(q_1+q_2)\end{pmatrix}\cdot\begin{pmatrix}\dot{q}_1\\ \dot{q}_2\end{pmatrix}=\boldsymbol{J}_{0,\text{red}}(\boldsymbol{q})\cdot\dot{\boldsymbol{q}}\ \text{或者}
$$

$$
\begin{pmatrix}\dot{p}_x^{(W)}\\ \dot{p}_y^{(W)}\end{pmatrix}=\begin{pmatrix}l_1\sin q_2 & 0\\ l_2+l_1\cos q_2 & l_2\end{pmatrix}\cdot\begin{pmatrix}\dot{q}_1\\ \dot{q}_2\end{pmatrix}=\boldsymbol{J}_{W,\text{red}}(\boldsymbol{q})\cdot\dot{\boldsymbol{q}} \tag{3.39}
$$

3.3.2 基于逆雅可比矩阵的逆变换

如果在式（3.29）中将微分商替换为差分商，也就是 $\dot{\boldsymbol{x}}^{(0)}=\dfrac{\mathrm{d}\boldsymbol{x}^{(0)}}{\mathrm{d}t}\approx\dfrac{\Delta\boldsymbol{x}^{(0)}}{\Delta t}$，$\dot{\boldsymbol{q}}=\dfrac{\mathrm{d}\boldsymbol{q}}{\mathrm{d}t}\approx\dfrac{\Delta\boldsymbol{q}}{\Delta t}$，则得到

$$
\Delta\boldsymbol{x}^{(0)}=\boldsymbol{J}_0(\boldsymbol{q})\cdot\Delta\boldsymbol{q} \tag{3.40}
$$

式（3.40）在关节坐标变化后为

$$
\Delta\boldsymbol{q}=\boldsymbol{J}_0^{-1}(\boldsymbol{q})\cdot\Delta\boldsymbol{x}^{(0)} \tag{3.41}
$$

当执行世界坐标系定义的执行器路径时，路径规划会在定义的时间间隔内为 $\boldsymbol{\chi}$ 指定新的值。定义变化量 $\Delta\boldsymbol{x}$ 并根据式（3.41）计算相应的变化量 $\Delta\boldsymbol{q}$。结果是一种近似解，因为根据式（3.41）计算 $\Delta\boldsymbol{q}$ 时，会发生 $\Delta\boldsymbol{x}$ 变化，雅可比矩阵被假定为常数。因此，差分位姿 $\Delta\boldsymbol{x}$ 必须很小，这可以通过路径控制来保证。在每个步骤之后，将差 $\Delta\boldsymbol{q}$ 加到 $\boldsymbol{q}$ 的先前值。只有在计算了 $\Delta\boldsymbol{q}$ 之后，才能通过将 $\Delta\boldsymbol{q}$ 加到先前的值并更新雅可比矩阵来获得 $\boldsymbol{q}$。仅当存在雅可

比矩阵的逆矩阵时，才能应用式（3.41）。当 $\boldsymbol{J}_0(\boldsymbol{q})$ 为方形矩阵且规则时，就出现以上这种情况。在机器人手臂的某些位置，$\boldsymbol{J}_0(\boldsymbol{q})$ 变为奇数，行列式变为 0。非奇异位置也会出现问题，如果在点到点（PTP）命令的情况下，笛卡儿坐标 x_z 中指定了目标位姿，并且逐步接近 x_z 时中间位姿不在工作区域中。

当将此方法应用于图 3.5 中的平面双关节机器人时，使用式（3.39）雅可比矩阵的简化形式，可以得到

$$\begin{pmatrix}\Delta q_1\\ \Delta q_2\end{pmatrix}=\frac{1}{l_1 l_2\sin(q_2)}\begin{pmatrix} l_2\cos(q_1+q_2) & l_2\sin(q_1+q_2)\\ -l_2\cos(q_1+q_2)-l_1\cos q_1 & -l_2\sin(q_1+q_2)-l_1\sin q_1\end{pmatrix}\begin{pmatrix}\Delta p_x^{(0)}\\ \Delta p_y^{(0)}\end{pmatrix}$$
$$=\boldsymbol{J}_0^{-1}(\boldsymbol{q})\cdot\begin{pmatrix}\Delta p_x^{(0)}\\ \Delta p_y^{(0)}\end{pmatrix} \tag{3.42}$$

对于角度 $q_2=0$，±180°存在奇异位置。该机器人的所有奇异位置都位于工作区域的边缘。

3.3.3 使用转置的雅可比矩阵进行逆变换

计算逆雅可比矩阵的一个主要缺点是计算工作量大，尤其对于 4 个关节及更多关节的机器人更是如此。另外，在奇异位置附近存在数值问题。在文献/3.7/中，建议使用转置的雅可比矩阵而不是逆雅可比矩阵。图 3.15 所示为使用转置雅可比矩阵的逆变换。求解向量 $\boldsymbol{q}_z$ 中汇总的关节坐标，该关节坐标对应于向量 $\boldsymbol{x}_z^{(0)}$ 中汇总的预定位置和方向。基于起始向量 $\boldsymbol{q}_a=\boldsymbol{q}_{\text{start}}$，通过正变换计算当前位置和方向 $\boldsymbol{x}_a^{(0)}$，并将其与设定点向量 $\boldsymbol{x}_z^{(0)}$ 进行比较。偏差 $\boldsymbol{e}_x^{(0)}$ 用正定矩阵 $\boldsymbol{K}$ 加权，并用转置雅可比矩阵映射到变化率 $\dot{\boldsymbol{q}}_a=\boldsymbol{J}_0^{\mathrm{T}}(\boldsymbol{q}_a)\cdot\boldsymbol{K}\cdot\boldsymbol{e}_a^{(0)}$。当 $\boldsymbol{x}_z$ 和 $\boldsymbol{x}_a$ 之间的偏差保持在设定阈值 ε 以下时，可以结束求解，由此可以使用误差向量 $\boldsymbol{e}=\boldsymbol{e}_x^{(0)}$ 的欧几里德范数：

$$\|\boldsymbol{e}\|=\sqrt{\boldsymbol{e}^{\mathrm{T}}\cdot\boldsymbol{Q}\cdot\boldsymbol{e}}<\varepsilon \tag{3.43}$$

$\boldsymbol{Q}$ 是一个正定的加权矩阵。

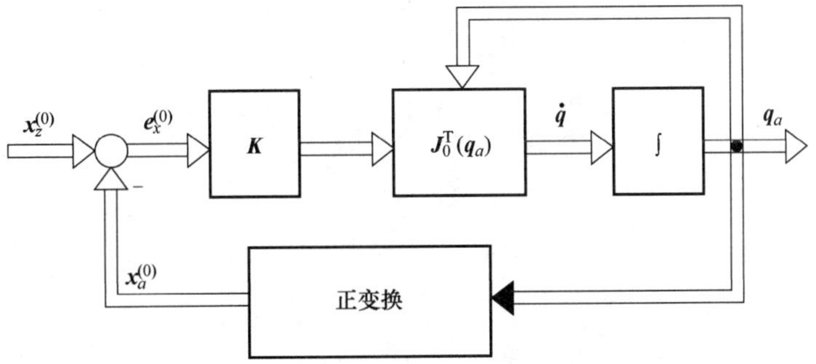

图 3.15 使用转置雅可比矩阵的逆变换

图 3.15 中的求解过程取决于机器人在起始位姿 $\boldsymbol{q}_{\text{start}}$ 上的运动学结构和矩阵 $\boldsymbol{K}$ 的选择。

练习题

1. 使用一般形式的德纳维特-哈滕贝格矩阵，求解 RRT 机器人（见图 2.24）的正变换。给出对于 $l_1=1$、$q_1=\theta_1=90°$、$q_2=\theta_2=-45°$、$q_3=d_3=0.5\text{m}$ 的向量 $\boldsymbol{p}_0^{(0)}$ 和欧拉角 A、B、C。

2. 图 3.5 中，如果平面双关节机器人 $l_1=0.4\text{m}$、$l_2=0.3\text{m}$，工具中心点采用笛卡儿坐标 $x_0=0.2\sqrt{2}$、$y_0=0.3+0.2\sqrt{2}$，计算角度 q_1、q_2 的两个解，并画出这两种解决方案的草图。在哪个解中欧拉角 A 更小？

3. 图 6.10 为具有德纳维特-哈滕贝格参数的 RT 双关节机器人。求解此机器人的几何逆变换（在指定工具中心点的坐标 x_0 和 y_0，计算角度和绘制长度），并为图 6.10 中的机器人设置转置的简化雅可比矩阵。

第 4 章　运动类型和插补

前两章介绍了如何描述工业机器人在空间中的位置，以及如何实现机器人坐标映射到笛卡儿坐标。本章介绍机器人如何在两个目标位置之间移动以及控制器如何根据程序员提供的速度和加速度信息来计算中间位置。根据固定的计算规则进行路径中间点的计算称为插值。

4.1　控制类型概述

为了在平面上或在空间中移动工具或其他对象，可使用具有多轴的移动设备，例如十字工作台、机床或工业机器人。两个位置之间最简单的移动类型是点控制，也称为点到点（Point to Point，PTP）路径。随时间变化的中间值是在轴坐标中计算的，因此工具中心点会在具有不确定方向和不可预测的空间曲线上移动到程序员指定的目标位置。使用异步PTP，运动设备的每个轴都完全独立于其他轴移动到其目标位置。通常，轴不会同时停止。在图 4.1 中，将一个在 x 方向和 y 方向各有一个线性轴的机器视为一个简单示例。x 轴通过异步 PTP 提前到达目标位置，曲线的形状取决于所选轴的速度和加速度。在使用同步 PTP 时，控制器确定运动段的路径持续时间最长的轴（主动轴）。通过降低其他轴的速度，以使所有轴同时到达其目标位置，这在各个轴之间产生一定的依赖性。由于主动轴指定了运动时间，因此路径持续时间不会增加，但是通过降低速度并因此缩短了加速时间和制动时间，整体上减少了工业机器人上的机械负荷。使用完全同步的 PTP，不仅所有关节运动的持续时间相同，而且加速时间和制动时间跨度也相同。

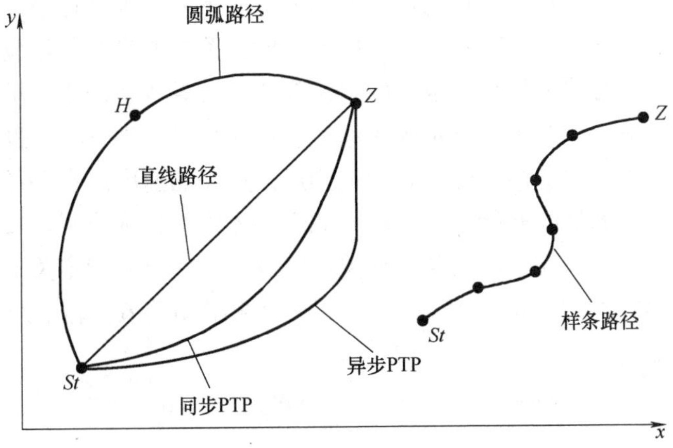

图 4.1　以两个平移轴为例，起点和终点之间不同类型的运动

PTP 控制应用范围广，如点焊和处理任务，当执行路径焊接、激光切割、组装、涂装等

时，必须确定执行器在空间中的运动。这就是为什么许多机床控制和工业机器人控制都配备路径控件的原因。通常使用术语连续路径（Continuous Path，CP）控制。最常用的连续路径控制类型是直线路径，在该路径中，沿直线移动到目标位置。圆弧路径用于在弧上移动工具中心点。通过指定起点 St，辅助点 H 和目标点 Z 之间包含圆弧路径。使用路径控制时，必须以协调的方式移动所有轴，以实现所需的空间曲线。

与路径控制相反，在点到点路径中，路径段的起始位置和目标位置之间轴坐标的绝对变化之和最小，因为在点到点路径中，起始位置和目标位置之间的每个关节坐标位置稳步增加或减少。当使用连续路径插值时，关节必须以特定的方式移动，即执行器在笛卡儿空间中沿直线运动或圆弧运动。图 4.2 所示为 PTP 路径和 CP 路径中的关节行进路线。使用点到点，在编程人员无法立即预见的运动过程中，轴也不会出现快速和大幅度的运动。如果所有轴的起始值和目标值在关节的运动范围内，则机器人肯定可以运动。在连续路径情况下，路径的中间值可能位于机器人的工作区域之外，且具有允许的起始位置和目标位置，因此无法执行该路径。实际在应用程序允许的范围内，通常使用点到点路径。

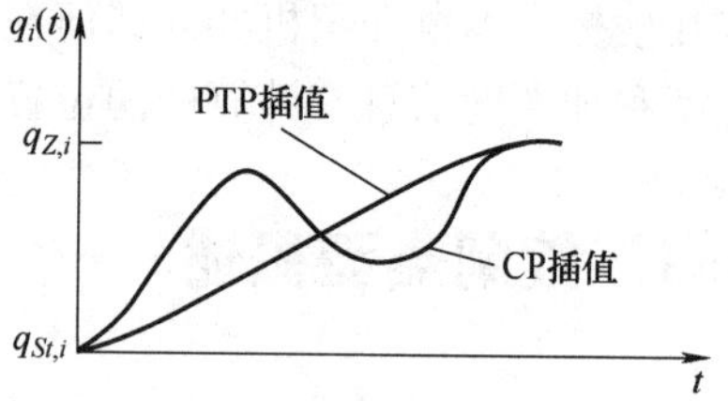

图 4.2　PTP 路径和 CP 路径中的关节行进路线

样条路径用于不使轴停止的情况下通过中间点的情况。样条路径可以在关节层上定义为点到点路径，也可以在笛卡儿坐标中定义。如果将连续路径定义为样条路径，则可以通过指定适当的中间点来实现沿任何轮廓的移动。

4.2　点到点路径和插补类型

4.2.1　点到点控制的基本顺序

点到点路径段关节的起始位置和目标位置可通过示教编程或离线编程指定。控制和关节调节必须确保关节坐标采用目标位置的值。在图 4.1 所示的二维路径中，工具中心点的空间曲线和方向的中间值对于用户而言不是可立即预见的。关节的目标值不应突然更改，因为这样控制会导致驱动器非常快速地执行较大的力矩变化，会导致系统组件承受较大的机械负载而引起振动。因此，应为每个关节指定随时间变化的中间值（插值）。假定轴在起始位置是静止的，然后进入定义的关节加速度，直到达到用户所需的速度。在路径段的第二阶段，运动以恒定速度进行，直到最终开始制动阶段，此后轴才停在目标位置。每个关节的计算都以相同的方式进行，因此仅当需要将其与其他关节区分开时才给出指定关节。为此，引入路径参数 $s(t)$，它是从路径段的起点开始测量在时间 t 处由滑动关节覆盖的距离或由旋转关节覆盖的角度（见图 4.3）。

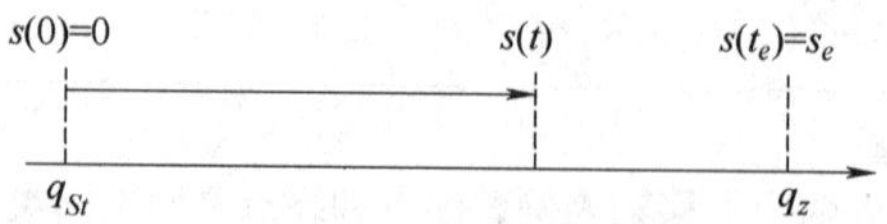

图 4.3　在关节平面上具有插值的路径参数 s

图 4.4 所示为 PTP 路径的插值流程。用于关节插补的输入参数是关节坐标中的起始值 q_{St} 和目标值 q_Z，以及从起始值移动到目标值时所需的加速度和速度。如果像大多数控制中那样，将要达到的速度和加速度指定为各个关节的最大值的百分比，则这些细节将由控制器转换为绝对值。使用式（4.1）可计算关节必须经过的距离。

$$s(t_e)=s_e=|q_Z-q_{St}| \tag{4.1}$$

还可计算行进时间（路径时长）t_e、加速时间 t_b 和制动阶段开始的时间 t_v。在某些情况下，如果所选速度过高，则需要校正有关速度和加速度的用户输入，过高的速度在给定的距离和加速度下是无法实现的。在某些控制中，对指定的速度和加速度进行较小的校正，以避免计算中出现数值误差。假设路径段以速度 0 开始和结束：

$$s(0)=\dot{s}(0)=v(0)=0,\dot{s}(t_e)=v(t_e)=0 \tag{4.2}$$

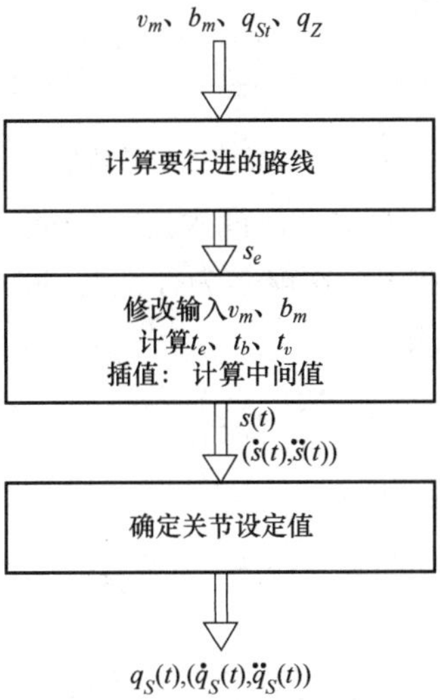

图 4.4　PTP 路径的插值流程

除了标称坐标的瞬时过程外，某些控制方法还使用速度甚至加速度来标称。因此，除了角度或路径轮廓外，确定并保存相应的速度和加速度也很重要。使用符号函数 $y=\mathrm{sgn}(x)=\{-1(当\ x<0\ 时),0(当\ x=0\ 时),1(当\ x>0\ 时)\}$，可以由路径参数及其导数计算出关节坐标：

$$\begin{cases}\ddot{q}_S(t)=\mathrm{sgn}(q_Z-q_{St})\ddot{s}(t)\\ \dot{q}_S(t)=\mathrm{sgn}(q_Z-q_{St})\dot{s}(t)\\ q_S(t)=q_{St}+\mathrm{sgn}(q_Z-q_{St})s(t)\end{cases} \tag{4.3}$$

关节坐标的设定值是根据 *T_Ipo*（插值间隔）在一定时间间隔内确定的，并存储在控制器的设定值存储器中。

4.2.2　插值的斜坡轮廓

计算路径参数 s 中间值的一种简单方法是使用以速度曲线命名的斜坡曲线，也称为斜坡轮廓。图 4.5 所示为斜坡轮廓参数 $s(t)$ 随加速度和速度变化的过程。由于指定了速度 v_m 和

加速度 b_m、q_{St} 和 q_Z，可用来确定路径持续时间 t_e、加速时间 t_b、施加制动加速度的时间点 t_v，并对程序员指定的速度进行必要的修正。

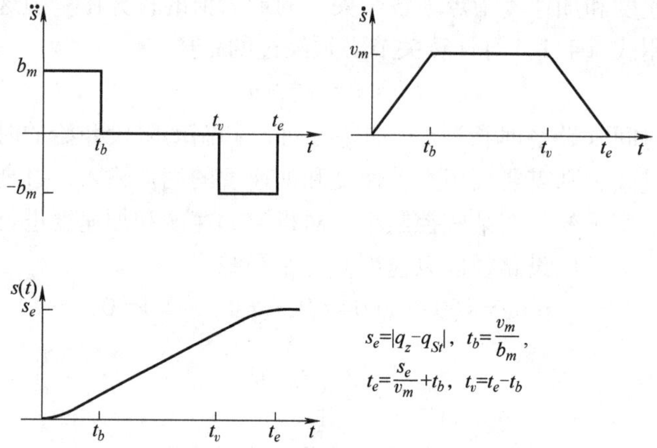

图 4.5　插值的斜坡轮廓

通过对加速度积分得出速度。在路径段的末尾（时间 t_e），速度应为 0。第一个加速矩形与第二个负向矩形相加必须得出 0。这就是为什么制动时间（$t_v=t_e-t_b$）与加速时间一样长，在加速阶段 $v(t)=b_mt$，因此有

$$t_b=\frac{v_m}{b_m} \tag{4.4}$$

在 $t=0$ 到 $t=t_e$ 对速度积分得出距离 s_e

$$s_e=s(t_e)=v_mt_b+v_m(t_v-t_b)=v_mt_v=v_m(t_e-t_b)$$

可以计算路径的持续时间为

$$t_e=\frac{s_e}{v_m}+t_b=\frac{s_e}{v_m}+\frac{v_m}{b_m} \tag{4.5}$$

已知所有参数可以计算出轴在 $t\sim t_e$ 之间任何时间点的加速度、速度和行进距离

$$\begin{aligned}
&0\leqslant t\leqslant t_b:\ddot{s}(t)=b_m,\ \dot{s}(t)=b_mt,\ s(t)=\frac{1}{2}b_mt^2\\
&t_b\leqslant t\leqslant t_v:\ddot{s}(t)=0,\ \dot{s}(t)=v_m,\ s(t)=v_mt-\frac{1}{2}\frac{v_m^2}{b_m}\\
&t_v\leqslant t\leqslant t_e:\ddot{s}(t)=-b_m,\ \dot{s}(t)=v_m-b_m(t-t_v)=b_m(t_e-t),\ s(t)=v_mt_v-\frac{b_m}{2}(t_e-t)^2
\end{aligned} \tag{4.6}$$

上面的插值计算仅在相对于路径长度和速度 v_m 设置得不太高时才有用。在给定的短路径长度和给定的加速度下，可能无法达到所需的速度。在实际情况中，控制装置在保持加速度的同时降低了所需的速度 v_m。所需降低的速度只能在一个时间点实现（见图 4.6）。对于给定的 s_e 和 b_m，这是最大可能的速度 $v_{m,\max}$，故存在所谓的时间最佳路径。速度梯形变为三角形，加速阶段紧随其后的是制动阶段。通过距离 s_e 和 b_m，可以通过积分速度三角形和式（4.4）来确定最大速度

$$s_e=t_bv_{m,\max}=\frac{v_{m,\max}^2}{b_m}\Rightarrow v_{m,\max}=\sqrt{b_ms_e} \tag{4.7}$$

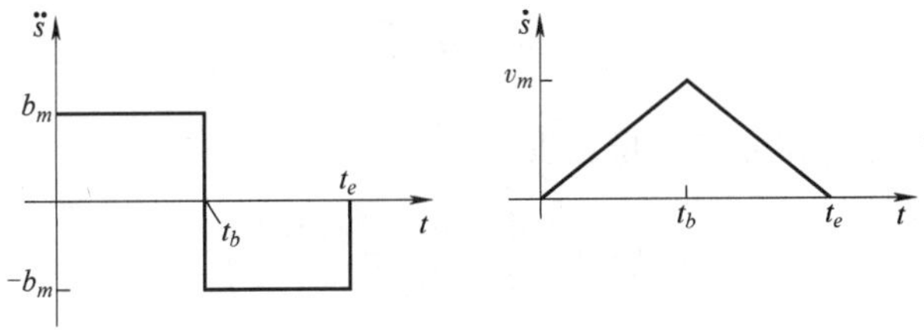

图 4.6　带有斜坡轮廓的速度优化路径

如果用户选择 v_m 大于 $v_{m,\max}$，则控制将所需速度降低为 $v_{m,\max}$。图 4.7 所示为路径时间的计算。

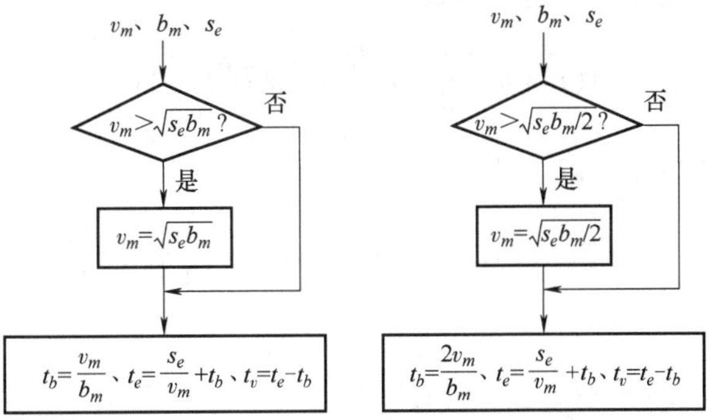

a) 斜坡轮廓　　b) 正弦轮廓

图 4.7　路径时间的计算

4.2.3　用于插补的正弦轮廓

在斜坡轮廓的情况下，会突然产生加速度。当激活时，加速度的时间导数（加加速度）不受限制。这可能会导致机器人手臂的固有频率振动，从而导致整个系统振动，并降低齿轮箱等机械组件的使用寿命。图 4.8 所示为用于插补的正弦轮廓。路径段起点与加速时间终点之间的加速度服从时间函数

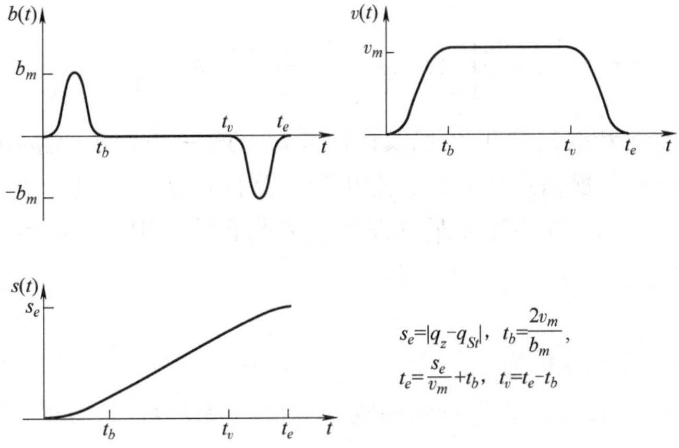

图 4.8　用于插补的正弦轮廓

$$\ddot{s}(t)=b_m\sin^2\left(\frac{\pi}{t_b}t\right) \tag{4.8}$$

通过对式（4.8）进行积分来获得速度

$$\dot{s}(t)=b_m\left(\frac{1}{2}t-\frac{t_b}{4\pi}\sin\left(\frac{2\pi}{t_b}t\right)\right) \tag{4.9}$$

对于 $t=t_b$，我们必须获得 v_m，而我们从式（4.9）可得到 t_b。

$$t_b=\frac{2v_m}{b_m} \tag{4.10}$$

加速阶段所覆盖的距离或角度可通过对式（4.9）积分得出：

$$s(t)=b_m\left(\frac{1}{4}t^2+\frac{t_b^2}{8\pi^2}\left(\cos\left(\frac{2\pi}{t_b}t\right)-1\right)\right) \tag{4.11}$$

在要覆盖的总距离或角度范围内

$$s_e=2s(t_b)+v_m(t_e-2t_b),\quad s(t_b)=\frac{1}{4}b_m t_b^2=\frac{v_m^2}{b_m}$$

路径持续时间为

$$t_e=\frac{s_e}{v_m}+\frac{2v_m}{b_m}=\frac{s_e}{v_m}+t_b \tag{4.12}$$

在匀速阶段为

$$\dot{s}(t)=v_m,\quad s(t)=s(t_b)+v_m(t-t_b)=v_m\left(t-\frac{1}{2}t_b\right) \tag{4.13}$$

在制动阶段，加速度、速度和距离为

$$\begin{aligned}
&\ddot{s}(t)=b(t)=-b_m\sin^2\left(\frac{\pi}{t_b}(t-t_v)\right)\\
&\dot{s}(t)=v_m-\int_{t-t_v}^{t}b(\tau-t_v)\,\mathrm{d}\tau=v_m-b_m\left(\frac{1}{2}(t-t_v)-\frac{t_b}{4\pi}\sin\left(\frac{2\pi}{t_b}(t-t_v)\right)\right)\\
&s(t)=s(t_v)+\int_{t-t_v}^{t}\dot{s}(\tau-t_v)\,\mathrm{d}\tau=\frac{b_m}{2}\left[t_e(t+t_b)-\frac{(t^2+t_e^2+2t_b^2)}{2}+\frac{t_b^2}{4\pi^2}\left(1-\cos\left(\frac{2\pi}{t_b}(t-t_v)\right)\right)\right].
\end{aligned} \tag{4.14}$$

在给定路径长度 s_e 和选定速度 v_m 以及加速度 b_m 的情况下，正弦路径的加速时间以及行进时间比斜坡轮廓更长。根据式（4.7），对于给定路径长度 s_e 和选定加速度 b_m，正弦路径也有一个最大速度。$t_e=2t_b$ 存在速度最佳路径，因此必须采用 $2s(t_b)\leqslant s_e$。通过这种关系，可以根据式（4.7）获得 $v_m\leqslant\sqrt{s_e b_m/2}$。

4.2.4 适配插值步长

中间值 $s(t)$、$q(t)$ 都是以几毫秒的间隔即插值间隔 *T_Ipo* 计算的。通常，计算的时间 t_b、t_v和 t_e 不在计算 $s(t)$ 的离散时间点 *kT_Ipo* 上。这会导致在短路径下偏离斜坡轮廓或正弦曲线轮廓的理想路线。最后的计算值 $s(t_e)$ 与 s_e 不同。为了避免出现这种数值误差，在某

些控制中调整速度 v_m 和加速度 b_m，以使加速时间 t_b 和路径持续时间 t_e 与插值间隔 T_Ipo 具有整数比。路径段较大时，v_m 和 b_m 的校正较小，而路径段较小时，变化可能会很大。下面程序员选择的速度用 $\hat{v}_m$ 表示，选择的加速度用 $\hat{b}_m$ 表示，它们被校正为 v_m 和 b_m，此处显示的是斜坡轮廓的校正。

$$t_b = \mathrm{Ceil}\left(\frac{\hat{v}_m}{\hat{b}_m T\_lpo}\right) \cdot T\_Ipo$$
$$t_v = \mathrm{Ceil}\left(\frac{S_e}{\hat{v}_m T\_lpo}\right) \cdot T\_Ipo, \quad t_e = t_v + t_b \tag{4.15}$$

舍入函数 Ceil(x) 提供 x 的一个较大的整数值。可以由式（4.4）和式（4.5）计算校正后的速度 v_m 和校正后的加速度 b_m：

$$v_m = \frac{s_e}{t_v}, \quad b_m = \frac{v_m}{t_b} = \frac{s_e}{t_v t_b} \tag{4.16}$$

舍入函数会根据式（4.7）防止校正后的速度 v_m 超过最大可能值 $v_{m,\max}$。图 4.9 所示为路径时间与插补步长。

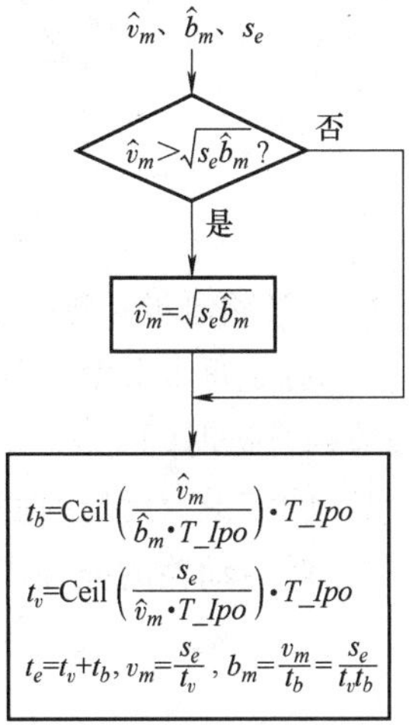

图 4.9　路径时间与插补步长

4.2.5　同步点到点

使用异步点到点时，将独立于其他关节对每个关节进行插值，并使用斜坡路径的公式［式（4.1）~式（4.7）］或正弦路径的公式［式（4.8）~式（4.14）］。在适应插值步长时，必须考虑式（4.15）和式（4.16）。现在为同步路径确定了主动轴（主动关节）。如果以编程器定义的速度和加速度为基础，则导向关节具有最长的到达目标角度或目标点的行进时间 t_e。如果不对插值步长进行调整，则应：

1）对每个关节 i，如根据式（4.1）在异步点到点中一样，确定 $s_{e,i}$ 以及速度 $\hat{v}_{m,i}$ 和加速度 $b_{m,i} = \hat{b}_{m,i}$，并由此计算出行程时间 $t_{e,i}$。

2）确定最大运行时间 $t_e = t_{e,\max} = \max(t_{e,i})$。行程时间最长的轴是主动轴。

3）适用于所有关节：$t_{e,i} = t_e$。

4）调整不是主关节的关节的速度。

式（4.5）可用于调整斜坡轮廓。对于不是主关节的任何关节 i 有

$$t_e = \frac{s_{e,i}}{v_{m,i}} + \frac{v_{m,i}}{b_{m,i}} \Rightarrow v_{m,i}^2 - v_{m,i} b_{m,i} t_e + s_{e,i} b_{m,i} = 0$$

由于 t_e 是给定的，因此可以求解 $v_{m,i}$。可以得到一个二次方程，从中确定调节后的速度。在这两种解中，只有较小的值才有意义，因为否则将违反以下条件：$2t_{b,i} \leqslant t_e$。

$$v_{m,i} = \frac{b_{m,i} t_e}{2} - \sqrt{\frac{b_{m,i}^2 t_e^2}{4} - s_{e,i} b_{m,i}} \tag{4.17}$$

图 4.10 所示为具有异步点到点和同步点到点的两个关节的速度曲线。对于正弦路径，可以假定式（4.12）成立，并据此得到

$$v_{m,i} = \frac{b_{m,i} t_e}{4} - \sqrt{\frac{b_{m,i}^2 t_e^2 - 8 s_{e,i} b_{m,i}}{16}} \tag{4.18}$$

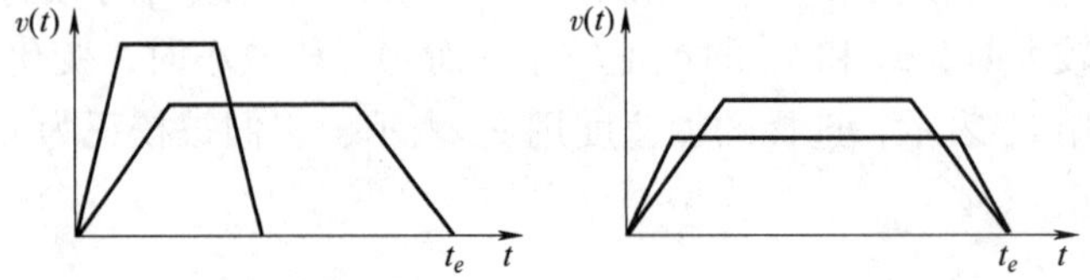

a) 异步点到点　　b) 同步点到点

图 4.10　具有异步点到点和同步点到点的两个关节的速度曲线

如果对插值步长进行了调整，则同步点到点路径可以执行以下步骤：

1）对于每个关节 i，与异步点到点一样，由距离 $s_{e,i}$、速度 $\hat{v}_{m,i}$和加速度 $b_{m,i}=\hat{b}_{m,i}$计算每个关节的行进时间 $t_{e,i}$。

2）确定最大运行时间 $t_e=t_{e,\max}=\max(t_{e,i})$。具有最大运行时间的轴是主动轴。

3）对主动轴的插补步长进行调整，要修正行进时间 t_e。

$$
\begin{gathered}
t_b=\mathrm{Ceil}\left(\frac{\hat{v}_m}{\hat{b}_m\cdot T\_Ipo}\right)\cdot T\_Ipo\\
t_v=\mathrm{Ceil}\left(\frac{s_e}{\hat{v}_m\cdot T\_Ipo}\right)\cdot T\_Ipo,\quad t_e=t_v+t_b\\
v_m=\frac{s_e}{t_v},\quad b_m=\frac{v_m}{t_b}=\frac{s_e}{t_v t_b}
\end{gathered}
\tag{4.19}
$$

4）适用于所有关节：$t_{e,i}=t_e$。

5）针对相同的行进时间和插补步长，对所有不是主关节的关节进行适配。

$$
\begin{gathered}
\hat{v}_{m,i}=\frac{\hat{b}_{m,i}t_e}{2}-\sqrt{\frac{\hat{b}_{m,i}^2t_e^2}{4}-s_{e,i}\hat{b}_{m,i}}\\
t_{v,i}=\mathrm{Ceil}\left(\frac{s_{e,i}}{\hat{v}_{m,i}\cdot T\_Ipo}\right)\cdot T\_Ipo,v_{m,i}=\frac{s_{e,i}}{t_{v,i}},t_{b,i}=t_e-t_{v,i},b_{m,i}=\frac{v_{m,i}}{t_{b,i}}
\end{gathered}
\tag{4.20}
$$

4.2.6　完全同步点到点

使用完全同步点到点，不仅每个关节的路径时间相同，而且加速时间和制动时间也相同。人们期望完全同步路径具有更好的行进曲线，工具中心点不会在完全同步路径的笛卡儿空间中偏离目标和起点太远。确定主动轴，现在不仅指定 t_e，而且指定所有其他关节的 t_b 和 $t_v=t_e-t_b$。非主关节的速度以及此处的加速度的调整相对容易。

$$
v_{m,i}=\frac{s_{e,i}}{t_v},\quad b_{m,i}=\frac{v_{m,i}}{t_b}
\tag{4.21}
$$

对于正弦曲线，必须在式（4.21）中利用 $b_{m,i}=\dfrac{2v_{m,i}}{t_b}$计算出加速度。只能对主动轴进行插补步长的适配。应当注意，完全同步点到点的缺点是，程序员只能指定主动轴的加速度和速度。

4.2.7 点到点路径示例

平面双关节机器人具有关节坐标 $\boldsymbol{q}_{St}=(0,-90°)^{\mathrm{T}}$。它应移动到位置 $\boldsymbol{q}_{z}=(-45°,45°)^{\mathrm{T}}$。第 1 关节的速度为 1rad/s，加速度为 5rad/s^2，第 2 关节应以 2rad/s 的速度运动并以 8rad/s^2 加速。

使用异步点到点路径和斜坡轮廓行进。根据式(4.1)和式(4.3)~式(4.5)，关节 1 和关节 2 的参数为

$$s_{e1}=\pi/4, t_{b1}=0.2\mathrm{s}, t_{e1}=0.9854\mathrm{s}, t_{v1}=0.7854\mathrm{s}$$

$$s_{e2}=3\pi/4, t_{b2}=0.25\mathrm{s}, t_{e2}=1.4281\mathrm{s}, t_{v2}=1.1781\mathrm{s}$$

图 4.7a 的测试表明，两个关节的选定速度均低于式（4.7）的最大可能速度。运动控制的程序部分包含一个算法，该算法以 *T_Ipo* 插值距离的时间增量计算关节角度、角速度和角加速度。以时间点 $t=0.85\mathrm{s}$ 为例，此时，由于满足了 $t>t_{v1}=0.7854\mathrm{s}$，因此关节 1 处于制动阶段。根据式（4.6）计算路径参数 $s_1(t)$ 和前两个导数，根据式（4.3）计算关节尺寸：

$$\ddot{s}_1(0.85\mathrm{s})=-5\mathrm{rad/s^2}, \dot{s}_1(0.85\mathrm{s})=0.677\mathrm{rad/s}, s_1(0.85\mathrm{s})=0.7395,$$

$$\ddot{q}_1(0.85\mathrm{s})=5\mathrm{rad/s^2}, \dot{q}_1(0.85\mathrm{s})=-0.677\mathrm{rad/s}, q_1(0.85\mathrm{s})=-0.7395$$

关节 2 在时间点处于均匀运动的阶段，因为满足条件 $t_{b2}<t<t_{v2}$。计算得出

$$\ddot{s}_2(0.85\mathrm{s})=0, \dot{s}_2(0.85\mathrm{s})=2\mathrm{rad/s}, s_2(0.85\mathrm{s})=1.45$$

$$\ddot{q}_2(0.85\mathrm{s})=0, \dot{q}_2(0.85\mathrm{s})=2\mathrm{rad/s}, q_2(0.85\mathrm{s})=-0.1208$$

图 4.11 所示为具有异步点到点的平面双关节机器人轨迹。可以看出，关节 1 更早到达目标角度，因此结束运动的时间比关节 2 更早。假设机器人手臂部分 1 长度 $l_1=1\mathrm{m}$、长度 $l_2=0.5\mathrm{m}$，则可以通过正变换在 x_0-y_0 平面计算并输出几何路径。起始位置包括坐标 $x_0=1\mathrm{m}$，$y_0=-0.5\mathrm{m}$ 和目标位置 $x_0=1.2071\mathrm{m}$，$y_0=-0.7071\mathrm{m}$。几何路径呈任意形状。

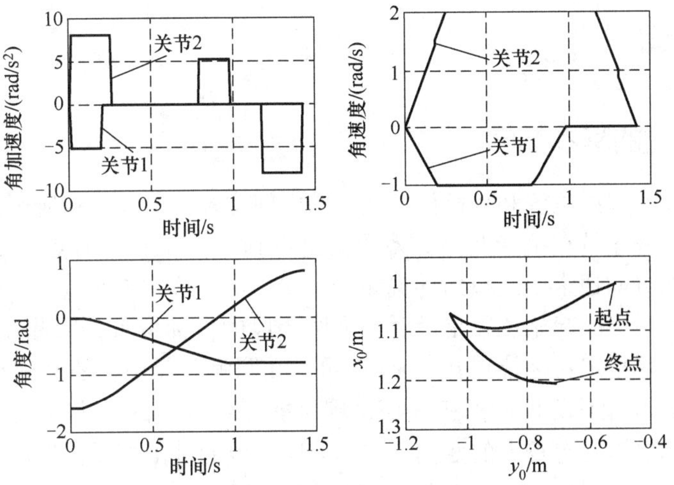

图 4.11　具有异步点到点的平面双关节机器人轨迹

如果要通过同步点到点逼近目标位置，则 $t_e=t_{e,\max}=1.4281\mathrm{s}$，其中关节 2 为导向关节。第一个关节的速度必须根据式（4.17）调整并从 1rad/s 减小到 0.60045rad/s。这使得关节 1

的路径时间为

$$s_{e1}=\pi/4, t_{b1}=0.120\text{s}, t_{e1}=1.4281\text{s}, t_{v1}=1.308\text{s}$$

此处两个关节的行进时间相同，但加速时间不同。如果要提供相同的加速时间（完全同步点到点），则关节 2 再次成为导向关节，并且满足条件 $t_e=t_{e2}$，$t_b=t_{b2}$，$t_v=t_{v2}$。关节 1 的速度和加速度根据式（4.21）调整为

$$v_{m,1}=0.6666\text{rad/s}, b_{m,1}=2.6666\text{rad/s}^2$$

在比较异步点到点路径（见图 4.11）和完全同步点到点路径（见图 4.12）的路线时，除了完全同步点到点路径中关节的相同行进和加速时间外，还应注意完全同步点到点路径中工具中心点的路径更接近起点和终点之间的直线。

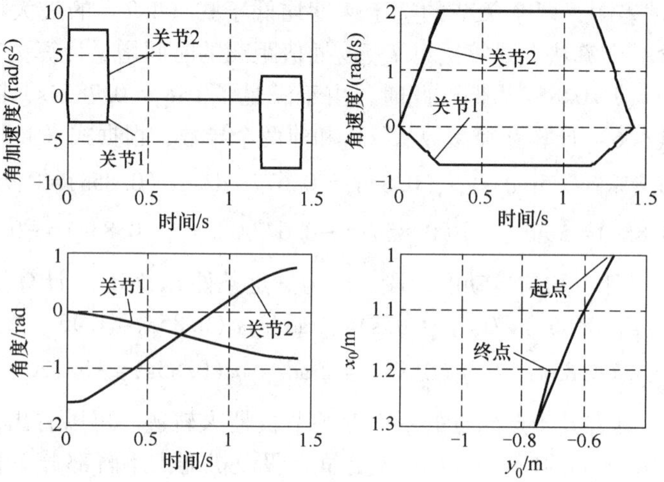

图 4.12 具有完全同步点到点的平面双关节机器人轨迹

4.3 路径控制

4.3.1 路径控制的基本顺序

执行器路径段的起始位置和目标位置之间的中间位置，可以根据所选速度和加速度在世界坐标系中计算。程序员在笛卡儿坐标系中指定点到点（工具中心点）的位置，概括在向量 $\boldsymbol{p}$ 中，执行器的方向通常由欧拉角［向量 $\boldsymbol{w}=(A \quad B \quad C)^{\mathrm{T}}$ 或 $\boldsymbol{w}=(\alpha \quad \beta \quad \chi)^{\mathrm{T}}$］给出。执行器在机器人坐标系中的起始位置是最后一个路径段的目标位置，因此在编写直线路径时，大多数情况下只需要指定目标位置 $\boldsymbol{p}_Z$、$\boldsymbol{w}_Z$ 即可。在圆弧路径中，还必须指定辅助点的位置向量 $\boldsymbol{p}_H$。如果以欧拉角计算取向的中间值，则可能导致取向的较大变化，因此相邻中间位置之间的关节坐标也需要有较大的变化。在单元四元数的基础上进行插值是有利的。欧拉角信息可以通过式（2.18）或式（2.21）转换为相应的旋转矩阵，并用式（2.29）指定为四元数。

借助要实现的路径速度 v 和加速度 b，控制系统将获得用于执行插值的所有信息，见图 4.13。与点到点路径一样，以时间间隔（插值步长 T_Ipo）计算中间位置。插值步长为 2.5~15ms。

由于控制需要关节坐标中的设定值，因此每个中间位置都通过逆变换映射到关节设定值，这些设定值存储在设定值存储器中，并在机器人的工作阶段作为关节控制的设定值被读出。在此，也与点到点路径一样，计算并存储关节水平速度。

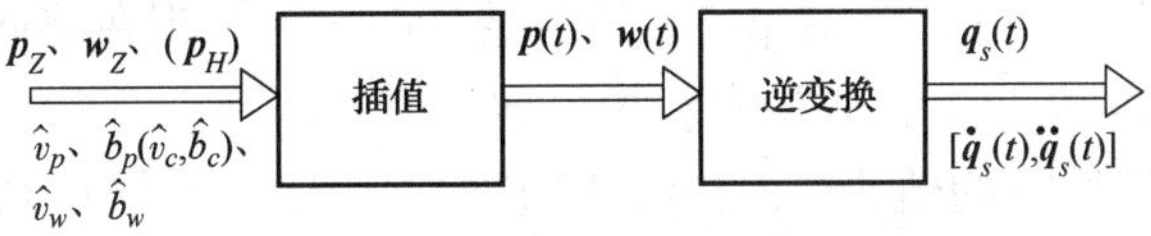

图 4.13　计算连续路径轨道关节设定点的基本步骤

4.3.2　线性插值

通过线性插值，工具中心点沿直线移动到目标位置。由图 4.14 可知如何使用位置向量 $\boldsymbol{p}(t)$ 计算中间点。路径参数 $s_p(t)$ 定义了在相对时间 t 路径段所覆盖的距离。运动在时间 $t=0$ 处从静止开始，在目标点 $t=t_{ep}$处结束，该距离为 s_{ep}。它始终满足 $s_p(t)\geqslant 0$。路径参数 $s_p(t)$ 是标量。可以通过起点和终点的笛卡儿坐标来计算距离：

$$s_{ep}=|\boldsymbol{p}_Z-\boldsymbol{p}_{St}|=\sqrt{(p_{Z,x}-p_{St,x})^2+(p_{Z,y}-p_{St,y})^2+(p_{Z,z}-p_{St,z})^2} \tag{4.22}$$

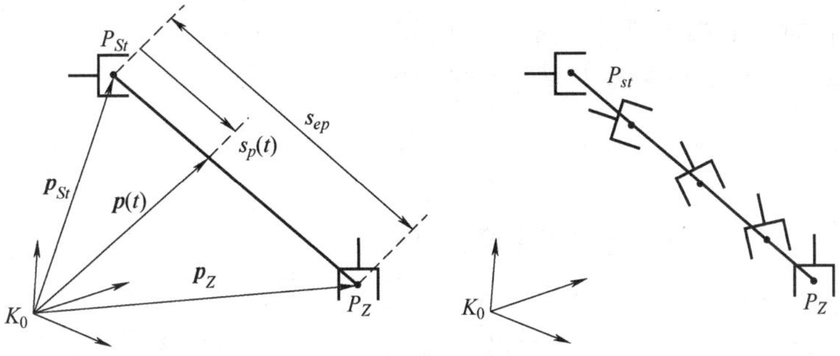

a) 工具中心点的中间值　　b) 方向变化

图 4.14　线性插值

通过将方向向量$(\boldsymbol{p}_Z-\boldsymbol{p}_{St})/s_{ep}$乘以当前路径长度 $s_p(t)$，可以获得从工具中心点到当前点的向量。然后可以通过将 $\boldsymbol{p}_{St}$与该向量相加来计算位置向量$\boldsymbol{p}(t)$：

$$\boldsymbol{p}(t)=\boldsymbol{p}_{St}+s_p(t)\frac{(\boldsymbol{p}_Z-\boldsymbol{p}_{St})}{s_{ep}} \tag{4.23}$$

计算 $s_p(t)$ 的时间中间值，也就是对 $s_p(t)$ 进行插值。与点到点路径一样，运动从静止开始并以速度 0 结束。

$$s_p(0)=\dot{s}_p(0)=v_p(0)=0,\dot{s}_p(t_e)=v_p(t_e)=0 \tag{4.24}$$

为了计算 $s_p(t)$，可以再次应用斜坡轮廓或正弦曲线轮廓。如果满足以下条件，式（4.6）和式（4.7）也适用于直线路径。

$$v_m=v_p,b_m=b_p,t_e=t_{ep},t_b=t_{bp},t_v=t_{vp},s_e=s_{ep},s=s_p \tag{4.25}$$

对插值步长的调整也可以根据式（4.15）和式（4.16）进行。当然，在这里不需要在同步路径和异步路径之间进行区分，因为在通常情况下，所有关节都参与运动。使用连续路径控制时，还必须进行方向插补，该插补是基于四元数进行的。现在开始方向为 $\boldsymbol{w}_{st}=(qt_{St,1}\quad qt_{St,2}\quad qt_{St,3}\quad qt_{St,4})^{\mathrm{T}}$，目标方向为 $\boldsymbol{w}_{z}=(qt_{Z,1}\quad qt_{Z,2}\quad qt_{Z,3}\quad qt_{Z,4})^{\mathrm{T}}$。方向变化的总量表示为

$$s_{ew}=|\boldsymbol{w}_Z-\boldsymbol{w}_{St}|=\sqrt{(qt_{Z,1}-qt_{St,1})^2+(qt_{Z,2}-qt_{St,2})^2+(qt_{Z,3}-qt_{St,3})^2+(qt_{Z,4}-qt_{St,4})^2} \tag{4.26}$$

Z 用于路径段的目标方位，St 用作路径段开始处的方位。现在将向量 $\boldsymbol{w}$ 视为向量 $\boldsymbol{p}$，并且将$(\boldsymbol{w}_Z-\boldsymbol{w}_{St})/s_{ew}$理解为从起始方向指向目标方向的方向向量。对应于 $s_p(t)$，可以定义标量 $s_w(t)$，其在方向更改开始时的值为 0，在结束时的值为 s_{ew}。这使得当前向量 $\boldsymbol{w}(t)$ 以及当前四元数 $\boldsymbol{qt}(t)$ 的计算类似于式（4.23）。

$$\boldsymbol{w}(t)=\boldsymbol{w}_{St}+s_w(t)\frac{(\boldsymbol{w}_Z-\boldsymbol{w}_{St})}{s_{ew}} \tag{4.27}$$

计算中间方向的过程完全对应于 $\boldsymbol{p}(t)$ 的计算。在式（4.27）中，只有 $s_w(t)$ 与时间相关，而其中满足条件 $s_w(0)=0$ 和 $s_w(t=t_{ew})=s_{ew}$。如果可以从编程环境中获得有关标量 $s_w(t)$ 随其变化的速度 v_w 和加速度 b_w 的信息，则可以使用 4.2.4 节中的斜坡轮廓和正弦曲线轮廓来计算 $s_w(t)$，其中计算中间值时应设置为

$$v_m=v_w,b_m=b_w,t_e=t_{ew},t_b=t_{bw},t_v=t_{vw},s_e=s_{ew},s=s_w \tag{4.28}$$

通常对于编程环境给出的 v_p、b_p、v_w、b_w，行程时间 t_{ep}和 t_{ew}不同。有意义的是位置和方向的更改同时完成。

1）确定运行时间的最大值 $t_e=\max(t_{ep},t_{ew})$。

2）如果 $t_e=t_{ep}$，方向变化的速度可以调整为

$$v_w=\frac{b_w t_e}{2}-\sqrt{\frac{b_w^2 t_e^2}{4}-s_{ew}b_w} \tag{4.29}$$

3）对于 $t_e=t_{ew}$，工具中心点的转换速度调整为

$$v_p=\frac{b_p t_e}{2}-\sqrt{\frac{b_p^2 t_e^2}{4}-s_{ep}b_p} \tag{4.30}$$

用于调整速度关系的式（4.29）和式（4.30）对应用于调整斜坡路径同步点到点速度的关系式（4.17）。对于正弦路径，式（4.18）可以使用。然而，所使用的控制通常以这样的方式进行，即方向的改变适应工具中心点的运动，即总是设置为 $t_e=t_{ep}$。

当然也可以在工具中心点沿直线移动到目标点时保持方向恒定，或者仅在从基本系统 K_0 的原点到工具中心点的位置向量 $\boldsymbol{p}$ 保持恒定的同时改变方向。

4.3.3 圆弧插补

由于工件的大部分轮廓都是由直线和圆弧组成，因此许多数控系统和几乎所有机器人控制系统都具有圆弧插补功能。通过定义空间中的三个点，即起点 P_{St}、辅助点 P_H 和目标点 P_Z，程序员可以轻松地定义一个圆弧。与直线路径一样，起点可以由上一个路径段给出。如果在圆弧路径上用工具中心点的加速度 $\hat{b}_c$ 和速度 $\hat{v}_c$，以及从起点到终点的方向应如何变化的信息来补充这些条件，则用于圆弧路径计算的输入信息是完整的（见图 4.15）。

控制器可以根据坐标计算圆弧的中心点 M、半径 R 和中心角 φ_Z（见图 4.16）。圆弧所有点到圆心的距离都相同，因此圆心由两点之间的连线平分线的交点定义。半径和中心角是计算圆弧长度 s_{ec}所必需的。控制器需要通过以下步骤来计算 $\boldsymbol{p}(t)$。

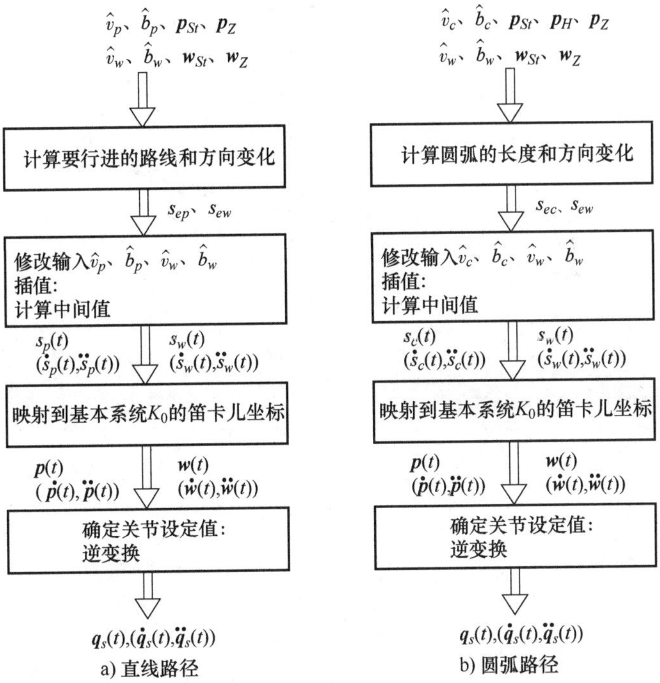

图 4.15　直线路径和圆弧路径的中间值计算

1）将坐标系 K_C 放置在起点 P_{St}（一些中间计算基于此坐标系）。

2）建立映射矩阵（旋转矩阵）${}_0^C\boldsymbol{A}$ 和齐次矩阵${}_0^C\boldsymbol{T}$，利用该矩阵，将坐标系 K_C 中表示的自由向量和位置向量转换为坐标系 K_0 中的表示量，反之亦然。

3）确定从 K_C 的原点到中心点 M 的向量 $\boldsymbol{r}_M$，由此确定半径 R、中心角 φ_Z 和弧长 s_{ec}。

4）参照圆弧进行插补，因此计算出中间值 $s_c(t)$ 和 $\varphi(t)=s_c(t)/R$。

5）根据弧 $s_c(t)$ 或 $\varphi(t)$ 计算相应的向量 $\boldsymbol{p}_c(t)$。$\boldsymbol{p}_c(t)$ 从 K_C 的原点指向圆弧上的当前点。

6）由 $\boldsymbol{p}_c(t)$ 计算出向量 $\boldsymbol{p}(t)$。

对于 1）坐标系 K_C。

K_C 的 x 轴和 y 轴位于 P_{St}、P_H、P_Z 构成的平面中。x 轴始终从起点指向目标点。基本向量 $\boldsymbol{x}_c$ 可以在 K_0 坐标中表示为向量 $\boldsymbol{p}_{StZ}$的方向向量，$\boldsymbol{z}_c$ 是从 $\boldsymbol{x}_c$ 与向量 $\boldsymbol{p}_{StH}$ 的叉积的方向向量获得并且 $\boldsymbol{y}_c$ 是完备的，将 K_C 转换为右手系统（见图 4.17）。

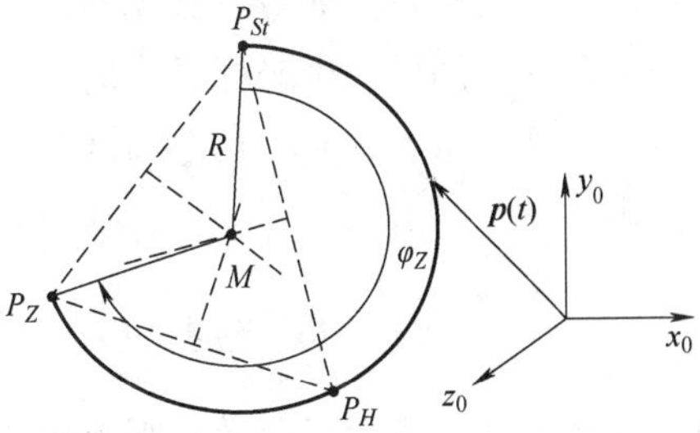

图 4.16　圆弧的中心点、半径和中心角

$$\begin{cases}\boldsymbol{x}_c^{(0)}=\dfrac{\boldsymbol{p}_{StZ}^{(0)}}{|\boldsymbol{p}_{StZ}^{(0)}|}=\dfrac{(\boldsymbol{r}_Z^{(0)}-\boldsymbol{r}_{St}^{(0)})}{|\boldsymbol{r}_Z^{(0)}-\boldsymbol{r}_{St}^{(0)}|}\\ \boldsymbol{z}_c^{(0)}=\dfrac{\boldsymbol{x}_c^{(0)}\times\boldsymbol{p}_{StH}^{(0)}}{|\boldsymbol{x}_c^{(0)}\times\boldsymbol{p}_{StH}^{(0)}|}=\dfrac{\boldsymbol{x}_c^{(0)}\times(\boldsymbol{r}_H^{(0)}-\boldsymbol{r}_{St}^{(0)})}{|\boldsymbol{x}_c^{(0)}\times(\boldsymbol{r}_H^{(0)}-\boldsymbol{r}_{St}^{(0)})|}\\ \boldsymbol{y}_c^{(0)}=\boldsymbol{z}_c^{(0)}\times\boldsymbol{x}_c^{(0)}\end{cases}\tag{4.31}$$

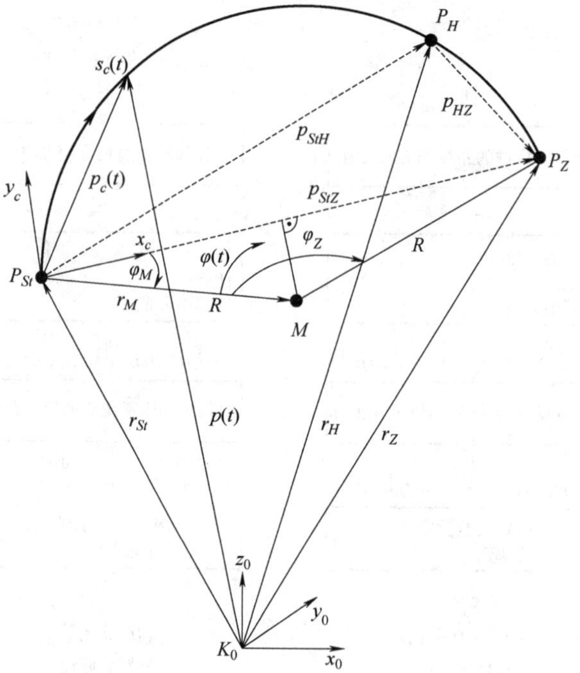

图 4.17　圆弧插补的辅助变量

对于 2）旋转矩阵${}_0^C\boldsymbol{A}$ 和齐次矩阵${}_0^C\boldsymbol{T}$。

坐标系 K_C 相对于 K_0 的方向可以通过旋转矩阵来表示，位置和方向可以通过齐次矩阵来表示：

$$ {}_0^C\boldsymbol{A}=(\boldsymbol{x}_c^{(0)}\quad \boldsymbol{y}_c^{(0)}\quad \boldsymbol{z}_c^{(0)}),\quad {}_0^C\boldsymbol{T}=\begin{pmatrix} {}_0^C\boldsymbol{A} & \boldsymbol{r}_{St}^{(0)} \\ \boldsymbol{0} & 1 \end{pmatrix}=\begin{pmatrix} \boldsymbol{x}_c^{(0)} & \boldsymbol{y}_c^{(0)} & \boldsymbol{z}_c^{(0)} & \boldsymbol{r}_{St}^{(0)} \\ 0 & 0 & 0 & 1 \end{pmatrix} \tag{4.32} $$

位置向量和自由向量可以借助式（4.32）转换为其他坐标系的表示形式。当将位置向量映射到各自的另一个坐标系中时，必须使用${}_0^C\boldsymbol{T}$ 或${}_C^0\boldsymbol{T}$，并且向量的第四个分量为 1。首先，必须将位置向量 $\boldsymbol{r}_{St}$、$\boldsymbol{r}_H$、$\boldsymbol{r}_Z$ 映射到 K_C 的位置向量中，必须使用式（2.15）和式（2.16）。可获得

$$ \boldsymbol{p}_{StZ}^{(C)}=\boldsymbol{r}_Z^{(C)}={}_C^0\boldsymbol{T}\cdot\boldsymbol{r}_Z^{(0)}=[{}_0^C\boldsymbol{T}]^{-1}\cdot\boldsymbol{r}_Z^{(0)}=\begin{bmatrix} {}_0^C\boldsymbol{A}^{\mathrm{T}} & -{}_0^C\boldsymbol{A}^{\mathrm{T}}\cdot\boldsymbol{r}_{St}^{(0)} \\ 0 & 1 \end{bmatrix}\cdot\boldsymbol{r}_Z^{(0)} \tag{4.33} $$

如果仅将 3 个分量用于向量，则上述关系可以表示为

$$ \boldsymbol{p}_{StZ}^{(C)}=\boldsymbol{r}_Z^{(C)}={}_0^C\boldsymbol{A}^{\mathrm{T}}\cdot(\boldsymbol{r}_Z^{(0)}-\boldsymbol{r}_{St}^{(0)}) \tag{4.34} $$

这样，还可以计算位置向量 $\boldsymbol{p}_{StH}^{(C)}=\boldsymbol{r}_H^{(C)}$，该位置向量如 $\boldsymbol{p}_{StZ}^{(C)}=\boldsymbol{r}_Z^{(C)}$ 从 K_C 的起点开始，在辅助点结束。向量 $\boldsymbol{p}_{HZ}$ 可以与 $\boldsymbol{p}_{StZ}$ 和 $\boldsymbol{p}_{StH}$ 结合计算：

$$ \boldsymbol{p}_{HZ}^{(C)}=\boldsymbol{p}_{StZ}^{(C)}-\boldsymbol{p}_{StH}^{(C)} \tag{4.35} $$

对于 3）：半径向量、半径、中心角和弧长。

现在可以计算到中心点和半径 R 的位置向量 $\boldsymbol{r}_M$。$\boldsymbol{r}_M$ 的 x 分量为

$$ r_{M,x}^{(C)}=p_{StZ,x}^{(C)}/2=|\boldsymbol{p}_{StZ}|/2=|\boldsymbol{p}_Z-\boldsymbol{p}_{St}|/2 \tag{4.36} $$

为了计算 $r_{M,y}^{(C)}$，需要计算从辅助点 H 到中点 M 的向量 $\boldsymbol{p}_{HM}$。$\boldsymbol{p}_{HM}$ 可以通过向量 $\boldsymbol{r}_M$ 和 $\boldsymbol{p}_{StH}$ 表示。如果 $\boldsymbol{r}_M$ 和 $\boldsymbol{p}_{HM}$ 的绝对值相同，则可以改写为

$$|\boldsymbol{r}_M|^2 = |\boldsymbol{p}_{HM}|^2 = |\boldsymbol{r}_M - \boldsymbol{p}_{StH}|^2 \tag{4.37}$$

基于式（4.36），式（4.37）可变为

$$r_{M,y}^{(C)} = \frac{(p_{StH,x}^{(C)})^2 + (p_{StH,y}^{(C)})^2 - p_{StH,x}^{(C)} p_{StZ,x}^{(C)}}{2p_{StH,y}^{(C)}} \tag{4.38}$$

因此可以得出半径为

$$R = \sqrt{(r_{M,x}^{(C)})^2 + (r_{M,y}^{(C)})^2} \tag{4.39}$$

图4.18所示为中心角的计算。如果圆弧的长度小于或等于圆周长的一半，即 $r_{M,y}^{(C)} \leqslant 0$。圆心角为

$$\varphi_Z = -2\arctan \frac{r_{M,x}^{(C)}}{r_{M,y}^{(C)}} \tag{4.40}$$

对于 $r_{M,y}^{(C)} > 0$，圆弧的长度大于圆周长的一半，则有

$$\varphi_Z = 2\pi - 2\arctan\left(\frac{r_{M,x}^{(C)}}{r_{M,y}^{(C)}}\right) \tag{4.41}$$

使用 arctan2 函数计算圆心角

$$\varphi_Z = 2\pi - 2\arctan2(r_{M,x}^{(C)}, r_{M,y}^{(C)}) = 2[\pi - \arctan2(r_{M,x}^{(C)}, r_{M,y}^{(C)})] \tag{4.42}$$

弧长（路径长度）S_{ec} 为

$$S_{ec} = R\varphi_Z \tag{4.43}$$

它当前覆盖的弧长为

$$S_c(t) = R\varphi(t),\quad 0 \leqslant \varphi(t) \leqslant \varphi_Z \tag{4.44}$$

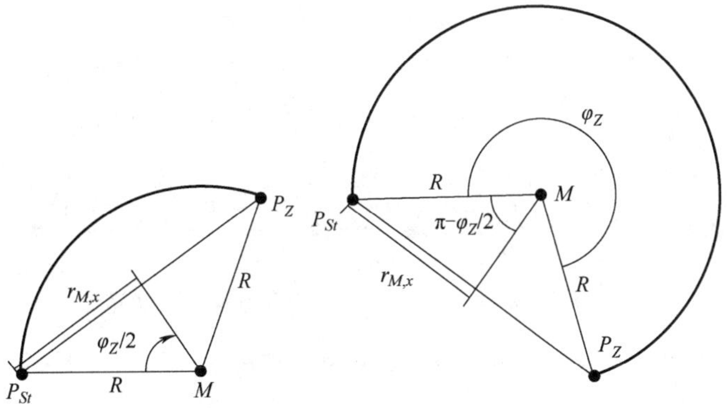

a) 小于圆周一半的圆弧　　b) 大于圆周一半的圆弧

图4.18　中心角的计算

对于4)：插值。

根据式（4.26）计算方向变化的总和，相对于 $s_c(t)$ 或 $\varphi(t)$ 进行插值，从而可以再次使用斜坡轮廓或正弦曲线轮廓。过程与线性插补的步骤相同。

对于5)：确定向量。

使用等腰三角形，其两侧的长度为 R，可以使用关系式 $\sin[\varphi(t)/2] = \frac{|\boldsymbol{p}_C(t)|/2}{R}$ 来计

算 $|\boldsymbol{p}_C(t)|$（见图 4.19a）。

$$|\boldsymbol{p}_C(t)| = 2R\sin[\varphi(t)/2] \tag{4.45}$$

向量 $\boldsymbol{p}_{StZ}$ 和 r_M 之间的恒定角度 φ_M 为

$$\varphi_M = \arctan\left(\frac{r_{My}^{(C)}}{r_{Mx}^{(C)}}\right) \tag{4.46}$$

已知直角三角形的边为 $|\boldsymbol{p}_C|$、p_{Cx}、p_{Cy}，角度为 $\alpha(t)+\varphi_M$，根据式（4.45）和式（4.46）及 $\alpha(t)=(\pi-\varphi(t))/2$ 得出

$$\alpha(t)=\frac{\pi-\varphi(t)}{2}=\frac{\pi}{2}-\frac{\varphi(t)}{2} \tag{4.47}$$

则 $\boldsymbol{p}_C$ 为

$$\begin{cases} p_{Cx}^{(C)}(t)=|\boldsymbol{p}_C(t)|\cos[\alpha(t)+\varphi_M]=2R\sin\dfrac{\varphi(t)}{2}\sin\left(\dfrac{\varphi(t)}{2}-\varphi_M\right) \\ p_{Cy}^{(C)}(t)=|\boldsymbol{p}_C(t)|\sin[\alpha(t)+\varphi_M]=2R\sin\dfrac{\varphi(t)}{2}\cos\left(\dfrac{\varphi(t)}{2}-\varphi_M\right) \end{cases} \tag{4.48}$$

对于 6)：$\boldsymbol{p}^{(0)}(t)$ 的计算。

如果位置向量 $\boldsymbol{p}_C^{(C)}$ 作为第四分量，则可以使用齐次矩阵在相应的时间生成相对于世界系统 K_0 的位置向量 $\boldsymbol{p}^{(0)}$：

$$\boldsymbol{p}^{(0)}(t)={}_0^C\boldsymbol{T}\cdot\boldsymbol{p}_C^{(C)}(t) \tag{4.49}$$

如果向量仅包含 3 个分量，则也可以使用向量 $\boldsymbol{r}_{St}$ 和旋转矩阵进行计算：

$$\boldsymbol{p}^{(0)}(t)=\boldsymbol{r}_{St}^{(0)}+{}_0^C\boldsymbol{A}\cdot\boldsymbol{p}_C^{(C)}(t) \tag{4.50}$$

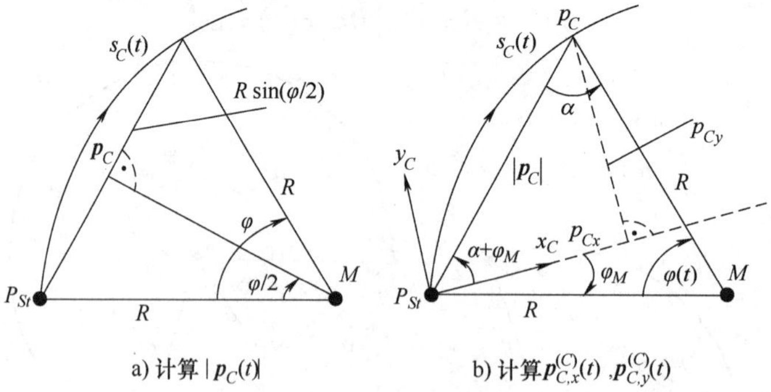

图 4.19 计算 $|\boldsymbol{p}_C|$ 和 $\boldsymbol{p}_C^{(C)}$

4.3.4 连续路径示例

平面双关节机器人的工具中心点应沿直线路径从绘制的起始位置（$p_x=1\text{m}, p_y=-0.5\text{m}$）移动到所需位置（$p_x=1.5\text{m}, p_y=0$）。速度曲线为一个斜坡，指定的线速度为 1m/s，加速度为 4m/s^2。利用式（4.22）计算路径长度 s_{ep}，用式（4.4）~式（4.7）进行路径参数 $s_p(t)$ 的内插。对于恒定路径参数，可得到：

$$s_{ep}=0.7071\text{m}, t_{bp}=0.25\text{s}, t_{ep}=0.9571\text{s}, t_v=0.7071\text{s}$$

可以沿着路径以预先设定的速度移动，计算 $s_p(t)$ 的中间值，把时间设定为 $t=0.5s$。在这一时间点，运动是匀速的。这意味着 $s_p(0.5s)=0.375m$。该路径长度对应于从基本坐标系 K_0 的原点到工具中心点的位置向量 $\boldsymbol{p}(0.5s)$。

$$\boldsymbol{p}(0.5s)=\boldsymbol{p}_{St}+s_p(0.5s)\frac{(\boldsymbol{p}_Z-\boldsymbol{p}_{St})}{s_{ep}}=\begin{pmatrix}1\\-0.5\end{pmatrix}+0.375\frac{\begin{pmatrix}1.5\\0\end{pmatrix}-\begin{pmatrix}1\\-0.5\end{pmatrix}}{0.7071}=\begin{pmatrix}1.2652\\-0.2348\end{pmatrix}$$

插补距离 T_Ipo 中的所有中间值 $\boldsymbol{p}(t)$ 可以由运动控制相应地计算。在图 4.20 中，直线路径以图形方式显示在右侧，关节角 q_1 和 q_2 的走向在左侧。

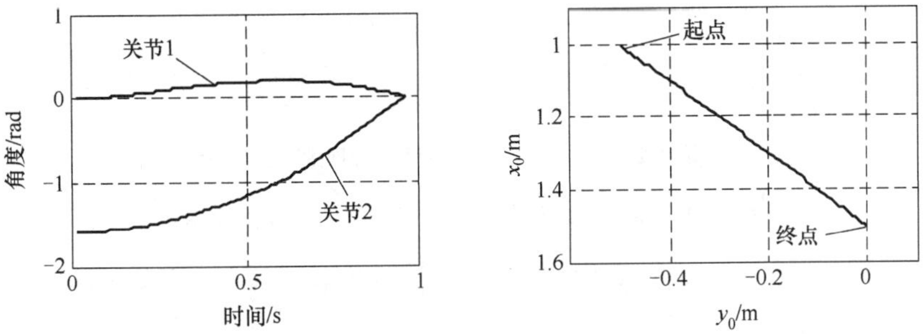

图 4.20　直线路径的路径走向

从 q_1 的走向可以看出，速度 $\dot{q}_1$ 的符号与点到点路径的情况并不相同，而是直到路径持续时间的一半时速度为正，并在路径结束时变为负，直到再次变为 0 时为止。通常，对于连续路径，在关节平面的路径轮廓可以采用任何形状。

4.4　非静止轴通过中间位置

到目前为止，在本章中都假定机器人的运动在每个路径段之后停在目标位置。接近中间位置时，通常不希望完全制动。应当避免急促地运动和在接近中间位置时需要太多时间。在非静止轴的情况下遍历中间点并因此实现从一个运动段到下一运动段过渡的最简单方法是平滑过渡。平滑过渡时，无须等待直到机器人停在已编程的中间位置。当速度降至距中间位置的最小值（速度平滑过渡）或最小距离（位置平滑过渡）以下时，开始下一个路径段。中间位置并没有精确地到达。总而言之，运动顺序运行得更快，要移动的总距离变得更短。样条插补也不会在中间位置停止。样条具有以下优点：可以以定义的速度精确地移动中间位置，并且可以通过适当定义中间位置来为连续路径样条生成任何空间曲线。

4.4.1　点到点平滑过渡

在工业机器人控件中，平滑可以以不同方式解决。速度平滑主要用于同步点到点路径中。如果主动轴的目标速度在编程的中间位置之前下降到一定值，则开始下一条路径。即直到路径段末端不再使用所有关节的关节坐标中的设定值。相反，下一个路径段的设定值在平滑开始后立即输出到控制器。因此，除非必须在一个或多个轴上进行方向变换，否则轴通常不会在中间位置区域停止。这些轴的路径缩短了，因为它们在到达中间位置之前就转变了方

向。当满足

$$|\dot{q}_{S,L}| < v_{Ueb,PTP} \tag{4.51}$$

时，开始进行速度平滑过渡，其中 L 表示主动轴，$v_{Ueb,PTP}$是在分步编程中指定的速度极限或直接作为已编程关节速度的百分比指定的速度极限。点到点包覆成形过程中的空间路径，无法精确逼近两个编程的中间位置，见图 4. 21a。如果使用斜坡曲线，则多个速度梯形会及时跟随。当在两个路径段之间进行点到点平滑过渡时，轮廓曲线的变化见图 4. 21b。

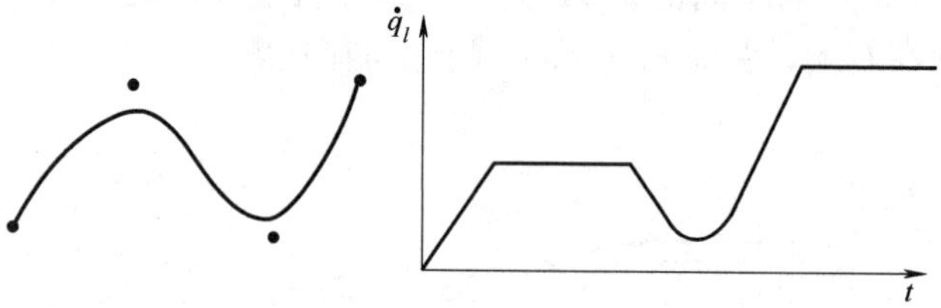

图 4. 21　路径曲线和点到点平滑过渡的速度曲线示例

当主动轴和中间点之间的距离低于某个值时，位置平滑将以一种简单的方式进行。根据式（4. 51），该条件可以表示为

$$|q_{ZW,L} - q_{S,L}(t)| < \Delta q_{Ueb,PTP} \tag{4.52}$$

距离 $\Delta q_{Ueb,PTP}$通常根据路径段中发生的主动轴关节坐标的绝对变化来指定。先进的运动控制器提供了在中间位置（见图 4. 22）周围放置一个平滑过渡圆球的选项，程序员可以指定其半径。当工具中心点的目标位置穿透此球体时，平滑过渡开始。使用这种方法，在计算点到点路径时必须进行正变换。

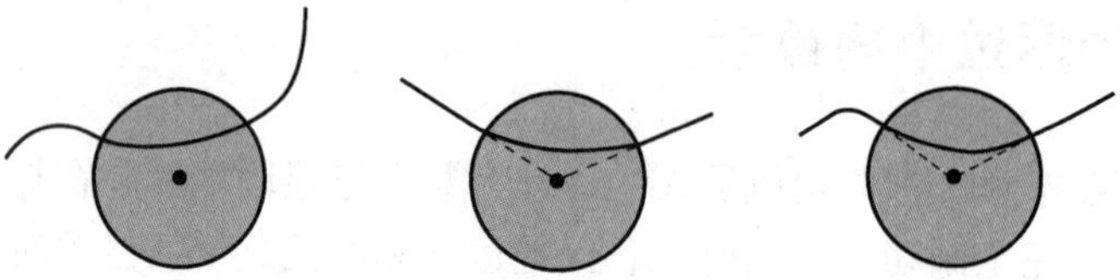

图 4. 22　平滑过渡球

4. 4. 2　连续路径平滑过渡

使用点到点平滑过渡时，重点是在处理路径段时节省时间并避免抖动。连续平滑过渡还可以通过定义合适的中间位置来不停地绕障碍物行进。在此，平滑过渡也可以为速度平滑过渡或位置平滑过渡。一旦路径速度降至特定值以下，就会开始速度平滑过渡。

$$\dot{s}_p < v_{Ueb,CP}, \dot{s}_C < v_{Ueb,CP} \tag{4.53}$$

位置平滑过渡也可以用类似于点到点平滑过渡的方法来定义。如果工具中心点和中间位置之间的距离小于指定值 ε_{CP}，则开始平滑过渡。

$$|\boldsymbol{p}(t) - \boldsymbol{p}_{ZW}| < \varepsilon_{CP} \tag{4.54}$$

对于以中间位置为目标的路径段，可以使用路径参数来表示。

$$s_p(t)<\varepsilon_{CP},s_C(t)<\varepsilon_{CP}$$

在图 4.23 中，有连续的线性轨迹。中间点是平滑过渡的。除了使用式（4.53）或式（4.54），还可以使用平滑球。进入球体时，开始平滑过渡，离开球体时，工具中心点再次位于编程的线性路径或圆弧路径上。可以平滑点到点路径和连续路径之间的过渡区域。在中间位置附近指定两个不同半径的平滑过渡球分别用于点到点平滑过渡和连续平滑过渡。当进入半径较大的球体时开始进行点到点散射（或者离差）。退出连续平滑过渡圆球时，将继续编程路径。方向变化也可以包含在平滑过渡中。

图 4.23　连续路径-平滑过渡

在特殊应用中也可以开发定制解决方案。胶合、焊接或切割需要以恒定或有限的可变速度运动。在文献/4.18/中提出了一种解决方案，其中可以指定相对于中间点的最大位置偏差和速度公差。

4.4.3　点到点路径的样条插补

如果要以定义的速度精确地遍历中间点，则使用样条曲线。路径段开始处和结束处的速度假定不为 0，而是可以选择的。如果要不间断地通过中间位置，则选择下一个路径段的起始速度作为相应路径段的结束速度才是有意义的。在最简单的情况下，将三次样条即三阶多项式用于插值：

$$\begin{cases}s(t)=a_0+a_1t+a_2t^2+a_3t^3\\ \dot{s}(t)=a_1+2a_2t+3a_3t^2\\ \ddot{s}(t)=2a_2+6a_3t\end{cases}\tag{4.55}$$

$s(t)$ 在这里是由路径段引起的，$s(t)=q_{(t)}-q_{St}$。路径段的起点处和终点处所考虑的关节坐标由 q_{St} 和 q_Z 指定。每个路径段的初始速度 v_0 和最终速度 v_e 也必须带有符号。以下边界条件适用于路径段：

$$s(0)=a_0=0,\ s(t_e)=\Delta q=q_Z-q_{St}=s_e,\ \dot{s}(t=0)=a_1=v_0,\ \dot{s}(t_e)=v_e\tag{4.56}$$

如果在式（4.55）中考虑了这些条件，a_2 和 a_3 可以表示为 s_e、v_0、v_e、t_e 的函数：

$$a_2=\frac{3s_e}{t_e^2}-\frac{(v_e+2v_0)}{t_e},\ a_3=-\frac{2s_e}{t_e^3}+\frac{(v_0+v_e)}{t_e^2}\tag{4.57}$$

路径段持续时间 t_e 的选择应确保不超过关节的最大加速度。式（4.55）的加速度是时间的线性函数，最大加速度为 $|2a_2|$ 或 $|2a_2+6a_3t_e|$。平移关节应通过 $q_B=0$ 从 $q_A=-1\text{m}$ 移动到 $q_C=1\text{m}$，在 q_A 和 q_C 的速度分别为 0，在 q_B 的速度为 1m/s。每个路径段应持续的时间为 1s。

路径段 1：$s_{e1}=1\text{m}$，$v_{01}=0$，$v_{e1}=1\text{m/s}$，$t_{e1}=1\text{s}$。

路径段 2：$s_{e2}=1\text{m}$，$v_{02}=1\text{m/s}$，$v_{e2}=0$，$t_{e2}=1\text{s}$。

图 4.24 所示为具有中间点的 3 次点到点样条示例。斜坡在 q_B 段停止。因此，即使采用速度优化的斜坡路径，也需要更高的关节速度。

可以使用 MATLAB 程序 *spline_ord3_PTP* 对 3 次样条进行插值。图 4.24 表明，即使在基于 3 次样条插值路径的情况下，抖动也不受限制，即加速度的突然变化发生在起点和中间点。为了避免这种情况，经常使用五阶样条。根据式（4.55），使用五阶多项式：

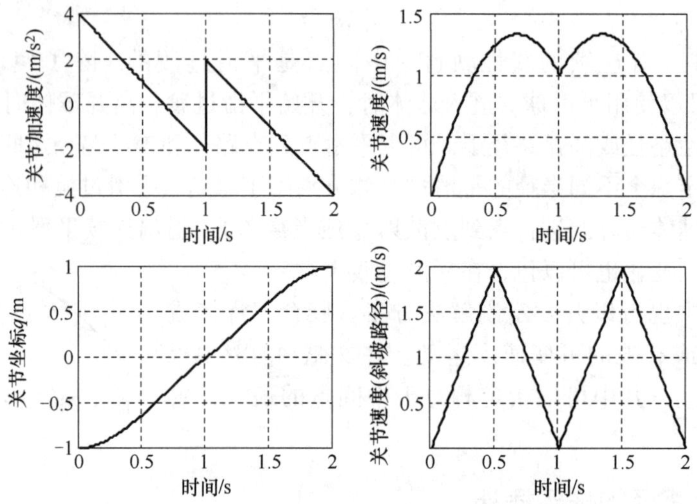

图 4.24　具有中间点的 3 次点到点样条示例

$$\begin{cases} s(t)=a_0+a_1t+a_2t^2+a_3t^3+a_4t^4+a_5t^5 \\ \dot{s}(t)=a_1+2a_2t+3a_3t^2+4a_4t^3+5a_5t^4 \\ \ddot{s}(t)=2a_2+6a_3t+12a_4t^2+20a_5t^3 \end{cases} \tag{4.58}$$

根据式（4.56），路径段的边界条件为

$$\begin{gathered} s(0)=a_0=0, s(t_e)=\Delta q=q_z-q_{st}=s_e, \dot{s}(0)=a_1=v_0, \dot{s}(t_e)=v_e, \\ \ddot{s}(0)=2a_2=b_0, \ddot{s}(t_e)=b_e \end{gathered} \tag{4.59}$$

与 3 次样条曲线相比，可以在此处指定路径段起点和终点的加速度。由 $t=t_e$ 的边界条件可以得到

$$\begin{cases} s_e-v_0t_e-\dfrac{b_0}{2}t_e^2=a_3t_e^3+a_4t_e^4+a_5t_e^5 \\ v_e-v_0-b_0t_e=3a_3t_e^2+4a_4t_e^3+5a_5t_e^4 \\ b_e-b_0=6a_3t_e+12a_4t_e^2+20a_5t_e^3 \end{cases} \tag{4.60}$$

式（4.60）是具有 3 个未知数的可解线性方程组。可以得到

$$\begin{cases} a_3=\dfrac{b_e-3b_0}{2t_e}-\dfrac{(4v_e+6v_0)}{t_e^2}+\dfrac{10s_e}{t_e^3} \\ a_4=\dfrac{-2b_e+3b_0}{2t_e^2}+\dfrac{(7v_e+8v_0)}{t_e^3}-\dfrac{15s_e}{t_e^4} \\ a_5=\dfrac{b_e-b_0}{2t_e^3}-\dfrac{(3v_e+3v_0)}{t_e^4}+\dfrac{6s_e}{t_e^5} \end{cases} \tag{4.61}$$

现在将处理与 3 次样条一样的具有两个路径段的相同示例，由此可以在所有点中给出加速度。这里，选择 0 作为所有三个点的加速度：

路径段 1：$s_{e1}=1\text{m}$，$v_{01}=0$，$b_{01}=0$，$v_{e1}=1\text{m/s}$，$b_{e1}=0$，$t_{e1}=1\text{s}$。

路径段 2：$s_{e2}=1\text{m}$，$v_{02}=1\text{m/s}$，$b_{02}=0$，$v_{e2}=0$，$b_{e2}=0$，$t_{e2}=1\text{s}$。

图4.25所示为具有中间点的5次点到点样条示例。与3次样条曲线相比，加速度没有任何突变，在起点、中间点和终点处的加速度均为0。由于必须首先建立必要的加速度，因此速度略高于3次样条的速度。图4.25中的斜坡路径表明，使用斜坡路径移动需要更高的速度。

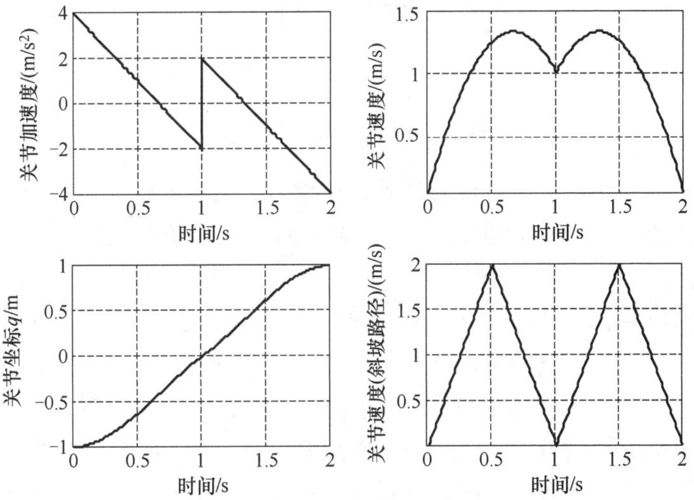

图4.25 具有中间点的5次点到点样条示例

4.4.4 笛卡儿坐标系中的样条插值

借助样条插值，可以生成柔性路径轮廓。通过选择合适的中间点，可以生成空间曲线，工具中心点会在不停顿的情况下经过中间点。图4.26所示为样条插值。路径轮廓是由一柔性线产生的，该柔性线从起始点经由中间位置被引导至目标点，从而使该线的弯曲尽可能少。

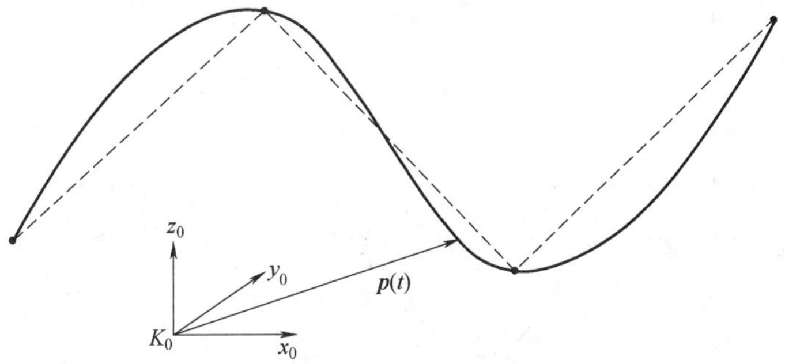

图4.26 样条插值

式（4.62）的向量可用于路径段。

$$\begin{cases} \boldsymbol{p}(t)=\boldsymbol{a}_0+\boldsymbol{a}_1 t+\boldsymbol{a}_2 t^2+\boldsymbol{a}_3 t^3, \\ \dot{\boldsymbol{p}}(t)=\boldsymbol{a}_1+2\boldsymbol{a}_2 t+3\boldsymbol{a}_3 t^2, \\ \ddot{\boldsymbol{p}}(t)=2\boldsymbol{a}_2+6\boldsymbol{a}_3 t \end{cases} \tag{4.62}$$

通过式（4.62）可以描述向量 $\boldsymbol{p}_{St}$ 和 $\boldsymbol{p}_Z$ 任意两点之间的运动。该运动的持续时间跨度为 t_e。必须将路径段起点和终点的速度向量作为附加边界条件考虑在内：

$$\boldsymbol{p}(0)=\boldsymbol{p}_{St}, \boldsymbol{p}(t_e)=\boldsymbol{p}_Z, \dot{\boldsymbol{p}}(0)=\boldsymbol{v}_0, \dot{\boldsymbol{p}}(t_e)=\boldsymbol{v}_e \tag{4.63}$$

通过在时间 $t=0$ 将式（4.63）插入式（4.62），可以得到

$$\boldsymbol{a}_0=\boldsymbol{p}_{St},\ \boldsymbol{a}_1=\boldsymbol{v}_0 \tag{4.64}$$

并根据选定的时间点 t_e，确定向量：

$$\begin{cases}\boldsymbol{a}_2=\dfrac{3(\boldsymbol{p}_Z-\boldsymbol{p}_{St})}{t_e^2}-\dfrac{(\boldsymbol{v}_e+2\boldsymbol{v}_0)}{t_e}\\ \boldsymbol{a}_3=-\dfrac{2}{t_e^3}(\boldsymbol{p}_Z-\boldsymbol{p}_{St})+\dfrac{(\boldsymbol{v}_e+\boldsymbol{v}_0)}{t_e^2}\end{cases} \tag{4.65}$$

与关节处的样条方法一样，应注意的是，t_e 越小，加速度越大。路径段末尾的速度向量 $\boldsymbol{v}_e$ 与后续路径段的速度向量 $\boldsymbol{v}_0$ 相同。可以针对方向使用样条曲线，在许多控制中，将方向直接移动到目标方向。

如一个运动由位置 $\boldsymbol{p}_A=(0.8,0,0.4)^{\mathrm{T}}$ 开始，经过位置 $\boldsymbol{p}_B=(1.0,0,0.6)^{\mathrm{T}}$，到达目标位置 $\boldsymbol{p}_C=(1.2,0,0.4)^{\mathrm{T}}$。如果使用直线路径，则在图 4.27 中以虚线绘制的路径将在 x-z 平面中移动。在此选择样条路径，其位于中间位置 $\boldsymbol{p}_B$ 的速度是 1m/s。位置 $\boldsymbol{p}_A$ 和 $\boldsymbol{p}_C$ 的速度应为 0，并且在两个路径段都应持续 0.5s。与连续路径相比，中间位置的精确通过是以通过较长路径的代价来获得的。使用 3 次样条时，路径段末端的速度向量数量和方向必须与下一个路径段起点的速度向量相同。方向向量为 $\boldsymbol{p}_A$ 到 $\boldsymbol{p}_C$。由图 4.27 可看出 x 坐标和 z 坐标随时间的变化以及路径速度 ds/dt。同样，与 3 次点到点样条路径一样，在中间位置也会发生加速度跳变，这可以由 $t=0.5$s 处的速度不一致进行识别。可以使用程序 *spline_ord3_CP* 进行 3 次样条插值。

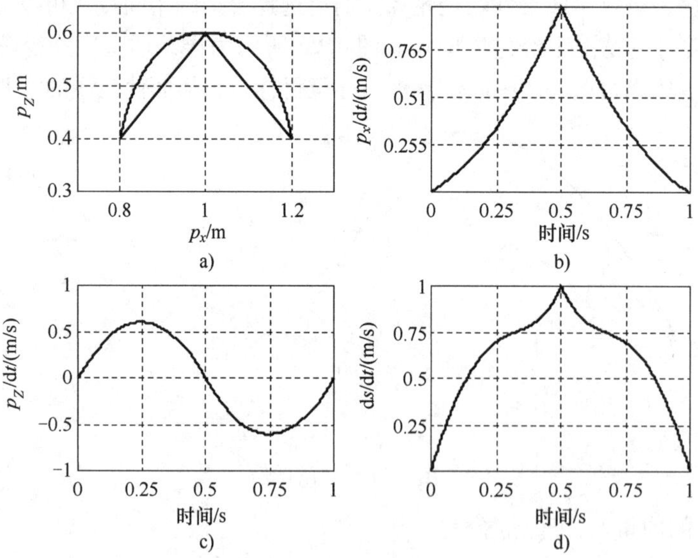

图 4.27　连续样条路径示例

为连续路径引入 5 次样条。根据式（4.62），可得

$$\begin{cases}\boldsymbol{p}(t)=\boldsymbol{a}_0+\boldsymbol{a}_1t+\boldsymbol{a}_2t^2+\boldsymbol{a}_3t^3+\boldsymbol{a}_4t^4+\boldsymbol{a}_5t^5,\\ \dot{\boldsymbol{p}}(t)=\boldsymbol{a}_1+2\boldsymbol{a}_2t+3\boldsymbol{a}_3t^2+4\boldsymbol{a}_4t^3+5\boldsymbol{a}_5t^4,\\ \ddot{\boldsymbol{p}}(t)=2\boldsymbol{a}_2+6\boldsymbol{a}_3t+12\boldsymbol{a}_4t^2+20\boldsymbol{a}_5t^3\end{cases} \tag{4.66}$$

可以得到以下边界条件

$$\boldsymbol{p}(0)=\boldsymbol{p}_{St},\ \boldsymbol{p}(t_e)=\boldsymbol{p}_Z,\ \dot{\boldsymbol{p}}(0)=\boldsymbol{v}_0,\ \dot{\boldsymbol{p}}(t_e)=\boldsymbol{v}_e,\ \ddot{\boldsymbol{p}}(0)=\boldsymbol{b}_0,\ \ddot{\boldsymbol{p}}(t_e)=\boldsymbol{b}_e \tag{4.67}$$

通过将边界条件代入式（4.66），可以得到

$$\boldsymbol{a}_0=\boldsymbol{p}_{St},\ \boldsymbol{a}_1=\boldsymbol{v}_0,\ \boldsymbol{a}_2=\boldsymbol{b}_0/2 \tag{4.68}$$

最后，通过插入路径段的选定时间跨度 t_e，得到

$$\begin{cases}\boldsymbol{a}_3=\dfrac{\boldsymbol{b}_e-3\boldsymbol{b}_0}{2t_e}-\dfrac{(4\boldsymbol{v}_e+6\boldsymbol{v}_0)}{t_e^2}+\dfrac{10(\boldsymbol{p}_Z-\boldsymbol{p}_{St})}{t_e^3}\\ \boldsymbol{a}_4=\dfrac{-2\boldsymbol{b}_e+3\boldsymbol{b}_0}{2t_e^2}+\dfrac{(7\boldsymbol{v}_e+8\boldsymbol{v}_0)}{t_e^3}-\dfrac{15}{t_e^4}(\boldsymbol{p}_Z-\boldsymbol{p}_{St})\\ \boldsymbol{a}_5=\dfrac{\boldsymbol{b}_e-\boldsymbol{b}_0}{2t_e^3}-\dfrac{(3\boldsymbol{v}_e+3\boldsymbol{v}_0)}{t_e^4}+\dfrac{6}{t_e^5}(\boldsymbol{p}_Z-\boldsymbol{p}_{St})\end{cases} \tag{4.69}$$

如何使用样条曲线生成轨迹，并选择合适的中间点以及相关的速度向量和加速度向量，点 $P_1 \sim P_8$ 的位置向量为

$$\boldsymbol{p}_1=(0.3\quad 0\quad 0)^{\mathrm{T}},\boldsymbol{p}_2=(0.5\quad 0.25\quad 0)^{\mathrm{T}},\boldsymbol{p}_3=(0.7\quad 0.2\quad 0)^{\mathrm{T}},\boldsymbol{p}_4=(0.85\quad 0.3\quad 0)^{\mathrm{T}}$$

$$\boldsymbol{p}_5=(1.05\quad 0.45\quad 0)^{\mathrm{T}},\boldsymbol{p}_6=(1.1\quad 0.3\quad 0)^{\mathrm{T}},\boldsymbol{p}_7=(1.1\quad 0\quad 0)^{\mathrm{T}},\boldsymbol{p}_8=(0.3\quad 0\quad 0)^{\mathrm{T}}$$

为了实现这个轨迹，点 P_2、P_3、P_4、P_5、P_6中的速度向量指定为绝对值 0.4。在点 P_1、点 P_7 和点 P_8 处，速度为 0。

$$\boldsymbol{v}_1=0,\boldsymbol{v}_2=(0.4\quad 0\quad 0)^{\mathrm{T}},\boldsymbol{v}_3=(0.4\quad 0\quad 0)^{\mathrm{T}},\boldsymbol{v}_4=(0.32\quad 0.24\quad 0)^{\mathrm{T}}$$

$$\boldsymbol{v}_5=(0.32\quad 0.24\quad 0)^{\mathrm{T}},\boldsymbol{v}_6=(0\quad -0.4\quad 0)^{\mathrm{T}},\boldsymbol{v}_7=\boldsymbol{v}_8=0$$

对于 $\boldsymbol{v}_4=\boldsymbol{v}_5=(0.4\cos\varphi_5\quad 0.4\sin\varphi_5\quad 0)^{\mathrm{T}}$，适用 $\varphi_5=\arctan\dfrac{p_{5y}-p_{4y}}{p_{5x}-p_{4x}}$。图 4.28 所示为 5 次样条示例。选择所有点的加速度向量为 0。路径段 i（从 P_i 到 P_{i+1}的行程）的运行时间为

$$t_{e1}=0.9\mathrm{s},t_{e2}=0.5\mathrm{s},t_{e3}=0.5\mathrm{s},t_{e4}=0.8\mathrm{s},t_{e5}=0.4\mathrm{s},t_{e6}=1.1\mathrm{s},t_{e7}=2\mathrm{s}$$

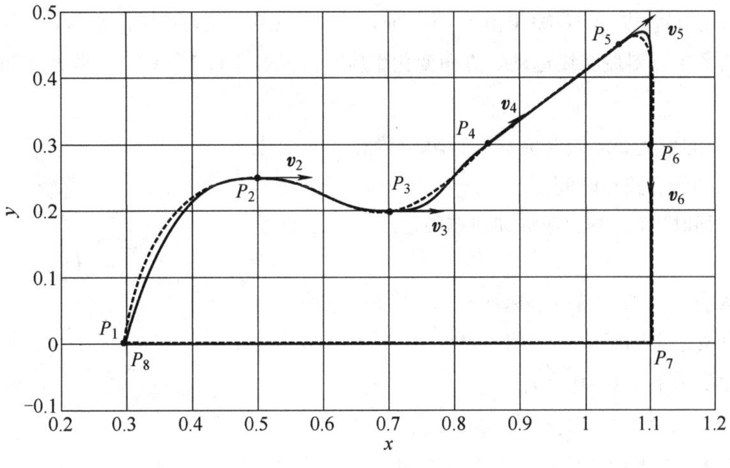

图 4.28　5 次样条示例

由图 4.28 可以看出，几乎达到了预期的路线。经验丰富的程序员可以通过适当更改速度向量、加速度向量和运行时间来更好地调整样条轨迹以适应所需的轨迹。例如，可以将 $\boldsymbol{v}_3$ 更多地向 P_4 转动，因为点 P_7 和点 P_8 的速度设置为 0，在点 P_7 和点 P_8 两点之间运行线性路径。几乎任何路径轮廓都可以用样条插补编程。

练习题

1. 对于使用正弦曲线的情况，请为第 4.2.7 节中的示例计算路径参数。可以使用 MATLAB-M-File *Interpolation_pl2* 在 *Interpolation* 路径上以图形方式显示路径。如果按照第 4.2.4 节（$T_Ipo = 0.01$s）进行校正，那么，正弦路径的路径时间会有什么变化？

2. 如果用户指定行程时间 t_e 和加速度 b_m 而不是 v_m 和 b_m，则请根据图 4.7a 绘制带所有必要信息的斜坡函数流程图。

3. 沿一条具有以下所示特殊加速度曲线的路径（见图 4.29）运动。对于 $v(0)=s(0)=0$，计算并绘制速度 $v(t)$ 和路径 $s(t)$。

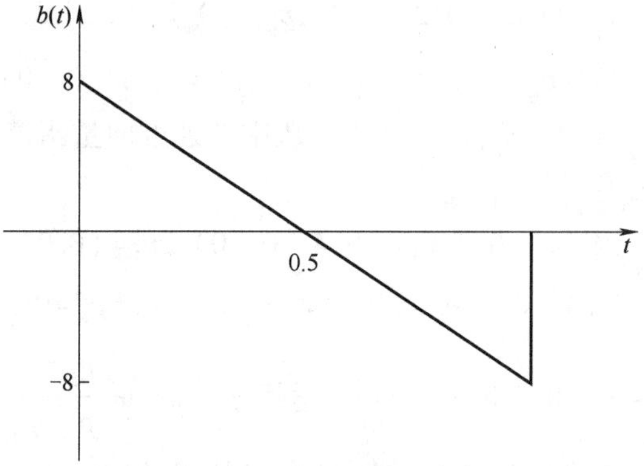

图 4.29　练习题 3 的附图

4. R6 关节臂机器人的执行器应从图 2.25 所示的位置坐标 $\boldsymbol{p}_{St}^{(0)}=[1.03, 0, 0.615]^{\mathrm{T}}$m 和欧拉角 $\boldsymbol{w}_{St}=[\pi/2, 0, \pi/2]^{\mathrm{T}}$ 移动到该位置 $\boldsymbol{p}_{Z}^{(0)}=[1.03, 0, 0.9]^{\mathrm{T}}$m，$\boldsymbol{w}_Z=[\pi/2, 0, 0]^{\mathrm{T}}$。工具中心点应以 1m/s 的速度和 2m/s^2 的加速度在直线路径中以斜坡曲线运动。方向变化也应在四元数中以 1.5m/s 的速度和 3m/s^2 的加速度在斜坡轮廓中进行。

1）位置和方向的变化必须同时完成。计算位置和方向变化的路径速度 v_p，v_w 和所有路径时间。

2）如果行进时间恰好为 1s，应该如何调整速度 v_p、v_w 以及加速度 b_p、b_w？

5. 工业机器人的 TCP 应在基本坐标系 y_0-z_0 平面中移动一个完整的圆，该圆由两个半圆组成（见图 4.30）。半径 R 为 0.1m。绘制的位置向量在基本坐标系中给出：

$$\boldsymbol{r}_1=[-0.5, -0.05, -0.95]^{\mathrm{T}}\mathrm{m}, \boldsymbol{r}_2=[-0.5, r_{2y}, -0.95]^{\mathrm{T}}\mathrm{m}$$

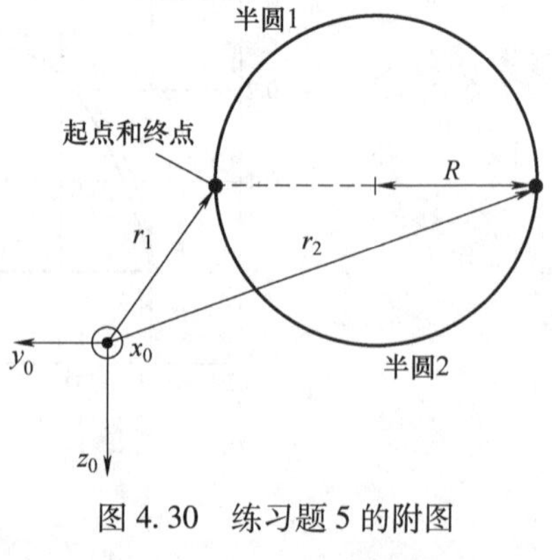

图 4.30　练习题 5 的附图

1）给出 r_{2y} 两个半圆的起始位置、辅助位置和目标位置的位置向量及 K_0。

2）为每个半圆定义一个辅助坐标系 K_{C1} 或 K_{C2}，并确定齐次矩阵${}^{C1}_{0}\boldsymbol{T}$和${}^{C2}_{0}\boldsymbol{T}$。

3）如果每个半圆以 $v_c=2\text{m/s}$ 和 $b_c=5\text{m/s}^2$ 的正弦曲线移动，则整个路径将持续多长时间？

6. 点到点控制的速度循环在主动轴速度值降至编程速度的 5%以下的时间点开始。主动轴以 2.5rad/s^2 的加速度和 90rad/s 的编程速度以斜坡路径移动 90°角。从路径段的起点开始在什么时间点开始平滑？

7. 一个关节角度应在 0.5s 内从 $q_A=0$ 移到另一个角度 $q_B=\pi/4$，然后在 0.5s 内移至另一个角度 $q_C=\pi/2$。对于 q_A 和 q_C，关节应处于静止状态。

1）中间角度 q_B 应该以点到点样条路径以速度 1rad/s 移动。请为两个路径段输入参数 a_2 和 a_3。

2）如果在第一路径段中角加速度是恒定的，那么经过 q_B 时发生的速度是什么？在这种情况下，计算并绘制整个路径随时间变化的角加速度和角速度。

3）使用 MATLAB-M 文件 *spline_ord3_PTP* 绘制插值的角度和角速度测试曲线。

8. 对于第 4.4.4 节中的例子，给出两个路径段的向量 $\boldsymbol{a}_0$、$\boldsymbol{a}_1$、$\boldsymbol{a}_2$、$\boldsymbol{a}_3$。以下条件成立：速度向量 $\boldsymbol{v}_{e1}=\boldsymbol{v}_{e2}$ 从起点指向到目标点。以 Interpolation 路径中的 MATLAB M-文件 *spline_ord3_CP* 测试该示例改变速度向量 $\boldsymbol{v}_{e1}=\boldsymbol{v}_{e2}$的方向对路径的影响（例如速度向量从起点指向目标点）。

9. 第 4.4.4 节中的第一个例子现在用 5 次样条来运行。现在所有支点的加速度都应为 0。计算第一个路径段的向量 $\boldsymbol{a}_0$、$\boldsymbol{a}_1$、$\boldsymbol{a}_2$、$\boldsymbol{a}_3$、$\boldsymbol{a}_4$、$\boldsymbol{a}_5$，并使用程序 *spline_ord5_CP* 进行模拟。为什么使用两条线性路径比 3 次样条移动的路径距离更远一些？

第 5 章　机器人编程

机器人编程环境是人机单元（HMU）的重要组成部分。该界面能够使用户利用指令来驱动机器人执行必要的动作来完成一个任务。在编程过程的最后，形成一个机器人程序，其中包含控制命令（指令），并且可以由工业机器人任意执行。

机器人程序可以理解为是使工业机器人执行任务的一系列控制命令。也可以将机器人控制器上的大量操作功能分配给机器人编程环境。该操作包括以下内容：

1）使用密码登录，管理用户列表等。

2）程序管理：从存储介质或个人计算机读取程序、归档程序、更改程序名称等。

3）程序编辑。

4）选择操作模式：测试模式（命令的逐步处理）或机器人模式（程序的自动处理），启动和停止程序，同步机器人（通过移动到参考位置，关节坐标的增量测量值与机器人位置相匹配），激活各种信息。

5）覆写：手动覆写编程速度。

这些操作可以使用编程器上的功能键或直接在控制柜上进行。

编程系统的核心是整个工业机器人系统的硬件和软件，它为用户提供了生成、校正和测试运动程序的功能和命令。编程系统是用户能够以合适的方式使用运动序列各种选项的先决条件。是否执行以及执行了哪些编程的部分运动，可以根据工业机器人工作环境中的外部条件来确定。外围二进制信号，例如加工机完成任务通知、转盘位置正确、夹紧装置闭合、存放空间可用等会影响运动的顺序。在某些控件中，可以根据指定的路径条件用二进制信号控制其他外围设备。另外，还有许多可用的传感器接口。可以根据传感器信息来修改程序和移动顺序。

根据要执行的任务类型，用户可以通过不同的方式创建必要的控制指令（命令）。图 5.1 所示为机器人编程的类型。

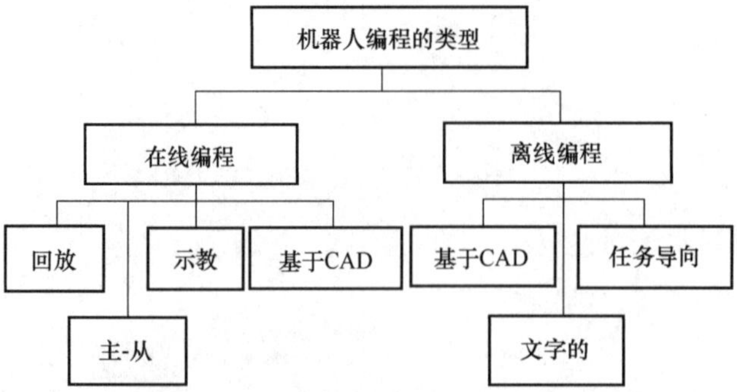

图 5.1　机器人编程的类型

5.1 在线机器人编程

在线编程或直接编程可以直接在生产环境中使用工业机器人的地点进行。在技术设备的帮助下，工业机器人被手动引导到目标位置或沿着机器人操作中应该遵循的运动路径，即在工作过程中移动。这些方法也可以简称为演示编程。

5.1.1 示教编程

通过示教编程，编程人员将带有编程设备（示教面板）的工业机器人移动到目标位置。图 5.2 所示为手持编程器和示教编程中的操作员。

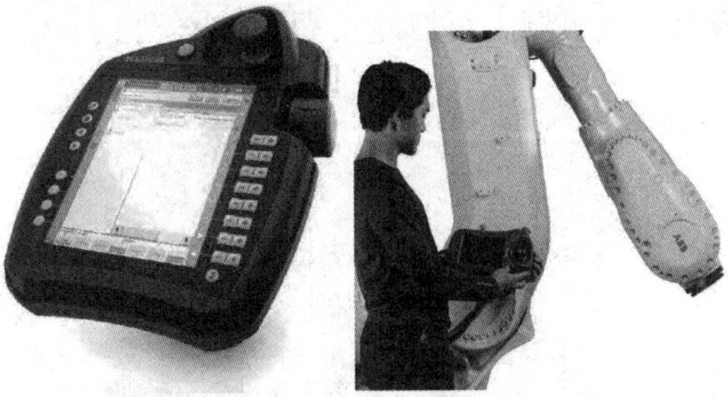

a）手持编程器（库卡机器人公司） b）示教编程中的操作员（ABB 机器人公司）

图 5.2 手持编程器和示教编程中的操作员

通过按下相应的按钮，可以移动各个关节轴以达到目标位置（在机器人坐标系中示教）。也可以在笛卡儿参考系统中进行示教。当在手持编程器上按下按键时，执行器将沿参考坐标系的笛卡儿坐标轴方向移动。可以选择静止的笛卡儿坐标系（世界坐标系）或工具坐标系作为参考系，也可以使用手持编程器上的组合键或相应坐标系来更改执行器的方向。通常一个欧拉角是通过按下一个按钮来控制的。如果使用 Z-Y-X 欧拉角，并且预先选择了工具坐标系作为参考坐标系，可以通过按下对应的欧拉角 A 的键围绕 z_W 进行旋转，相应地，可以使用欧拉角 B 绕刀具坐标系 y_W 轴旋转，而使用 C 围绕刀具坐标系 x_W 轴旋转。

一些制造商提供6D 鼠标编程。6D 鼠标可连接到手持编程器，可以在笛卡儿坐标系中直观地移动执行器。鼠标在某个方向上的平移引导会使执行器在相应的方向上移动。绕轴旋转 6D 鼠标会在工具坐标系中引起关联的旋转运动。可以同时在不同的轴上执行运动，也可以锁定单个轴。移动速度与鼠标在相应轴方向上的偏转成比例。

如果通过示教过程已达到所需的目标位置，则在手持编程器上定义的组合键会在该位置启动关节坐标的测量和存储。如有必要，可以使用正变换来计算和保存 TCP 的笛卡儿坐标以及工具的方向。根据控制器制造商的不同，给目标指定一个序数或一个符号名称。如果已经明确了工作任务的所有必要目标，则可以定义在机器人模式下应使用哪种路径和插补类型在两个目标之间移动。该定义与在机器人坐标系或参考系统坐标系中的示教中是否逼近目标位置无关。但是，可以想象只有在工作环境中存在相应的条件时，某些运动指令才有意义。

只有当工件被送料装置送入一个特殊的存储区域并且已报告给控制系统时，才应执行用于在夹具中拾取工件的程序部分。出于这个原因，还可以在手持编程器上插入带有功能键的程序序列指令，这些功能键根据来自外围设备的二进制信号来更改程序序列。在通过示教进行编程的最后形成一个程序，机器人可以根据需要执行该程序。

5.1.2 回放编程

在线编程过程还包括回放编程或后续编程。在回放编程过程中，执行器沿着要驱动的路径由手动方式移动。在规定的短时间间隔，例如插补距离 T_Ipo，测量关节坐标并保存为设定值。手动引导是通过执行器附近的手柄完成的（见图 5.3）。只有少数几个轻型机器人才能在驱动器关闭时由操作员直接施加力来引导工业机器人。否则，控制器必须以某种方式控制驱动器，即至少部分补偿抵抗预期运动的反作用力/力矩。这些相反的力/力矩主要是由摩擦、重力和惯性引起的。回放编程的一个重要应用领域是复杂自由曲面的涂装。喷枪的运动只能通过分析轨迹来描述，既困难又费时。一位经验丰富的油漆工以所需的连续形式和所需的速度手动引导喷涂机器人，该机器人可以毫不费力地移动。

图 5.3　操作员在进行回放编程

5.1.3 主-从编程

与回放编程非常相似的是使用机器人手臂进行的主-从编程，其原理如图 5.4 所示。在编程过程中，用移动操作臂（主动臂）来指定运动。该指定运动由工作臂（从动臂）进行。机器人手臂系统的工作臂也可以是工业机器人。如果操作臂的运动学结构与工作臂相似，则可以使用操作臂的关节坐标来控制运动。也可以根据操作臂的关节坐标来计算世界坐标，并将其用作工作臂的模拟。在这种情况下，可以缩放运动模拟，以便对运动进行非常精确的编程。例如，用于确定工作臂运动的操作侧的路径变化减小到 1/5，以便能够精确地确定运动。

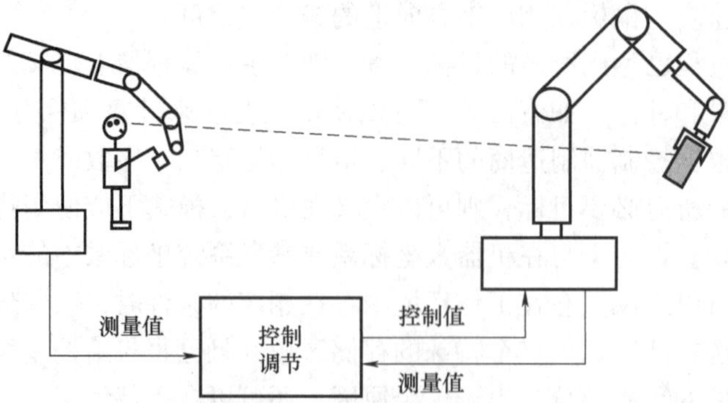

图 5.4　主-从编程原理

这种方法的优点是运动模拟简单明了，缺点是控制工作量较大和附加的成本较高。作为操作臂，其在工作空间方面适配于人类的运动学，与工作臂相似，可以毫不费力地移动，也可以使用操作臂通过不同的运动学结构来控制工作臂，并且以此来编程（见文献/5.7/、文献/5.10/、文献/5.16/）。

主-从编程方法通过远程操纵或远程操作而广为人知。这些技术已归类为远程机器人技术（见文献/5.10/）。大多数应用可以在医疗技术和太空技术中找到（见文献/5.3/和文献/5.13/）。与主-从编程一样，在进行远程操纵时，外科医生使用操作臂为工作臂生成即时同步运动模拟，该模拟直接用于执行工作。这些方法主要用于操作员难以或危险地留在机器人或工作臂附近，以及必须执行意外或无法先验确定的工作过程时，在医疗技术方面，使用该技术对于病人具有可以预期的优势的情况下。在微创手术中使用机器人手臂时，外科医生通过操作臂指定动作来执行手术干预，在此需要外科医生的经验。这些方法不算在机器人编程方法中，因为通常不存储关节坐标、不重复运动顺序。

5.2 离线编程

在线编程的主要优点是无须掌握编程语言知识，并且由于可以直接看到工作环境，因此可以精确地指定运动规范；在线编程的主要缺点是工业机器人在生产编程期间不可用，并且当前的传感器信息无法用于修改工作流程。

而离线编程避免了以上在线编程的缺点。离线编程的特点是无须使用工业机器人即可在个人计算机上创建程序。在不关闭生产设备的情况下，将尽可能多地测试运动和工作过程。机器人工作单元中未考虑的过程、工具和工件的公差以及机器人手臂的长度公差可能导致离线创建的程序无法正常工作。为了利用在线编程和离线编程的优势，通常采用混合编程的方法。离线创建机器人程序，然后在机器人上逐步执行该程序，并在线校正目标。或者离线创建具有程序结构的框架程序（循环、分支、路径类型、速度等），但目标位置仍通过示教在线定义在工作单元中，然后插入到机器人程序中。

在离线编程中，纯文本编程、图形交互编程或基于 CAD 的编程与面向任务的编程之间有所不同。

5.2.1 面向问题编程语言中的文本编程

在文本编程的情况下，使用面向问题的编程语言，其中包含适当的运动命令和编程选项，以便指定运动顺序。程序创建可以通过以文本形式输入带有适当参数的命令来实现。原则上，可以在常规文本编辑器中编写程序。由于在输入程序时会出现键入错误和语法错误，并且程序创建会延迟，因此机器人制造商提供了支持用户的编程系统。通过使用鼠标单击命令，可以在对话框中生成命令。这些文本编程系统通常包括对语法和语义的自动检查，以便在将程序转移到机器人控制器之前可以检测到程序中的错误（如 ABB 的 ProgramMaker、KUKA 的 OfficeLite 等）。

一些机器人制造商提供的应用程序在计算机屏幕上以照片般逼真的表示方式显示编程器（如 ABB 的 Flex Pendant、KUKA 的 OfficeLite）。作为用户，可以选择真实机器人上所有可用的功能。这增加了离线编程系统的接受度，因为工人可以使用它在生产环境中习惯的工具上进行编程，而不必学习新的编程语言。

5.2.2 图形交互/基于 CAD 的编程

尽管混合编程具有优势，但目标仍然是尽可能真实地进行离线编程，以减少耗时的后期示教，因为在此期间机器人系统不可用于生产。除尺寸公差外，如果程序员未完全考虑环境障碍和其他几何关系，则会发生编程错误。图形支持系统可以在这里提供帮助。在 CAD 环境中，模拟包含机器人、工件、外围设备等的完整工作单元，并且程序员可以在这个虚拟环境中进行操作并保存目标（在虚拟世界中进行示教）。或者在这个虚拟世界中执行一个机器人程序，可以检查机器人是否至少可以在此仿真环境中管理任务。这种功能强大的工具通常称为离线编程系统（OLP 系统）。这些系统也可以称为图形仿真系统。

图 5.5（见文献/5.12/）所示为使用光学跟踪系统记录路径的系统结构，是一种离线编程。实际工件上的路径由 6D 指针指定，并由跟踪器记录。机器人的运动可以同时被模拟和可视化。如果用户发出的姿态不在机器人的工作区域内，或者到奇异位置的距离小于阈值，则会生成声音信号，并传输到操作员的耳机，以便操作者可以修改路径。这意味着操作者可以在编程过程中专注于处理工作，生成可执行的机器人路径，从而大大缩短后处理时间，进而缩短设置时间。

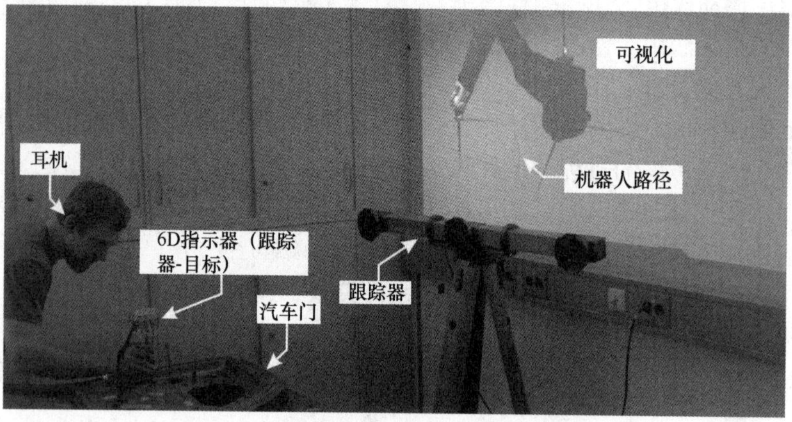

图 5.5　使用光学跟踪系统记录路径的系统结构

5.2.3 面向任务的编程

在迄今为止讨论的编程方法中，文本编程明确定义了机器人必须如何执行运动。无论当前环境如何，机器人都会执行指定的动作。来自外围设备的二进制信号的反应是例外，但是仅会导致等待状态或选择已定义的路径，这种编程类型称为显式编程或面向机器人的编程（见文献/5.1/）。

在传感器（视觉、触觉）的帮助下，可以尝试为机器人控制器提供更大的灵活性。例如，将销子插入设置的套筒中，但套筒在空间中的位置尚不完全清楚。用图像处理程序测量套筒在空间中的位置，并根据指定的参数（速度等）生成路径。插入销子后，将使用来自力/力矩传感器的信息，以通过较小的路径校正以避免倾斜和过大的力出现。

这种类型的编程在更高的级别上进行。机器人系统应该自动执行所谓的运动和动作基元（见文献/5.11/）。任务由程序员指定，机器人控制器具有部分自主权。没有明确定义机器人必须如何移动，但是明确定义了应该做什么。编程成为面向目标的任务描述，这就是隐式编程（见文献/5.1/）或面向任务的编程（见文献/5.2/和文献/5.4/）。

1）传感器集成：用于快速读入传感器信号的接口，以及用于处理这些信号的编程选项。

2）环境模型，如必须描述位于机器人单元中机器的几何形状、位置和其他属性。

3）行动计划系统规定如何将任务分解为各个步骤。

4）机器人动作与环境条件的协调。

5）任务转换器生成明确的机器人指令的自动编程系统。

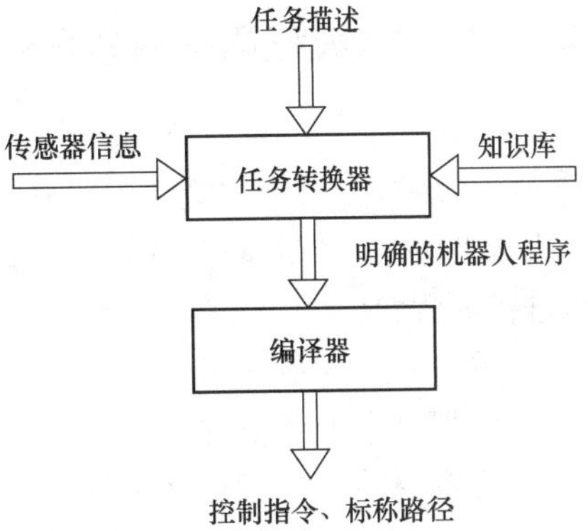

图5.6　面向任务的编程过程

图5.6所示为面向任务的编程过程。任务转换器根据任务描述生成一个明确的机器人程序，该任务是由用户/程序员以定义的形式在相对较高的抽象水平上创建的。任务转换器使用环境模型、行动计划系统和同步规则提供的信息。当前传感器信息也被处理，以便生成适合于当前环境状态的运动命令。编译器执行插值并提供控制指令和目标路径，作为调节的目标值。

在工业实践中，针对个别任务解决了面向任务编程中的解决方案。但是，如何设计各种接口和组件的定义仍然是研究的主题。

5.3　机器人编程语言

在20世纪70年代末开始使用工业机器人时，机器人程序由一组关节坐标组成，这些关节坐标使用回放或主-从方法记录并保存在时间光栅中，或者由目标组成由示教定义，并在机器人模式下一个接一个地启动。通过带有功能键的手持式编程器只能进行少数值的设置，例如两点之间的移动速度。使用这些简单的回放或点到点控制，仅可能执行相对简单的任务，例如点焊或装备机器。随着时间的推移，这些程序已得到进一步的发展。然后可以编程并运行连续路径运动，例如线性路径和圆弧路径，从而也可以处理复杂的任务，如轨迹焊接。

刚开始，与机器人单元的外围设备或更高级别的控件和个人计算机的通信是完全不可能的，仅可通过数字输入和输出进行。在当今的机器人编程和控制环境中，可以通过模拟和数字输入和输出以及串行接口，各种现场总线（如设备网、串行实时通信协议或程序总线网络）或以太网控制自动化技术进行通信。原则上可以处理传感器数据并控制外围设备。数据可以发送到打印机或个人计算机。

第一种基于文本的机器人编程语言是在研究机构中开发的，常用的是汇编语言（AL）。这项工作产生了第一批商业机器人编程语言。对于PUMA机器人，1979年出现了维克多汇编语言（VAL），1984年出现了改进的VAL II版本，其中包含汇编语言的许多概念。IBM还开发了一些语言，例如 AUTOPASS 和自动化制造语言（AML）。这些编程语言并没有流行起来。每个工业机器人制造商通常使用针对各自机器人量身定制的机器人编程语言。根据德国标准化学会标准 66312（见文献/5.7/）使用高级语言工业机器人语言（IRL）进行标准化的尝试失败了。该标准几乎没有被相关行业使用，并于 2007 年取消。重要的语言是库卡的 KRL、ABB 的 RAPID、发那科的 KAREL 和史陶比尔的 VAL3。

5.3.1 机器人编程语言的语言要素

诸如 C 语言或 Java 之类的科学编程语言由语言元素或指令类别（命令组、命令类型）组成。除了编程语言的常规组件之外，机器人编程语言还必须包含特殊指令。使用工业机器人从机床上取下工件并将其放置在传送带上应被视为必要语言元素的示例。必须对以下工作流程进行编程：

1）等到机床完成对工件的加工。

2）用抓持器取下工件。

3）在存储位置附近移动工件。

4）在外部传感器报告放置位置空闲后，放置工件。

5）向控制整个过程的可编程序控制器报告工件放置已完成。

除了通用编程语言的命令之外，大多数必要的语言元素都可以从这个简单的例子中推导出来。它们分别是：

1）一个或多个机器人和附加轴的运动指令。

2）技术控制命令，如工具、抓持器等的控制。

3）用于查询外部传感器和其他外围设备的命令。

4）程序序列控制命令，根据外部二进制信号或传感器信息、程序序列被改变。

5）用于数据、信号输入和输出的通信命令。

6）用于处理机器人特定数据类型的命令，如向量、旋转矩阵和齐次矩阵。

7）中断处理命令。

8）用于与其他进程通信和同步的命令。

特别用于处理机器人特定数据类型的运动指令和命令是专门为工业机器人开发的。

1. 运动指令

为了执行任务，机器人手臂通常必须移动到目标位置，以便执行器执行动作，或它必须以定义的速度和方向在空间中沿一条路径移动。为此，必须提供机器人编程语言中与处理运动类型相对应的命令。KUKA 的 KRL 编程语言中针对各种运动类型的最重要命令（见文献/5.14/）有点到点、直线、圆弧、样条线。

点到点路径（点到点命令）作为完全同步的点到点来运行。可以使用命令 VEL_AXIS 和 ACC_AXIS 将速度和加速度指定为可能的最大轴速度和加速度的百分比，定义位姿时会提供此信息。

使用 LIN、CIRC 和 SPLINE 等命令激活路径控制。样条路径中的中间位姿由 SPL 命令指定。如果起始位置的方向与目标位置的方向不同，则在移动到目标位置的过程中会跟踪该方向。TCP 在空间中的速度和加速度可以在属性信息中定义，例如通过连续路径如何接近位姿，也可以通过诸如 VEL_CP 或 ACC_CP 之类的命令来定义。但是，预设速度可以被所谓的覆写（系统变量 $ OV_PRO，指定为所定义速度的百分比）覆盖。

可以为点到点和连续路径定义平滑过渡。例如，对于 CP 路径，命令 C_DIS 可用于在下一个路径点周围放置一个平滑过渡圆球，而命令 C_VEL 可用于定义平滑过渡开始圆角的速度阈值。

2. 用于处理机器人特定数据类型的命令

可以通过指定关节坐标或笛卡儿坐标来定义位姿。在库卡的 KRL 编程语言中，使用 AXIS 数据类型为滑动接头定义 6 个值以用于关节角度或滑动长度。E6AXIS 数据类型还可以用于定义最多 6 个附加轴的值。数据类型 FRAME 包含工具中心点的 x 坐标、y 坐标和 z 坐标以及 3 个欧拉角 A、B 和 C，它们与一个坐标系有关，通常是世界坐标系或工具坐标系。可以通过添加到已经定义的位姿来指定相对位移。有可用于向量的加法、减法、生成绝对值等命令。

5.3.2 示例程序

图 5.7 所示为库卡的 KRL 语言编程示例。将要运行的路径，其中目标位置 P1、P2、P3、P4、P5 和 P6 已经通过示教给出或在程序的另一部分中定义。第一个移动命令是点到点命令。该命令还定义了在有几种可能性可以接近目标位姿时选择哪一个路径。从起始位置到点 P2 的移动是通过完全同步的点到点路径进行的。该路径是默认值。有关速度和加速度的信息在定义 PDAT2 位姿时会获取。所选速度为 100%，即应遵守预定义速度。现在通过线性路径逼近 P3 位姿，运动的属性在 CPDATA2 中已定义。显示参考坐标系，并显示工具中心点在线性路径上以最大 2m/s 的速度移动。以下等待命令使运动暂停，直到外围设备设置二进制输入的第 8 位。在这种情况下，它通过辅助点 P4~P6 在圆弧路径上移动。在 CPDAT3 中定义的运动属性中，指定了比如执行器的方向从起始位姿到目标位姿的连续变化（设置：ORI_TYPE #VAR）。最后一个路径段显示样条插值。通过插值点 P6、P7 和 P8 到达起始位置 P2。如果在位姿 P1、P2、P3 和 P5 中未定义任何平滑运动，则将停止这些位置。与此相反，位姿 P6、P7 和 P8 中的样条路径速度不为 0。

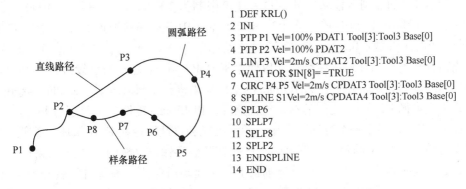

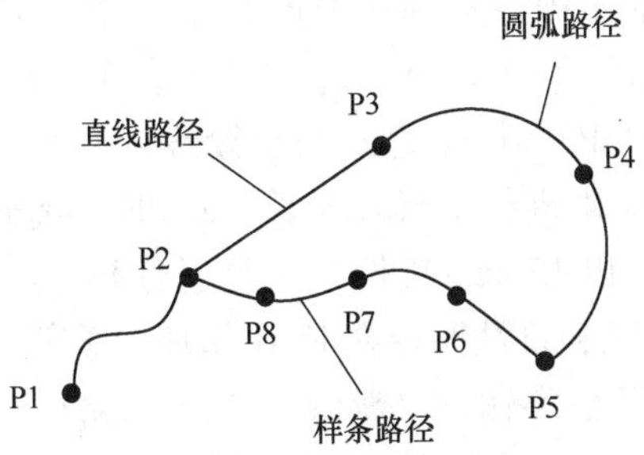


```
DEF KRL()
INI
PTP P1 Vel=100% PDAT1 Tool[3]:Tool3 Base[0]
PTP P2 Vel=100% PDAT2
LIN P3 Vel=2m/s CPDAT2 Tool[3]:Tool3 Base[0]
WAIT FOR $IN[8]= =TRUE
CIRC P4 P5 Vel=2m/s CPDAT3 Tool[3]:Tool3 Base[0]
SPLINE S1Vel=2m/s CPDATA4 Tool[3]:Tool3 Base[0]
SPLP6
SPLP7
SPLP8
SPLP2
ENDSPLINE
END
```

图 5.7　库卡的 KRL 语言编程示例

达姆施塔特应用技术大学机器人中心为集成控制和仿真环境程序系统 ManDy（机器人手臂动力学）创建了一个单独的、非常简单的编程界面。编程是由带有图形支持的菜单驱动的。可以通过选择按钮来激活移动命令。图 5.8 所示为 ManDy 中的编程示例。

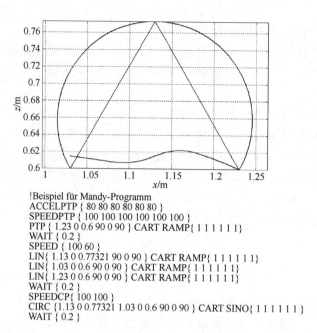

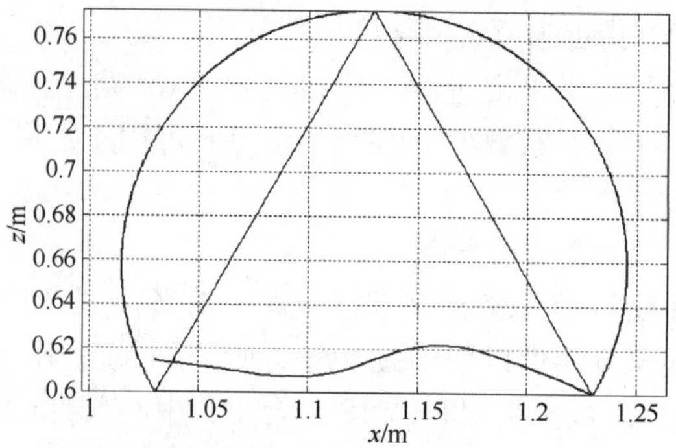


```
!Beispiel für Mandy-Programm
ACCELPTP { 80 80 80 80 80 80 }
SPEEDPTP { 100 100 100 100 100 100 }
PTP { 1.23 0 0.6 90 0 90 } CART RAMP{ 1 1 1 1 1 1}
WAIT { 0.2 }
SPEED { 100 60 }
LIN{ 1.13 0 0.77321 90 0 90 } CART RAMP{ 1 1 1 1 1 1}
LIN{ 1.03 0 0.6 90 0 90 } CART RAMP{ 1 1 1 1 1 1}
LIN{ 1.23 0 0.6 90 0 90 } CART RAMP{ 1 1 1 1 1 1}
WAIT { 0.2 }
SPEEDCP{ 100 100 }
CIRC {1.13 0 0.77321 1.03 0 0.6 90 0 90 } CART SINO{ 1 1 1 1 1 1 }
WAIT { 0.2 }
```

图 5.8　ManDy 中的编程示例

将所有关节的点到点速度设置为存储最大值的 80%，并将点到点加速度设置为存储最大值的 100%。使用异步点到点斜坡路径从基本位置移动到起始位置，坐标 $x_0 = 1.23\text{m}$、$y_0 = 0$、$z_0 = 0.6\text{m}$。在世界坐标系中指定目标点，控制系统使用逆变换计算与该位置关联的角度，然后对点到点路径进行插值。方向暂时保持与起始位置相同。可以看出，工具中心点在空间中的运动是事先未知的。设置 0.2s 的编程等待时间，在该时间段内，控制器可调节与第一目标位置的任何偏差。随后是三个线性路径，这些路径导致执行器沿三角形边沿的方向移动。最后，沿着圆弧路径，以三角形的上角为辅助点，右下角为目标点移动。欧拉角 C 从 90°变为 0°，即抓持器朝向目标方向向上的 z_0 轴。

图 5.9 所示为 ABB RAPID 编程语言的程序示例。程序从初始位置（PHome）开始。第一步是到点 P1 的点到点移动（MoveJ）。速度限制为 1000mm/s（参数：v1000）。随后是 4 个线性运动（MoveL）到点 P2、点 P3、点 P4 和点 P1。精确接近点 P2，这意味着 TCP 在点 P2 处于静止（参数：fine）。点 P3 通过连续路径平滑逼近，即在从 P2～P3 的连接上，TCP 偏离目标点附近的计划线性路径，以便平滑到 P3 和 P4 之间的后续线性路径。两个直线运动之间的方向和定位在半径为 100mm 的平滑球内进行平滑（参数：z100）。离开平滑球时，TCP 再次遵循 P3 和 P4 之间的指定线性路径。以 150mm 的圆角半径逼近 P4 点，然后精确地逼近 P1 点。在最后一个程序部分中，圆弧路径和线性路径在 FOR 循环中重复 3 次。在圆周运动之前，会有 1s 的暂停（WaitTime）并打开数字输出（SetDO）。圆弧路径后还有 1s 的暂停，数字输出再次关闭。一旦所有轴在上一次运动后停止，等待时间就开始了（参数：Inpos）。圆弧路径的圆弧由运动起点 P1、目标点 P2 和圆 PC 上的中间点定义。在圆弧运动之后，线性返回到点 P1。

所有移动命令都针对所选工具（tool0）的坐标系执行。这里需要注意的是，换刀时关节空间的运动也会相应地改变。因此，需要特别注意避免碰撞。目标位姿已通过示教或先前的计算定义为位置数据 robtarget（用于定义机器人手臂和附加轴的位置）类型的变量。使用

```
                            位置                  方向                      配置           附加轴
MODULE ProgABB
  VAR robtarget P1:=[[464,-530,300],[0.032268,-0.17462,0.98179,-0.067386],[-1,-1,-1,0],[9E+09,9E+09,9E+09,9E+09,9E+09,9E+09]];
  VAR robtarget P2:=[[464, 430,300],[0.032267,-0.17462,0.98179,-0.067386],[0,-1,0,0],  [9E+09,9E+09,9E+09,9E+09,9E+09,9E+09]];
  VAR robtarget P3:=[[464, 430,660],[0.032269,-0.17462,0.98179,-0.067388],[0,-1,0,0],  [9E+09,9E+09,9E+09,9E+09,9E+09,9E+09]];
  VAR robtarget P4:=[[464,-530,660],[0.032268,-0.17462,0.98179,-0.067384],[-1,-1,-1,0],[9E+09,9E+09,9E+09,9E+09,9E+09,9E+09]];
  VAR robtarget PC:=[[464,-50, 500],[0.032195,-0.17487,0.98178,-0.066944],[-1,-1,-1,0],[9E+09,9E+09,9E+09,9E+09,9E+09,9E+09]];
  VAR num i := 0;
  PROC Routine1()
      MoveJ P1, v1000, fine, tool0;
      MoveL P2, vmax, fine, tool0;
      MoveL P3, vmax, z100, tool0;
      MoveL P4, vmax, z150, tool0;
      MoveL P1, vmax, fine, tool0;
      FOR i FROM 1 TO 3 DO
            WaitTime \Inpos, 1;
            SetDO DO10_10, 1;
            MoveC PC, P2, vmax, z10, tool0;
            WaitTime \Inpos, 1;
            SetDO DO10_10, 0;
            MoveL P1, vmax, fine, tool0;
      ENDFOR
  ENDPROC
ENDMODULE
```

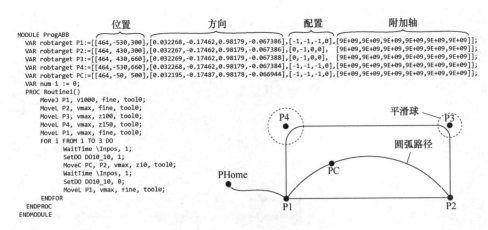

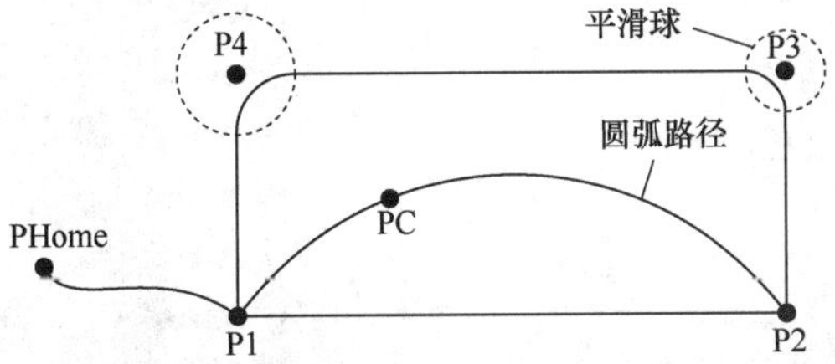

图 5.9　ABB RAPID 编程语言的程序示例

此机器人控制器，方向以四元数给出：与其他机器人控制器经常使用的欧拉角相比，四元数的方向由旋转角和旋转轴定义。此外，为每个 robtarget 保存机器人手臂配置，因为可以通过不同的轴角组合来实现位姿。根据某些关节的零位，配置决定了各个关节角度位于哪个象限（见文献/5.5/）。通过这种方式，可以在关节级别定义明确的首选配置。每个 robtarget 还保存可选附加轴的位置。数值 9+E09 定义未使用的轴。

5.4　通过图形模拟进行编程支持

在离线编程中，程序员必须一方面掌握编程语言，另一方面更高程度地抽象机器人的工作任务，因为程序员不能直接观察工作环境和机器人的动作。利用支持图形化的系统可以避免这个缺点，在图形化系统中，机器人的运动可视化（包括工作单元中的环境条件和过程），此技术也称为计算机辅助机器人（CAR）。模拟系统可以分为两类：使用特殊的机器人编程语言并可以模拟来自不同制造商的工业机器人的通用模拟系统，以及由机器人制造商专门为其工业机器人提供的模拟系统。通用仿真系统如 Process Simulate、RobotExpert 和 Robcad，它们是产品生命周期管理（PLM）软件 Tecnomatix（见文献/5.17/）的组件。Easy-Rob（见文献/5.9/）是一种相对便宜的产品，它可以对多个机器人和外围设备进行建模和仿真。

作为制造商特定的仿真和编程工具的示例，此处简要介绍库卡的高级离线编程 KUKA. Sim Pro（见文献/5.18/）。KUKA. Sim Pro 包含 KUKA OfficeLite 虚拟机器人控制器。使用 KUKA OfficeLite 可以进行离线编程。机器人与导入的系统零件 CAD 模型可以一起实现可视化。图 5.10 所示为库卡 OfficeLite 用户界面和 KUKA. Sim Pro 的虚拟工作环境。用户可以示教虚拟世界中的位姿并对其进行后期处理。与使用 PHG 进行在线编程一样，使用相同的控制功能输入程序并创建程序。编程后，可以在 KUKA. Sim Pro 中可视化工作流程，进行碰撞检查，并在必要时对程序进行修改。编程的另一个帮助是增强现实。在此，用相机记录真实的机器人工作环境中的对象（如工件）并显示在模拟环境中，然后可以将编程的路径和其他信息以图形方式叠加在此图像上。

所创建的程序可以直接传输到真正的关节机器人控制器并执行。由于可以按惯用的方式工作，因此这种类型的编程提高了脱机进行编程的意愿。

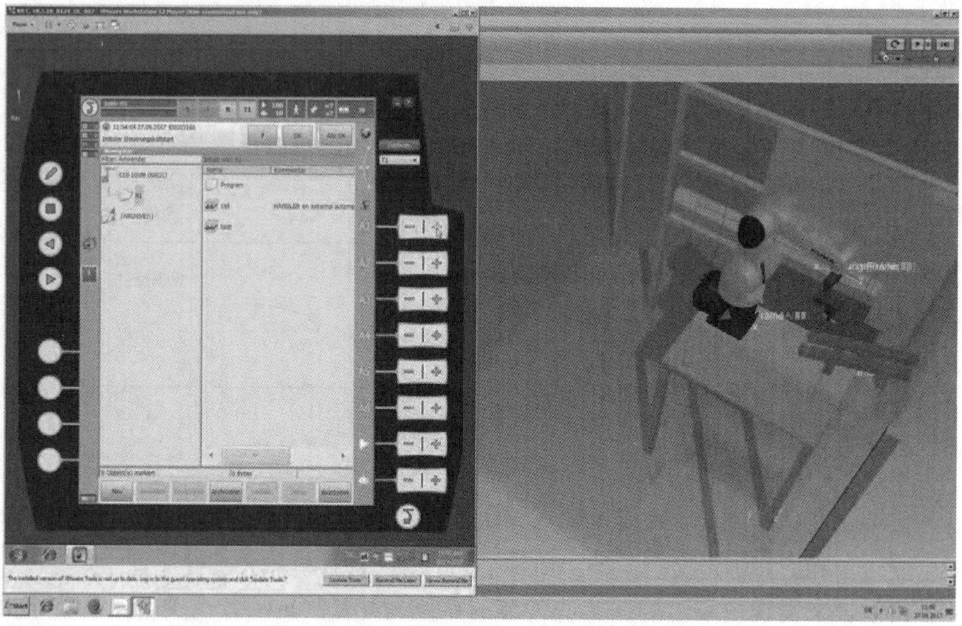

图 5.10　库卡 OfficeLite 用户界面和 KUKA. Sim Pro 的虚拟工作环境（库卡公司工作图片）

机器人控制器的模拟行为通常与现实存在以下几点不同。

1. 路径规划和后处理器

使用通用仿真工具时，在将程序下载到机器人控制器之前，需要使用后处理器将程序翻译为机器人专用的编程语言。在实际控件上执行程序时，可能导致与仿真路径的偏差。即使机器人仿真系统的移动命令在结构和信息上与机器人制造商的相同，也会由于后台运行不同的路径规划算法而产生偏差，例如，不同的方向调整、路径规划和逆变换。

2. 机器人控制器的输入接口和输出接口

机器人控制器的输入和输出的仿真特别重要。由于每个机器人制造商在其控制中使用不同的算法，因此无法由仿真程序的制造商对输入接口和输出接口进行完整的仿真。在模拟周期时间（执行定义的工作过程的时间跨度）时，可能会出现相当大的偏差。

3. 几何模型中的错误

由于制造偏差，通常也不会重现由于温度变化或接头弹性而产生的外部影响。

4. 控制行为的模拟缺失或不精确

偏差的另一个原因是控制属性的缺乏或不准确的复制。在仿真系统中，机器人通常是一个无质量的物体，它精确地遵循所有指定的路径。控制误差不可避免，并且是无法模拟的。

5.5　不同类型编程的比较

在线编程过程中，真正的机器人的运动模拟直接在工作环境中进行，可以直接查看运动规范的正确性和准确性，无须精确测量工作单元，直接考虑工作单元中的公差和几何关系，如障碍物、阻塞区域等。最常用的示教编程需要很少的编程知识且和花费较少的时间。回放编程为复杂运动提供了解决方案，如在加工自由曲面时发生的运动。由于需要增加安全性，因此回放编程仅限于特殊情况，程序员必须停留在机器人的工作区域和狭窄的工作单元中。

使用主-从编程方法，可以在工作单元外部进行编程，从而与回放编程一样，保留了自然运动默认值的优势。与示教相比，回放编程和主-从编程需要附加控制功能。

所有在线编程方法的主要缺点是，在对新的运动顺序进行编程时，工业机器人无法用于工作任务。此外，复杂运动序列的编程和测试非常耗时。可以根据传感器信息修改运动顺序的高级方法仅在有限的范围内可行。使用在线编程，只能通过合理的努力才能创建中等难度的运动程序。离线编程过程的优势在于，大量的准备工作可以在程序创建过程中进行，而不必关闭正在运行的工业机器人和生产设备。不同的编程子任务可以由不同的程序员同时处理。离线编程的缺点可以在很大程度上由仿真系统来弥补。

练习题

1. 利用 ManDy 以不同方式对从图 2.25 和图 2.26 中的 R6 关节臂机器人的基本位置到目标位置的运动进行编程，并使用二维视图和运动可视化检查路径。在 ManDy 中将 RV6 工业机器人作为特殊的 R6 多关节臂机器人建模。

1）它应该以点到点斜坡路径移动到位置 $(0,0,0,180°,90°,-90°)^{T}$。当点到点路径以正弦曲线轮廓驱动时，测试工具中心点的空间路径如何变化。

2）选择在世界坐标系中指定执行器的上述目标位置并使用点到点路径接近它的目标位置。讨论其与在机器人坐标系中指定目标的差异。目标：$x_0=1.105\text{m}$、$y_0=0$、$z_0=0.54\text{m}$、$A=C=90°$、$B=0°$。

3）用直线路径接近上述目标位置会出现什么问题?

2. 通过在 ManDy 中编程并显示路径，尽可能地检查第 4 章练习题 4 的结果。

3. 输入第 5.3.2 节（见图 5.8）中给出的示例作为 ManDy 程序。使用“RUN”来计算关节设定值的时间过程，在 3 个级别中显示路径的设定过程，并可视化运动顺序。

4. 用 ManDy 编写一个程序，以使工具中心点在 x_0-z_0 平面中如图 5.11 所示的路径上移动（$y_0=0$）。方向：$A=90°$、$B=0°$、$C=90°$。下角点：$x_0=1.03\text{m}$、$z_0=0.615\text{m}$，上角点：$x_0=1.03\text{m}$、$z_0=0.765\text{m}$。绘制目标路径并可视化机器人的运动。

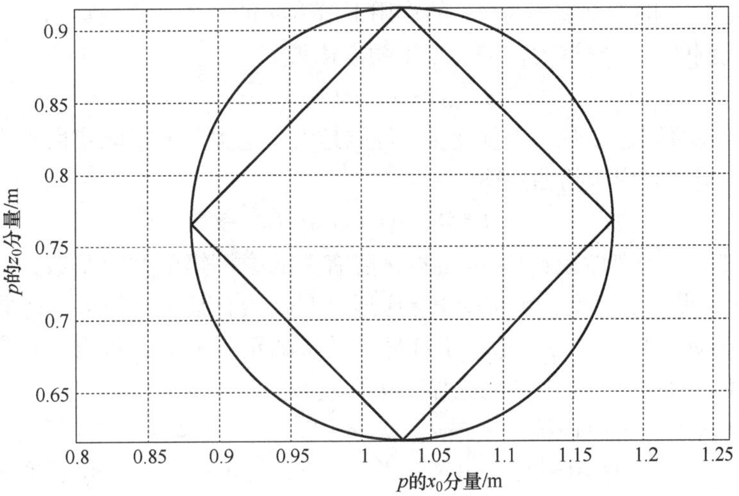

图 5.11　练习题 4 的附图

第 6 章　动力学模型

在第 2~4 章，解释了如何完整描述工业机器人在空间的位置，以及如何指定用户所需的运动。根据第 2 章的运动学描述，现在将用数学方法对机器人手臂的运动与力/力矩之间的关系进行处理。力/力矩由驱动器提供。带有伺服电子装置的驱动器由信号控制，该控制信号由控制/调节器计算得出。因此，有必要考虑驱动电动机的动态特性、与驱动相关的伺服电子设备以及从电动机到模型中关节的机械运动传递。在这种情况下，可以提及机电模型。在机器人控制系统的开发中，机电模型具有以下目的：为了设计合适的控制算法（见第 7 章），它作为受控系统的描述是必需的，并且它是模拟工业机器人动态行为的基础。该模型还可用于设计机械组件。

6.1　关节轴动力学模型

在本节，将对包含驱动系统的单个关节进行建模。在此，使用一般性描述，以便可以统一表示转动轴和滑动关节。如第 1 章所述，其他关节的位置和运动的影响此处不应明确考虑。为了简单起见，以下省略了关节名称的标记 i，因为本章中的说明适用于所有关节。

6.1.1　关节/手臂部件的力学模型

图 6.1 所示为用于建模的关节轴/手臂部件。首先，在假定倾角 β 恒定的情况下，考虑滑动关节。质量为 m 的臂部在力 $F(t)$ 的作用下沿着 d 的方向做直线运动。与此同时，假定发生与速度成比例的一个摩擦力。借助于牛顿定律得到

$$m\ddot{d}=F-mg\sin\beta-\hat{F}_D\dot{d}-z \tag{6.1}$$

当与环境存在摩擦连接时，干扰变量 z 可能是由其他关节的影响或由外力引起的。对于转动关节，牛顿定律对应于扭曲定律：

$$J_L\ddot{\theta}=M_{Gel}-mgl_s\cos\theta-F_D\dot{\theta}-z \tag{6.2}$$

式中，J_L 是绕转动轴的惯性矩；F_D 是与角速度有关的摩擦矩的摩擦系数；l_s 是从转动轴到重心的距离；g 是重力加速度；干扰变量 z 应通过联轴器总结对其他关节的影响，并包括外部力矩；力 $mg\cos\theta$ 是指在重心处垂直于杠杆到关节的重力分力，再乘以距离 l_s，会导致由自重引起的力矩；力矩 M_{Gel}是电动机施加在接头上的力矩。

滑动关节和转动关节应该统一来描述，因此引入了广义坐标 q，并指定了 τ 为驱动力矩或驱动力。$q=\theta$，$\tau=M_{Gel}$适用于转动关节，并且 $q=d$、$\tau=F$ 适用于滑动关节。如果通常用 $b(q,\dot{q})$ 来概括摩擦力和重力的影响，并且用 $M=J_L$ 和 $M=m$ 来分别描述一个转动关节和一个滑动关节，则由式（6.1）和式（6.2）可以得出式（6.3）。

$$M\ddot{q}=\tau-b(q,\dot{q})-z \tag{6.3}$$

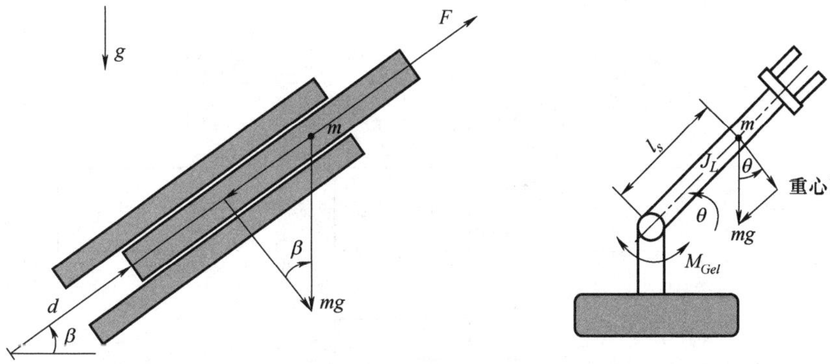

图6.1　用于建模的关节轴/手臂部件

τ 也可以称为广义（驱动）力。表6.1列出了关节/手臂部分的大小。对于机械系统的数学模型，可以根据不同的任务在两种类型的模型之间进行区分：

1）运动方程（模型、力学的初值问题），根据给定的力/力矩和初始条件计算运动。

2）逆模型（力学的逆问题），根据给定的运动确定作用力/力矩。

表6.1　关节/手臂部分的大小

物理大小	广义描述中的名称	滑动接头的名称	转动接头的名称
广义坐标	q	d/m	θ/rad
质量、惯性矩	M	m/kg	J_L/(kg/m^2)
驱动力或力矩	τ	F/N	M_{Gel}/N·m
不同的力/力矩	$b(q,\dot{q})$	$\hat{F}_D\dot{d}+mg\sin\beta$	$F_D\dot{\theta}+mgl_s\cos\theta$

运动方程可以通过求解一般坐标的最高导数来获得

$$\ddot{q}=M^{-1}[\tau-b(q,\dot{q})-z] \tag{6.4}$$

如果给出了初始条件 $q_0=q(t=0)$ 和 $v_0=\dot{q}(t=0)$，则可以借助已知进程 $\tau(t)$ 计算出运动进程 $q(t)$、$\dot{q}(t)$。通过求解 τ 获得以下逆模型：

$$\tau=M\ddot{q}+b(q,\dot{q})+z \tag{6.5}$$

如果已知加速度 $\ddot{q}(t)$ 和速度 $\dot{q}(t)$ 的时间进程，则可以计算广义力 $\tau(t)$ 的时间进程。为了清楚起见，在式（6.1）~式（6.5）中未考虑静摩擦力。

6.1.2　驱动电动机和伺服电子装置的模型

为了满足有关加速度和速度的要求，需要采用高动态驱动器。所谓无刷直流驱动器主要用作工业机器人的驱动电动机，由于其维护要求低、更好的功率质量比和热性能，已取代了传统的直流电动机。无刷直流电动机也称为电子电动机，是同步电动机。与直流电动机相比，定子承载绕组，而转子承载磁体系统。控制驱动力矩的工作量要高得多。有关无刷直流驱动器的更多信息，包括转换器和与驱动器相关的控件，请参阅文献/6.3/、文献/6.10/和文献/6.11/。图6.2所示为无刷直流电动机的电流控制方案。与直流电动机一样，与速度无关的期望力矩的记取可作为电流控制来实现，因此，还必须有一个转子位置编码器，其位置测量值将被电子设备用于控制电流换向。

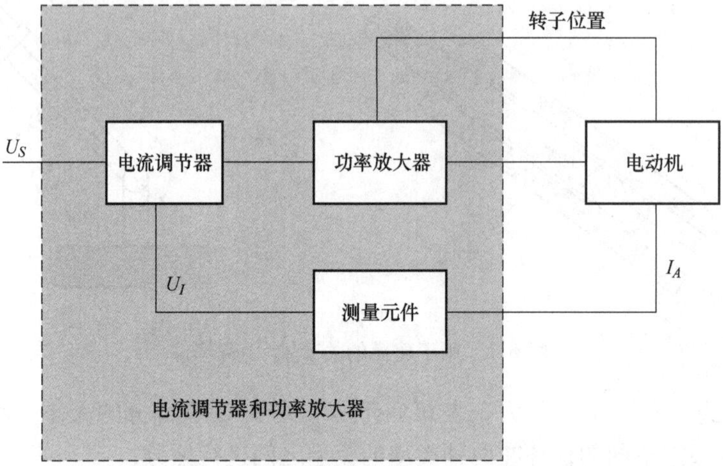

图 6.2　无刷直流电动机的电流控制方案

和直流驱动一样，通过电枢位置的反馈，电流与电动机力矩成正比。与驱动器有关的电流控制很快速，以至于与机器人手臂力学的动态行为相比，可以认为电流控制是理想的。因此，从较高级别的机器人控制 $U_I \approx U_S$ 的角度来看，可以假定电流不仅与测量信号 U_I 成比例，而且与输入信号 U_S 近似成比例。U_S 由机器人控制器指定。以电动机常数 C 作为电流 I_A 和驱动力矩 M_A 之间的比例因子，电流和电压之间的测量常数为 K_{MI}，可以得到

$$M_A = CI_A = (C/K_{MI})U_S = K_M U_S \tag{6.6}$$

驱动力矩 M_A 不能完全用作有用的力矩，因为通常必须加速电动机的电枢（惯性矩 J_A）并且在电动机中产生摩擦损失。如果为电动机确立了旋流原理（见图 6.3），则有用力矩将作为负载力矩 M_L：

$$J_A\dot{\Omega} = K_M U_S - F_M \Omega - M_L \tag{6.7}$$

$M_R(\Omega) = F_M \Omega$ 是与角速度成比例的损失力矩。

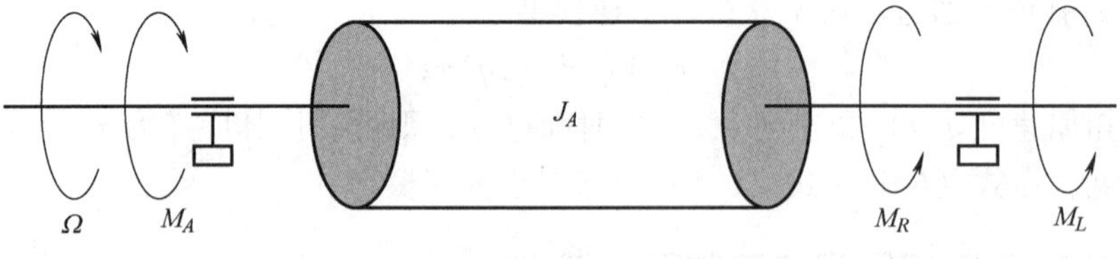

图 6.3　用于建模电动机的机械部分

6.1.3　理想情况下的关节传动系统模型

从电动机到关节的动力和运动传递是通过减速齿轮、齿形带、轴等进行的。通过传动系统，特别是通过减速齿轮，将驱动侧的力矩和角速度的范围映射到输出侧，即关节所需的力矩或力、速度。该动力传动系统应具有尽可能小的结构体积、提供高减速比、机械刚性好且无间隙，但实际上无法完全满足这些要求。在机器人技术中，谐波驱动器通常用作特殊的减速齿轮。可以用较小的结构体积（见文献/6.16/）来实现高的减速量。所谓直接驱动，其

中转子直接连接到机器人手臂部分，尽管是无间隙的，但是由于高的功率质量比而直到今天尚未得以实现。

为简单起见，在此假设电动机和接头之间的传动系统在机械上是刚性的并且无损失地工作。变速箱的惯性矩可以近似于电动机电枢的惯性矩。在识别机器人模型时，传动装置中的损耗也可以看作是电动机中的摩擦损耗。基于这些理想的假设，电动机侧的功率和关节侧的功率是相同的，并且有

$$M_L\Omega=\tau\dot{q} \tag{6.8}$$

式（6.8）既适用于滑动接头关节又适用于转动关节。所需力矩实质上决定了电动机的质量和体积。由于通常将电动机安装在动臂部上，因此使用力矩相对较低但转速较高的电动机。通过减速齿轮，将驱动侧的力矩和角速度的范围映射到输出侧，即关节所需的力矩和角速度。

$$\dot{q}=\frac{1}{u}\Omega,\quad \tau=uM_L \tag{6.9}$$

将 u 表示为 $|u|>1$。如果有转动关节，则 u 是量纲为一的量。如果电动机运动，则滑动关节中有 $[u]=[\Omega]/[\dot{q}]=\mathrm{rad/m}=1/\mathrm{m}$。

6.1.4 具有理想假设传动系的单轴的总体模型

关节的运动行为受控制手段的影响。控制器的输出变量以及受控变量是通过电流控制发送的功率放大器信号 U_S。U_S 与关节尺寸 q、$\dot{q}$、$\ddot{q}$ 之间的关系是受控制系统，如图 6.4 所示。在本节，将推导 U_S 与关节尺寸 q、$\dot{q}$、$\ddot{q}$ 之间的关系，仅将 U_S 和 q、$\dot{q}$、$\ddot{q}$ 视为与时间有关的变量。

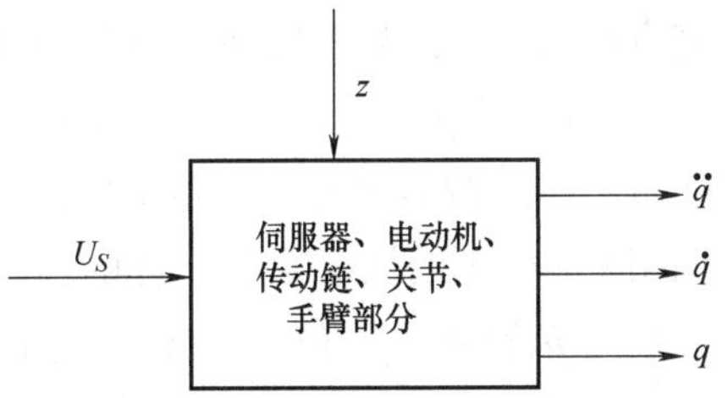

图 6.4　单关节控制系统的总体模型

M_L 用式（6.7）通过 $M_L=K_MU_S-F_M\Omega-J_A\dot{\Omega}$ 来表示，并插入到式（6.9）的右侧：

$$\tau=K_MuU_S-F_Mu\Omega-J_Au\dot{\Omega} \tag{6.10}$$

在式（6.10）中，τ 被式（6.5）的右侧代替，并由 $\Omega=u\dot{q}$ 得到

$$M\ddot{q}+b(q,\dot{q})=K_MuU_S-F_Mu^2\dot{q}-J_Au^2\ddot{q}-z \tag{6.11}$$

根据控制向量 U_S

$$U_S=\frac{M+J_Au^2}{K_Mu}\ddot{q}+\frac{b(q,\dot{q})}{K_Mu}+\frac{F_Mu\dot{q}}{K_M}+\frac{z}{K_Mu} \tag{6.12}$$

或者

$$U_S=M^*\ddot{q}+b^*(q,\dot{q})+z^* \tag{6.13}$$

与

$$M^*=\frac{M+J_Au^2}{K_Mu},\quad b^*(q,\dot{q})=\frac{b(q,\dot{q})}{K_Mu}+\frac{F_Mu\dot{q}}{K_M} \tag{6.14}$$

式（6.13）具有根据式（6.5）的逆模型的形式。可以从运动状态 q、$\dot{q}$、$\ddot{q}$ 计算有效的调节变量 U_S。通过求解 $\ddot{q}$ 的式（6.13）获得运动方程：

$$\ddot{q}=[M^*]^{-1}[U_S-b^*(q,\dot{q})-z^*] \tag{6.15}$$

6.2 递归牛顿-欧拉方法的机器人手臂力学模型

在上一节，建立了机器人手臂部件/关节模型。在这种单关节模型中，只有一个运动量 q 及其导数。在机器人手臂具有多个关节的情况下，关节的运动通过力和力矩相互关联，如图 6.5 所示。

1）相对于第一关节轴的惯性矩取决于关节 2 和关节 3 的位置。当机器人手臂向上延伸时，该质量惯性矩最小，而当机器人手臂关节 2 和关节 3 垂直于机器人手臂关节 1 的纵向方向时，此质量惯性矩最大。

2）重力在关节 2 中产生力矩，该力矩取决于第二关节和第三关节的位置。

$$\tau_2=\cdots+\cos(q_2+q_3)\cdot k_2+\cos q_2\cdot k_3+\cdots$$

3）当第一个关节运动时，向心矩作用在关节 2 和关节 3，这取决于第一关节的角速度以及角度 q_2 和角度 q_3。

$$\tau_2=\cdots+c_1\sin q_2\cos(q_2+q_3)\cdot\dot{q}_1^2+\cdots$$

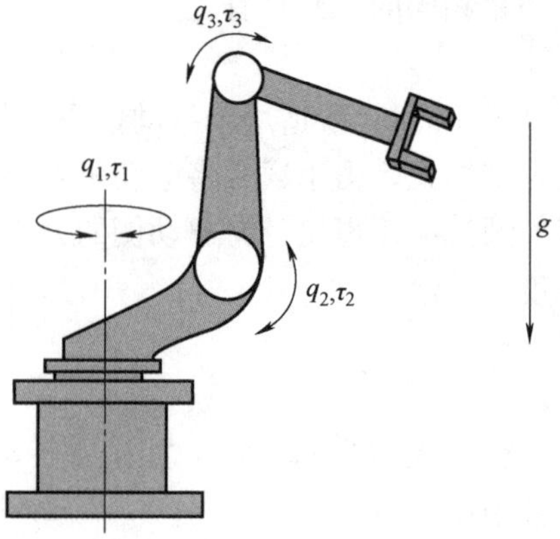

运动方程：$\ddot{q}=M(q)^{-1}[\tau-b(q\cdot\dot{q})]$

逆模型：$\tau=M(q)\cdot\ddot{q}+b(q\cdot\dot{q})$

图 6.5　机器人手臂的运动方程和逆模型

与单关节臂相反，多关节运动方程和逆模型由矩阵方程描述。关节角度和作用在关节上的力矩被组合成向量。使用质量惯性矩阵 $\boldsymbol{M}$ 代替质量惯性矩 $\boldsymbol{M}$。如果存在滑动关节，则 $\boldsymbol{M}$ 的某些成分为质量，因此 $\boldsymbol{M}$ 通常称为质量矩阵。例如，乘积 $M_{ik}(\boldsymbol{q})\cdot\ddot{q}_k$ 就是关节 i 中力矩的一部分，它是由第 k 个关节的加速度 $\ddot{q}_k$ 引起的。

向量 $\boldsymbol{b}$ 的分量 b_i 包含由重力、向心力、地转偏向力以及关节 i 中的摩擦力所引起的力矩或力。$\boldsymbol{b}$ 的分量通常与位置和速度有关。

与单变量系统相比，建立明确的动力学方程较难。但是，程式化的方法可用于此类多体系统的建模。牛顿-欧拉法可以应用于一大类的工业机器人，它相对清晰，而且计算效率较高。

对于给定关节坐标、关节速度和关节加速度，有效驱动力矩或驱动力可以借助于牛顿-欧拉递归方法来计算（见图 6.6）。这意味着牛顿-欧拉方法解决了力学的反问题。为了使用该方法，必须知道机器人手臂的参数，即运动学结构和运动学参数、运动的初始条件、质量、重心、臂部件的惯性传感器以及关节的摩擦系数。要开始计算，还需要运动的初始条件以及作用在执行器上的外力/力矩。使用该方法的先决条件是将机器人手臂描述为运动学开放链，并根据德纳维特-哈滕贝格约定定义坐标。

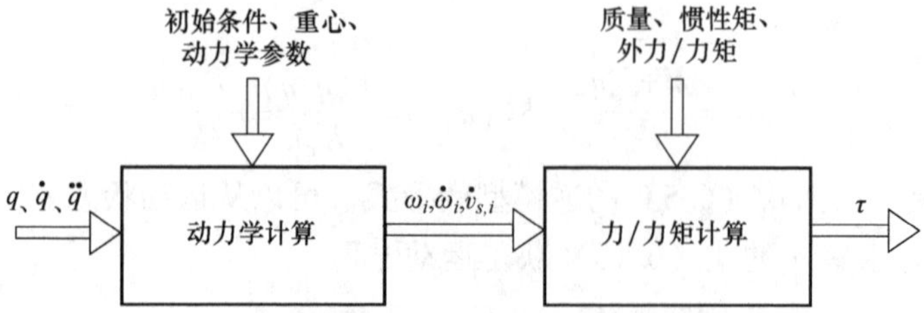

图 6.6　机器人手臂的运动方程和逆模型

6.2.1 动力学计算

计算过程的第一部分确定机器人手臂部分如何在空间移动。当已知重心的平移速度 $\boldsymbol{v}_{s,i}$ 和平移加速度 $\dot{\boldsymbol{v}}_{s,i}$ 以及第 i 个机器人手臂部位的角速度向量 $\boldsymbol{\omega}_i$ 和角加速度 $\dot{\boldsymbol{\omega}}_i$ 时，该运动就完全确定了（见图 6.7）。

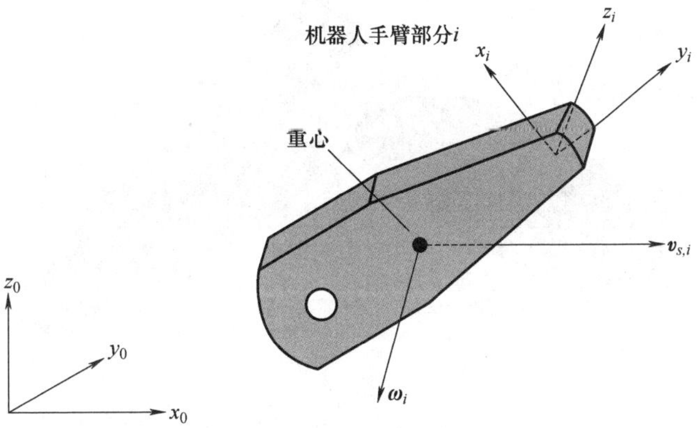

图 6.7　刚体的一般运动

所有速度和加速度信息都是绝对的，它们与静止空间（惯性系统）有关。角速度向量 $\boldsymbol{\omega}_i$ 的方向指示当前的转动轴，绝对值 $|\boldsymbol{\omega}_i|$ 为转动速度（rad/s）。刚体的每个点都具有相同的角速度。角速度和角加速度的向量可以像所有其他向量一样相加。尽管速度和加速度的信息是指静止的空间，但是向量的分量可以在任何坐标系中给出。使用牛顿-欧拉法约定与机器人手臂部分 i 有关的所有向量都在机器人手臂部分的坐标系 K_i 中表示。为了获得对滑动关节和转动关节的统一描述，为每个关节引入系数 h_i。

$$h_i=1 \text{ 对应的关节 } i \text{ 是转动关节，} h_i=0 \text{ 对应的关节 } i \text{ 是滑动关节} \tag{6.16}$$

运动学计算从机器人手臂部件 0（静止底座）开始，并在机器人手臂部件 n（执行器）处结束。根据关节的移动量，可以计算机器人手臂部分的绝对运动。图 6.8 所示为机器人两个手臂部件之间的运动学关系，它们分别是机器人手臂部件 i 和机器人手臂部件 i+1。运动学计算基于以下原理：将已知的机器人手臂部件 i 绝对运动与机器人手臂部件 i 和 i+1 之间的相对运动叠加，即可计算出机器人手臂部件 i+1 的绝对运动。机器人手臂部件 i 和手臂部件 i+1 之间的相对运动是由关节 i+1 的运动引起的，这是根据德纳维特-哈滕贝格约定相对于坐标系 K_i 的 z_i 轴测量的。如果关节 i+1 是转动关节，则两臂部件之间的相对角速度由关节角速度给出，角速度的向量指向关节轴 i+1 的方向，即 z_i 轴。为了计算机器人手臂部件 i+1 的角速度，必须将此向量添加到机器人手臂部件 i 的向量 $\boldsymbol{\omega}_i$ 上：

$$\boldsymbol{\omega}_{i+1}=\boldsymbol{\omega}_i+h_{i+1}\cdot \boldsymbol{z}_i\cdot \dot{q}_{i+1} \tag{6.17}$$

如果关节 i+1 是平移关节，则机器人手臂部件 i+1 的绝对角速度不会相对于机器人手臂部件 i 改变。角加速度向量是通过将式（6.17）微分而获得的。式（6.17）中根据时间的微分是基于机器人手臂部件自身的坐标系，因此必须考虑式（2.31）和式（2.32）：

$$\dot{\boldsymbol{\omega}}_{i+1}=\dot{\boldsymbol{\omega}}_i+h_{i+1}(z_i\ddot{q}_{i+1}+\omega_i\times z_i\dot{q}_{i+1}) \tag{6.18}$$

坐标系原点的线速度为 K_{i+1}，根据德纳维特-哈滕贝格约定与机器人手臂部件 i+1 牢固连接，通过导出向量 $\boldsymbol{r}_{i+1}$ 获得（见图 6.8）。向量 $\boldsymbol{p}_{i+1}$ 从 K_i 的原点指向 K_{i+1} 的原点。

$$\boldsymbol{r}_{i+1}=\boldsymbol{r}_i+\boldsymbol{p}_{i+1}$$

通过推导得出速度为

$$\boldsymbol{v}_{i+1}=\frac{\mathrm{d}}{\mathrm{d}t}\boldsymbol{r}_{i+1}=\frac{\mathrm{d}}{\mathrm{d}t}\boldsymbol{r}_i+\frac{\mathrm{d}}{\mathrm{d}t}(\boldsymbol{p}_{i+1})=\boldsymbol{v}_i+\frac{\mathrm{d}^{(i+1)}}{\mathrm{d}t}(\boldsymbol{p}_{i+1})+\boldsymbol{\omega}_{i+1}\times\boldsymbol{p}_{i+1}$$

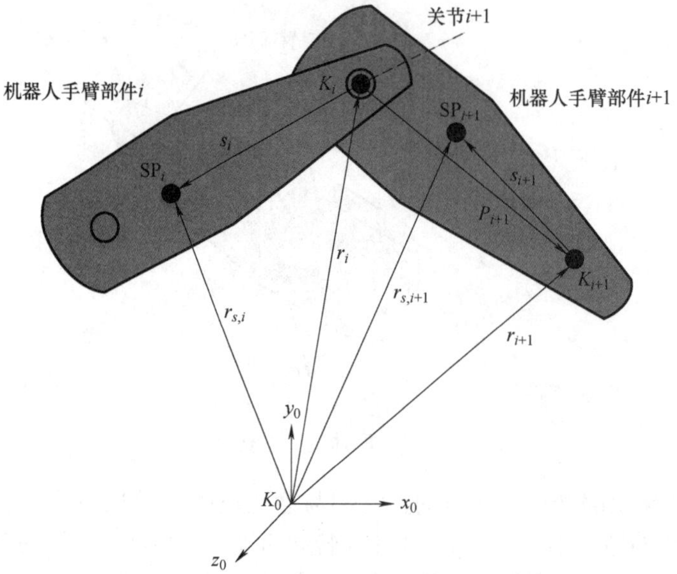

图 6.8　机器人两个手臂部件之间的运动学关系

向量 $\boldsymbol{p}_{i+1}$ 再次相对于坐标系 K_{i+1} 进行微分，因此这里也必须将式（2.31）和式（2.32）的规则应用于移动坐标系中的微分。对于转动关节，K_{i+1} 或 $\boldsymbol{p}_{i+1}$ 是常数；对于滑动关节，$\boldsymbol{p}_{i+1}$ 取决于关节坐标 $q_i=d_i$，因此可以得到线速度 $\boldsymbol{v}_{i+1}$ 向量的表达式

$$\boldsymbol{v}_{i+1}=\boldsymbol{v}_i+(1-h_{i+1})\frac{\mathrm{d}^{(i+1)}}{\mathrm{d}t}\boldsymbol{p}_{i+1}+\boldsymbol{\omega}_{i+1}\times\boldsymbol{p}_{i+1}$$

通过导出线速度来计算线加速度：

$$\dot{\boldsymbol{v}}_{i+1}=\frac{\mathrm{d}}{\mathrm{d}t}\boldsymbol{v}_{i+1}=\frac{\mathrm{d}}{\mathrm{d}t}\boldsymbol{v}_i+(1-h_{i+1})\left(\frac{\mathrm{d}^{2,(i+1)}}{\mathrm{d}t^2}\boldsymbol{p}_{i+1}+\boldsymbol{\omega}_{i+1}\times\frac{\mathrm{d}^{(i+1)}}{\mathrm{d}t}\boldsymbol{p}_{i+1}+\boldsymbol{\omega}_{i+1}\times\frac{\mathrm{d}^{(i+1)}}{\mathrm{d}t}\boldsymbol{p}_{i+1}\right)+\dot{\boldsymbol{\omega}}_{i+1}\times\boldsymbol{p}_{i+1}+\boldsymbol{\omega}_{i+1}\times(\boldsymbol{\omega}_{i+1}\times\boldsymbol{p}_{i+1})$$

可以得到

$$\dot{\boldsymbol{v}}_{i+1}=\dot{\boldsymbol{v}}_i+\dot{\boldsymbol{\omega}}_{i+1}\times\boldsymbol{p}_{i+1}+\boldsymbol{\omega}_{i+1}\times(\boldsymbol{\omega}_{i+1}\times\boldsymbol{p}_{i+1})+(1-\boldsymbol{h}_{i+1})\left(\frac{\mathrm{d}^{2,(i+1)}}{\mathrm{d}t^2}\boldsymbol{p}_{i+1}+2\boldsymbol{\omega}_{i+1}\times\frac{\mathrm{d}^{(i+1)}}{\mathrm{d}t}\boldsymbol{p}_{i+1}\right)\tag{6.19}$$

需要计算机器人手臂部件 $i+1$ 重心的线速度和线加速度参数。可以通过对向量 $\boldsymbol{r}_{s,i+1}$ 进行微分来计算线速度。向量 $\boldsymbol{s}_{i+1}$ 从坐标系 K_{i+1} 的原点指向机器人手臂部件 $i+1$ 的重心，该向量相对于坐标系 K_{i+1} 是常数。

$$\boldsymbol{v}_{s,i+1}=\frac{\mathrm{d}}{\mathrm{d}t}(\boldsymbol{r}_{i+1}+\boldsymbol{s}_{i+1})=\boldsymbol{v}_{i+1}+\frac{\mathrm{d}^{(i+1)}}{\mathrm{d}t}\boldsymbol{s}_{i+1}+\boldsymbol{\omega}_{i+1}\times\boldsymbol{s}_{i+1}=\boldsymbol{v}_{i+1}+\boldsymbol{\omega}_{i+1}\times\boldsymbol{s}_{i+1}\tag{6.20}$$

重心的线性加速度通过相对于时间微分线速度来计算：

$$\dot{\boldsymbol{v}}_{s,i+1}=\dot{\boldsymbol{v}}_{i+1}+\frac{\mathrm{d}}{\mathrm{d}t}(\boldsymbol{\omega}_{i+1}\times\boldsymbol{s}_{i+1})=\dot{\boldsymbol{v}}_{i+1}+\frac{\mathrm{d}}{\mathrm{d}t}(\boldsymbol{\omega}_{i+1})\times\boldsymbol{s}_{i+1}+\boldsymbol{\omega}_{i+1}\times\frac{\mathrm{d}}{\mathrm{d}t}(\boldsymbol{s}_{i+1})$$
$$=\dot{\boldsymbol{v}}_{i+1}+\dot{\boldsymbol{\omega}}_{i+1}\times\boldsymbol{s}_{i+1}+\boldsymbol{\omega}_{i+1}\times\left(\frac{\mathrm{d}^{(i+1)}}{\mathrm{d}t}\boldsymbol{s}_{i+1}+\boldsymbol{\omega}_{i+1}\times\boldsymbol{s}_{i+1}\right) \tag{6.21}$$
$$=\dot{\boldsymbol{v}}_{i+1}+\dot{\boldsymbol{\omega}}_{i+1}\times\boldsymbol{s}_{i+1}+\boldsymbol{\omega}_{i+1}\times(\boldsymbol{\omega}_{i+1}\times\boldsymbol{s}_{i+1})$$

式（6.17）~式（6.21）是递归计算，以确定机器人手臂部件的运动学尺寸。递归从静止基点开始，在机器人手臂的执行器处结束。

6.2.2 关节力和力矩的递归计算

计算出空间中的一般运动之后，可以计算引起该运动的力或力矩。为此，任意机器人手臂部件 i 被去除（见图 6.9）。自由切割意味着机器人手臂部件从其约束中释放。约束由两个相邻的机器人手臂部件 $i-1$ 和 $i+1$ 上作用于机器人手臂部件 i 的力或力矩代替。已知在运动学计算中使用的向量 $\boldsymbol{s}_i$、$\boldsymbol{p}_i$，坐标系 K_i 和 K_{i-1}的原点，以及重心 SP_i。位置向量 $\boldsymbol{r}_i$、$\boldsymbol{r}_{i-1}$、$\boldsymbol{r}_{s,i}$指向这些点，并从 K_0 的原点开始。对于$\boldsymbol{f}_i$ 和 $\boldsymbol{n}_i$，力或力矩向量指的是机器人手臂部件 $i-1$ 施加在臂部件 i 上的力或力矩向量。K_{i-1}的原点位于关节轴 i 上。两个机器人手臂部分之间的连接是各自的关节轴。因此，力向量$\boldsymbol{f}_i$ 和力矩向量 $\boldsymbol{n}_i$ 始于 K_{i-1}的原点。相应地，$\boldsymbol{f}_{i+1}$和 $\boldsymbol{n}_{i+1}$是机器人手臂部件 i 在机器人手臂部件 $i+1$ 上施加的力向量和力矩向量。根据作用力与反作用力，$-\boldsymbol{f}_{i+1}$和$-\boldsymbol{n}_{i+1}$是机器人手臂部件 $i+1$ 在机器人手臂部件 i 上施加的力或力矩向量。因此，$-\boldsymbol{f}_i$ 和$-\boldsymbol{n}_i$由机器人手臂部件 i 作用在机器人手臂部件 $i-1$ 上。为了计算机器人手臂部件 i 的力或力矩，除了已经引入并计算出的运动学变量之外，还需要质量 m_i 和重心处的惯性张量 $\boldsymbol{I}_{\mathrm{SP},i}$：

$$\boldsymbol{I}_{\mathrm{SP},i}=\begin{pmatrix} I_{xx,i} & I_{xy,i} & I_{xz,i} \\ I_{yx,i} & I_{yy,i} & I_{yz,i} \\ I_{zx,i} & I_{zy,i} & I_{zz,i} \end{pmatrix} \tag{6.22}$$

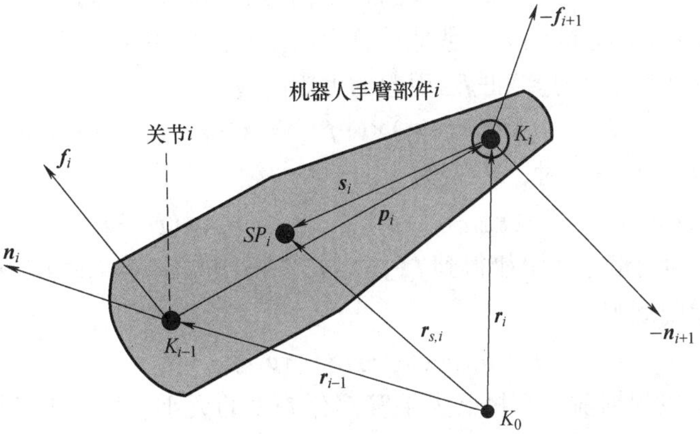

图 6.9　自由切割机器人手臂部分上的力或力矩

惯性张量 $\boldsymbol{I}_{\mathrm{SP},i}$与机器人手臂部件自身坐标系 K_i 的轴有关。主要对角线元素是围绕 K_i 各自轴的转动惯量，所以 $I_{xx,i}$是围绕 x_i 轴运动的转动惯量。二次对角线元素被称为偏差矩。惯性张量元素的计算式为

$$I_{xx,i}=\int(y_i^2+z_i^2)\,\mathrm{d}m_i,\ I_{yy,i}=\int(x_i^2+z_i^2)\,\mathrm{d}m_i,\ I_{zz,i}=\int(x_i^2+y_i^2)\,\mathrm{d}m_i,$$
$$I_{xy,i}=-\int(x_iy_i)\,\mathrm{d}m_i,\ I_{xz,i}=-\int(x_iz_i)\,\mathrm{d}m_i,\ I_{yz,i}=-\int(y_iz_i)\,\mathrm{d}m_i \tag{6.23}$$

$\boldsymbol{I}_{\mathrm{SP},i}$是对称张量，$I_{xy,i}=I_{yx,i}$。对于简单物体，惯性矩很容易计算。通常机器人的手臂部分被分解成几个简单的物体，惯性张量是通过叠加单个物体的惯性张量来获得的。机械工程 CAD 程序还为机器人手臂部件提供惯性张量。现在使用动量守恒定律来计算作用在机器人手臂部件 i 上的力向量 $\boldsymbol{F}_i$：

$$\boldsymbol{F}_i=\frac{\mathrm{d}}{\mathrm{d}t}(m_i\boldsymbol{v}_{s,i})=m_i\dot{\boldsymbol{v}}_{s,i}$$

如果机器人手臂部件 i 通过滑动关节连接到机器人手臂部件 $i-1$，则可以将与速度相关的摩擦力和摩擦系数考虑在内，并得到

$$\boldsymbol{F}_i=m_i\dot{\boldsymbol{v}}_{s,i}+(1-h_i)\hat{F}_{D,i}\boldsymbol{z}_{i-1}\cdot\dot{\boldsymbol{q}}_i \tag{6.24}$$

根据动量守恒定律，$\boldsymbol{F}_i$ 一定是由作用在机器人手臂部分 i 上的力 $\boldsymbol{f}_i$ 和力 $-\boldsymbol{f}_{i+1}$ 引起的。

$$\boldsymbol{F}_i=\boldsymbol{f}_i-\boldsymbol{f}_{i+1} \tag{6.25}$$

对于力的递归计算，$\boldsymbol{f}_i$ 求解如下：

$$\boldsymbol{f}_i=\boldsymbol{f}_{i+1}+\boldsymbol{F}_i \tag{6.26}$$

由于 $\boldsymbol{F}_i$ 基于臂部 i 动力的大小是已知的，因此可以递归计算 $\boldsymbol{f}_i$。相应地使用角动量守恒定律。可以通过对角动量微分得到力矩向量 $\boldsymbol{N}_i$。

$$\boldsymbol{N}_i=\frac{\mathrm{d}}{\mathrm{d}t}(\boldsymbol{I}_{\mathrm{SP},i}\cdot\boldsymbol{\omega}_i)=\boldsymbol{I}_{\mathrm{SP},i}\cdot\dot{\boldsymbol{\omega}}_i+\boldsymbol{\omega}_i\times(\boldsymbol{I}_{\mathrm{SP},i}\cdot\boldsymbol{\omega}_i)$$

如果关节 i 是转动关节，还可以考虑与关节速度成比例的摩擦力矩：

$$\boldsymbol{N}_i=\boldsymbol{I}_{\mathrm{SP},i}\cdot\dot{\boldsymbol{\omega}}_i+\boldsymbol{\omega}_i\times(\boldsymbol{I}_{\mathrm{SP},i}\cdot\boldsymbol{\omega}_i)+h_iF_{D,i}\boldsymbol{z}_{i-1}\cdot\dot{q}_i \tag{6.27}$$

虽然式（6.24）中的摩擦系数 $\hat{F}_{D,i}$ 的单位是 N·s/m=kg/s，但在式（6.27）中将使用单位 N·m·s=kg·m^2/s。式（6.27）中的力矩向量 $\boldsymbol{N}_i$ 可以根据机器人手臂部分或关节的常数参数和机器人手臂部分的动力学数值计算得出。它由作用在机器人手臂部分 i 的重心上的力矩组成，还必须考虑由力 $\boldsymbol{f}_i$ 和 $-\boldsymbol{f}_{i+1}$ 引起的力矩向量。

$$\boldsymbol{N}_i=\boldsymbol{n}_i-\boldsymbol{n}_{i+1}+(\boldsymbol{r}_{i-1}-\boldsymbol{r}_{s,i})\times\boldsymbol{f}_i+(-\boldsymbol{s}_i)\times(-\boldsymbol{f}_{i+1})=\boldsymbol{n}_i-\boldsymbol{n}_{i+1}+(\boldsymbol{r}_{i-1}-\boldsymbol{r}_{s,i})\times\boldsymbol{f}_i+\boldsymbol{s}_i\times\boldsymbol{f}_{i+1}$$

当 $\boldsymbol{s}_i=\boldsymbol{r}_{s,i}-\boldsymbol{r}_i=\boldsymbol{r}_{s,i}-\boldsymbol{r}_{i-1}-\boldsymbol{p}_i$ 时，$\boldsymbol{N}_i$ 变为

$$\boldsymbol{N}_i=\boldsymbol{n}_i-\boldsymbol{n}_{i+1}+(\boldsymbol{r}_{i-1}-\boldsymbol{r}_{s,i})\times\boldsymbol{f}_i-(\boldsymbol{r}_{i-1}-\boldsymbol{r}_{s,i}+\boldsymbol{p}_i)\times\boldsymbol{f}_{i+1}=\boldsymbol{n}_i-\boldsymbol{n}_{i+1}+(\boldsymbol{r}_{i-1}-\boldsymbol{r}_{s,i})\times(\boldsymbol{f}_i-\boldsymbol{f}_{i+1})-\boldsymbol{p}_i\times\boldsymbol{f}_{i+1}$$

从式（6.26）的动量守恒定律得到 $\boldsymbol{f}_i-\boldsymbol{f}_{i+1}=\boldsymbol{F}_i$，由图 6.9 可以看出，$\boldsymbol{r}_{s,i}-\boldsymbol{r}_{i-1}=\boldsymbol{p}_i+\boldsymbol{s}_i$。这为 $\boldsymbol{n}_i$ 提供了一个递归规则：

$$\boldsymbol{n}_i=\boldsymbol{n}_{i+1}+(\boldsymbol{p}_i+\boldsymbol{s}_i)\times\boldsymbol{F}_i+\boldsymbol{p}_i\times\boldsymbol{f}_{i+1}+\boldsymbol{N}_i \tag{6.28}$$

向量 $\boldsymbol{n}_i$ 和 $\boldsymbol{f}_i$ 可以根据前一个机器人手臂部分 $i+1$ 的大小、机器人手臂部分的参数以及 6.2.1 节中确定的动力学数值计算得出。这个递归从执行器开始，在机器人的底部结束。根据图 6.6，牛顿-欧拉法应提供向量 $\boldsymbol{\tau}$，其中包含作用在关节中的驱动力或驱动力矩。在滑动关节的情况下，τ_i 正是指向关节轴 i 方向，即 $\boldsymbol{z}_{i-1}$ 方向的力向量 $\boldsymbol{f}_i$ 的分量。如果存在转动关节，则 τ_i 是向量 $\boldsymbol{n}_i$ 在 $\boldsymbol{z}_{i-1}$ 方向上的分量。

$$\tau_i=h_i\boldsymbol{n}_i^{\mathrm{T}}\cdot\boldsymbol{z}_{i-1}+(1-h_i)\boldsymbol{f}_i^{\mathrm{T}}\cdot\boldsymbol{z}_{i-1} \tag{6.29}$$

6.2.3 递归计算的初始值

动力学计算从机器人手臂部件 0 开始，以机器人手臂部件 n（执行器）结束。角速度 $\boldsymbol{\omega}_0$、角加速度 $\dot{\boldsymbol{\omega}}_0$、线速度 $\boldsymbol{v}_0$ 和机器人手臂部分 0（静止基座）的线加速度 $\dot{\boldsymbol{v}}_0$ 必须用作起始值。初始运动条件为

$$\boldsymbol{\omega}_0=\boldsymbol{0},\ \dot{\boldsymbol{\omega}}_0=\boldsymbol{0},\ \boldsymbol{v}_0=\boldsymbol{0},\ \dot{\boldsymbol{v}}_0=-\boldsymbol{g} \tag{6.30}$$

静止基座的前三个初始值很容易理解，第四个初始条件需要做以下解释。静止基座在重力加速度的负方向上的加速度被假定为初始条件。然而，这只是递归牛顿-欧拉法中考虑引力的一种计算方法。在动量守恒定律中，重力 $m_i\boldsymbol{g}$ 没有被考虑在内。然而，如果初始条件 $\dot{\boldsymbol{v}}_0=-\boldsymbol{g}$ 用于式（6.19）中的机器人手臂部件 1，因此也用在式（6.21）中，式（6.25）中的 $\boldsymbol{F}_1$ 变为 $\boldsymbol{F}_1=-m_1\boldsymbol{g}+\cdots$。这样，重力就可以考虑在内了，这也可以使用第 6.2.5 节中的示例来帮助理解。力/力矩的计算从机器人手臂部件 n，即执行器开始。因此初始值是力向量 $\boldsymbol{f}_{n+1}=-\boldsymbol{f}_{ex}$ 和力矩向量 $\boldsymbol{n}_{n+1}=-\boldsymbol{n}_{ex}$。向量 $\boldsymbol{f}_{ex}$ 和 $\boldsymbol{n}_{ex}$ 描述了在执行工作时机器人手臂上发生的外力和力矩。它们将在合适的坐标系 K_{n+1} 中被指定，并使用转动矩阵 ${}^{n+1}_{n}\boldsymbol{A}$ 映射到机器人的最后一个坐标系。本节的计算规则假设只有机器人手臂的执行器与环境接触，并且没有外力或力矩作用在机器人手臂部件 1~n-1 上。

6.2.4 向量的适当表示和总结

对于式（6.17）~式（6.29），可以递归确定所有数量，这是计算逆模型所需的。使用牛顿-欧拉法，可以确定任何机器人手臂部件 i 的所有向量都在机器人手臂部件自己的坐标系 K_i 中表示，即 $\boldsymbol{v}_{i+1}=\boldsymbol{v}_{i+1}^{(i+1)}$。在牛顿-欧拉法中省略了括号中的上标。如果向量以分量表示并进行数学运算，则涉及的向量必须在同一坐标系中表示。例如，式（6.17）中的赋值不能以数字方式表示，因为左侧和右侧的向量没有相同的表示。$\boldsymbol{\omega}_i$ 和 z_i 在坐标系 K_i 中表示，但 $\boldsymbol{\omega}_{i+1}$ 在 K_{i+1} 中。对于所有计算，必须借助转动矩阵在相应坐标系的分量中表示向量。用 K_i 表示的 $\boldsymbol{\omega}_i$ 和 z_i 必须通过旋转矩阵将其转换为坐标系 K_{i+1} 中的表达式。如果存在转动关节 i+1，则式（2.33）的旋转矩阵 ${}_{i+1}^{\ \ i}\boldsymbol{A}$ 是关节坐标 $q_{i+1}=\theta_{i+1}$ 的函数。使用 i+1 滑动关节时，矩阵 ${}_{i+1}^{\ \ i}\boldsymbol{A}$ 是恒定的。

由于在每个坐标系 K_i 中，z 方向上的基向量在数值上具有相同的分量，因此可简化为

$$z_i=z_i^{(i)}=z_k=z_k^{(k)}=z=\begin{pmatrix}0\\0\\1\end{pmatrix},i,k\ \text{为任意数} \tag{6.31}$$

运动学计算可以总结为

$$\begin{cases}\boldsymbol{\omega}_{i+1}={}_{i+1}^{\ \ i}\boldsymbol{A}(\boldsymbol{\omega}_i+h_{i+1}z\dot{q}_{i+1})\\ \dot{\boldsymbol{\omega}}_{i+1}={}_{i+1}^{\ \ i}\boldsymbol{A}[\dot{\boldsymbol{\omega}}_i+h_{i+1}(z\ddot{q}_{i+1}+\boldsymbol{\omega}_i\times z\dot{\boldsymbol{q}}_{i+1})]\\ \boldsymbol{v}_{i+1}={}_{i+1}^{\ \ i}\boldsymbol{A}\cdot\boldsymbol{v}_i+(1-h_{i+1})\dfrac{\mathrm{d}^{(i+1)}}{\mathrm{d}t}\boldsymbol{p}_{i+1}+\boldsymbol{\omega}_{i+1}\times\boldsymbol{p}_{i+1}\\ \dot{\boldsymbol{v}}_{i+1}={}_{i+1}^{\ \ i}\boldsymbol{A}\cdot\dot{\boldsymbol{v}}_i+\dot{\boldsymbol{\omega}}_{i+1}\times\boldsymbol{p}_{i+1}+\boldsymbol{\omega}_{i+1}\times(\boldsymbol{\omega}_{i+1}\times\boldsymbol{p}_{i+1})+(1-h_{i+1})\left(\dfrac{\mathrm{d}^{2,(i+1)}}{\mathrm{d}t^2}\boldsymbol{p}_{i+1}+2\boldsymbol{\omega}_{i+1}\times\dfrac{\mathrm{d}^{(i+1)}}{\mathrm{d}t}\boldsymbol{p}_{i+1}\right)\\ \boldsymbol{v}_{s,i+1}=\boldsymbol{v}_{i+1}+\boldsymbol{\omega}_{i+1}\times\boldsymbol{s}_{i+1}\\ \dot{\boldsymbol{v}}_{s,i+1}=\dot{\boldsymbol{v}}_{i+1}+\dot{\boldsymbol{\omega}}_{i+1}\times\boldsymbol{s}_{i+1}+\boldsymbol{\omega}_{i+1}\times(\boldsymbol{\omega}_{i+1}\times\boldsymbol{s}_{i+1})\end{cases} \tag{6.32}$$

初始条件为

$$\boldsymbol{\omega}_0=0,\ \dot{\boldsymbol{\omega}}_0=0,\ \boldsymbol{v}_0=0,\ \dot{\boldsymbol{v}}_0=-\boldsymbol{g}$$

计算力/力矩，可以得到

$$\begin{cases}\boldsymbol{F}_i=m_i\dot{\boldsymbol{v}}_{s,i}+(1-h_i)\hat{F}_{D,i}\ {}^{i-1}_{i}\boldsymbol{A}\cdot \boldsymbol{z}\dot{\boldsymbol{q}}_i\\ \boldsymbol{N}_i=\boldsymbol{I}_{\mathrm{SP},i}\dot{\omega}_i+\omega_i(\boldsymbol{I}_{\mathrm{SP},i}\omega_i)+h_iF_{D,i}\cdot {}^{i-1}_{i}\boldsymbol{A}\cdot \boldsymbol{z}\dot{\boldsymbol{q}}_i\\ \boldsymbol{f}_i={}^{i+1}_{i}\boldsymbol{A}\cdot \boldsymbol{f}_{i+1}+\boldsymbol{F}_i\\ \boldsymbol{n}_i={}^{i+1}_{i}\boldsymbol{A}\cdot[\boldsymbol{n}_{i+1}+({}^{i}_{i+1}\boldsymbol{A}\cdot \boldsymbol{p}_i)\times \boldsymbol{f}_{i+1}]+(\boldsymbol{p}_i+\boldsymbol{s}_i)\times \boldsymbol{F}_i+\boldsymbol{N}_i\\ \boldsymbol{\tau}_i=[h_i\boldsymbol{n}_i^T+(1-h_i)\boldsymbol{f}_i^T]\cdot {}^{i-1}_{i}\boldsymbol{A}\cdot \boldsymbol{z}\end{cases}\tag{6.33}$$

惯性张量由式（6.22）给出，h_i 由式（6.16）给出。在计算$\boldsymbol{f}_n$ 和 $\boldsymbol{n}_n$ 时，考虑外力和外力矩，必须使用旋转矩阵${}^{n+1}_{n}\boldsymbol{A}$，它将向量$\boldsymbol{f}_{n+1}$和 $\boldsymbol{n}_{n+1}$从坐标系 K_{n+1}中的表示转移到坐标系 K_n 中。

根据德纳维特-哈滕贝格约定，参数 a_i 和 d_i 是概念上将坐标系 K_{i-1}的原点移动到坐标系 K_i 原点的两个参数，因此向量$\boldsymbol{p}_i=\boldsymbol{p}_i^{(i)}$。由于 a_i 指向 $\boldsymbol{x}_i$ 方向，d_i指向 z_{i-1}方向，可以得到

$$\boldsymbol{p}_i=\boldsymbol{p}_i^{(i)}=\begin{pmatrix}a_i\\0\\0\end{pmatrix}+{}^{i-1}_{i}\boldsymbol{A}\cdot\begin{pmatrix}0\\0\\d_i\end{pmatrix}=\begin{pmatrix}a_i\\0\\0\end{pmatrix}+\begin{pmatrix}\cos\theta_i & \sin\theta_i & 0\\ -\sin\theta_i\cos\alpha_i & \cos\theta_i\cos\alpha_i & \sin\alpha_i\\ \sin\theta_i\sin\alpha_i & -\cos\theta_i\sin\alpha_i & \cos\alpha_i\end{pmatrix}\cdot\begin{pmatrix}0\\0\\d_i\end{pmatrix}=\begin{pmatrix}a_i\\d_i\sin\alpha_i\\d_i\cos\alpha_i\end{pmatrix}\tag{6.34}$$

根据式（2.33）应用$\boldsymbol{p}_i=\boldsymbol{p}_i^{(i)}={}^{i-1}_{i}\boldsymbol{A}\cdot\boldsymbol{p}_{i-1,i}^{(i-1)}$可以获得相同的结果。如果关节 i 是一个滑动关节，则有 $q_i=d_i$。因此，式（6.34）和一阶、二阶导数可以写成

$$\begin{gathered}\boldsymbol{p}_i=\boldsymbol{p}_i^{(i)}=h_i\begin{pmatrix}a_i\\d_i\sin\alpha_i\\d_i\cos\alpha_i\end{pmatrix}+(1-h_i)\begin{pmatrix}a_i\\q_i\sin\alpha_i\\q_i\cos\alpha_i\end{pmatrix}\\ \frac{\mathrm{d}^{(i)}}{\mathrm{d}t}\boldsymbol{p}_i=(1-h_i)\begin{pmatrix}0\\\dot{q}_i\sin\alpha_i\\\dot{q}_i\cos\alpha_i\end{pmatrix},\ \frac{\mathrm{d}^{2,(i)}}{\mathrm{d}t^2}\boldsymbol{p}_i=(1-h_i)\begin{pmatrix}0\\\ddot{q}_i\sin\alpha_i\\\ddot{q}_i\cos\alpha_i\end{pmatrix}\end{gathered}\tag{6.35}$$

6.2.5 牛顿-欧拉方法的应用

牛顿-欧拉方法可用于单关节机器人运动时的力矩计算。应该将牛顿-欧拉方法应用于具有转动关节和滑动关节的双关节机器人。为了能够根据式（6.32）和式（6.33）进行计算，将用到的参数有机器人的参数（长度和重心向量、惯性张量和质量、摩擦系数）、机器人类型的规格关节（滑动关节或转动关节）、转动矩阵、初始条件 $\dot{\boldsymbol{v}}_0$、外力/力矩 $\boldsymbol{f}_{ex}$ 和 $\boldsymbol{n}_{ex}$、当前运动状态 $\boldsymbol{q}$、$\dot{\boldsymbol{q}}$、$\ddot{\boldsymbol{q}}$。

$$\boldsymbol{m}=\begin{pmatrix}m_1\\m_2\end{pmatrix}=\begin{pmatrix}40\\20\end{pmatrix}\mathrm{kg},\ \boldsymbol{p}_1=\begin{pmatrix}0\\0\\0\end{pmatrix}\mathrm{m},$$

$$\boldsymbol{s}_1=\begin{pmatrix}0\\0\\s_{1z}\end{pmatrix}=\begin{pmatrix}0\\0\\0.25\end{pmatrix}\mathrm{m},\ \boldsymbol{I}_{\mathrm{SP},1}=\begin{pmatrix}I_{xx,1}&0&0\\0&I_{yy,1}&0\\0&0&I_{zz,1}\end{pmatrix}=\begin{pmatrix}2.8&0&0\\0&2.8&0\\0&0&1\end{pmatrix}\mathrm{kg}\cdot\mathrm{m}^2,$$

$$\boldsymbol{s}_2=\begin{pmatrix}0\\0\\s_{2z}\end{pmatrix}=\begin{pmatrix}0\\0\\-0.25\end{pmatrix}\mathrm{m},\ \boldsymbol{I}_{\mathrm{SP},2}=\begin{pmatrix}I_{xx,2}&0&0\\0&I_{yy,2}&0\\0&0&I_{zz,2}\end{pmatrix}=\begin{pmatrix}0.8&0&0\\0&0.8&0\\0&0&0.2\end{pmatrix}\mathrm{kg}\cdot\mathrm{m}^2,$$

$$\boldsymbol{F}_D=\begin{pmatrix}F_{D1}\\F_{D2}\end{pmatrix}=\boldsymbol{0},\ h_1=1,\ h_2=0$$

由于第一个关节是转动关节，第二个关节是滑动关节，因此有 $q_1=\theta_1$ 和 $q_2=d_2$。向量 $\boldsymbol{p}_2$ 是关节坐标 d_2：$\boldsymbol{p}_2=(0\quad 0\quad d_2)^{\mathrm{T}}$ 的函数。如果不考虑外力和力矩，则有

$$\dot{\boldsymbol{v}}_0=(0,g,0)^{\mathrm{T}}\approx(0,10,0)^{\mathrm{T}}\mathrm{m/s^2},\ \boldsymbol{f}_3=\boldsymbol{f}_{ex}=\boldsymbol{0},\ \boldsymbol{n}_3=\boldsymbol{n}_{ex}=\boldsymbol{0}$$

作为实际的运动状态，条件如下：

$$q_1=0,\ q_2=0.75\mathrm{m},\ \dot{q}_1=2\mathrm{rad/s},\ \dot{q}_2=1\mathrm{m/s},\ \ddot{q}_1=4\mathrm{rad/s^2},\ \ddot{q}_2=2\mathrm{m/s^2}$$

在这种运动状态下，机器人处于图 6.10 所示的直立位置，每个关节都有速度和加速度。使用图 6.10 和式（2.33）可以得到旋转矩阵：

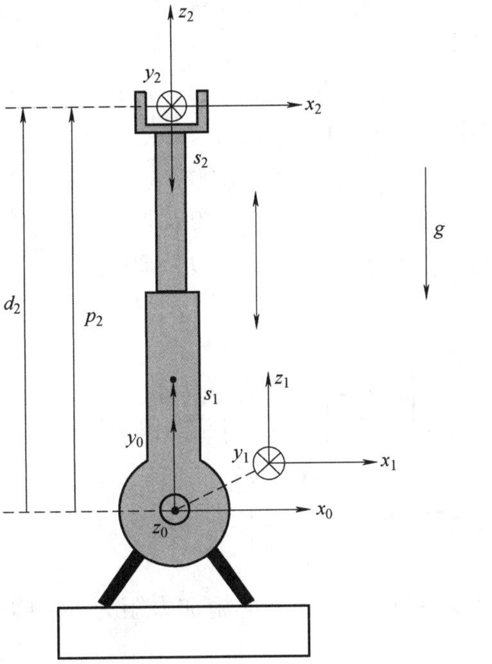

图 6.10 RT 机器人（转动关节-平移关节机器人）

$$^{1}_{0}\boldsymbol{A}=\begin{pmatrix}\cos\theta_1&0&-\sin\theta_1\\\sin\theta_1&0&\cos\theta_1\\0&-1&0\end{pmatrix}=\begin{pmatrix}1&0&0\\0&0&1\\0&-1&0\end{pmatrix},\quad ^{2}_{1}\boldsymbol{A}=\begin{pmatrix}\cos\theta_2&-\sin\theta_2&0\\\sin\theta_2&\cos\theta_2&0\\0&0&1\end{pmatrix}=\begin{pmatrix}1&0&0\\0&1&0\\0&0&1\end{pmatrix},$$

$$^{0}_{1}\boldsymbol{A}=\begin{pmatrix}1&0&0\\0&0&-1\\0&1&0\end{pmatrix},\quad ^{1}_{2}\boldsymbol{A}=\begin{pmatrix}1&0&0\\0&1&0\\0&0&1\end{pmatrix}$$

根据式（6.32）进行计算。平移速度 v_i 和 $v_{s,i}$未计算，因为它们不影响力和力矩。对于 $i=0$，机器人手臂部件 1 的运动量为

$$\boldsymbol{\omega}_1=\begin{pmatrix}0\\-\dot{q}_1\\0\end{pmatrix}=\begin{pmatrix}0\\-2\\0\end{pmatrix},\ \dot{\boldsymbol{\omega}}_1=\begin{pmatrix}0\\-\ddot{q}_1\\0\end{pmatrix}=\begin{pmatrix}0\\-4\\0\end{pmatrix},\ \dot{\boldsymbol{v}}_1=\begin{pmatrix}0\\0\\g\end{pmatrix},\ \dot{\boldsymbol{v}}_{s,1}=\begin{pmatrix}-\ddot{q}_1 s_{1z}\\0\\g-\dot{q}_1^2 s_{1z}\end{pmatrix}=\begin{pmatrix}-1\\0\\9\end{pmatrix}$$

对于 $i=1$，机器人手臂部件 2 的运动量为

$$\boldsymbol{\omega}_2=\begin{pmatrix}0\\-\dot{q}_1\\0\end{pmatrix}=\begin{pmatrix}0\\-2\\0\end{pmatrix},\ \dot{\boldsymbol{\omega}}_2=\begin{pmatrix}0\\-\ddot{q}_1\\0\end{pmatrix}=\begin{pmatrix}0\\-4\\0\end{pmatrix},\ \dot{\boldsymbol{v}}_2=\begin{pmatrix}-d_2\ddot{q}_1-2\dot{q}_1\dot{d}_2\\0\\g-d_2\dot{q}_1^2+\ddot{d}_2\end{pmatrix},\ \dot{\boldsymbol{v}}_{s,2}=\begin{pmatrix}-(d_2+s_{2z})\ddot{q}_1-2\dot{q}_1\dot{d}_2\\0\\g-(d_2+s_{2z})\dot{q}_1^2+\ddot{d}_2\end{pmatrix}=\begin{pmatrix}-6\\0\\10\end{pmatrix}$$

机器人手臂部件的力和力矩的计算从 $i=2$ 开始（机器人手臂第 2 部分），以 $i=1$（机器人手臂第 1 部分）结束，与此同时，该结果用于动力学计算：

$$\boldsymbol{F}_2=m_2\dot{\boldsymbol{v}}_{s2}=\begin{pmatrix}-120\\0\\200\end{pmatrix},\ \boldsymbol{N}_2=\begin{pmatrix}0\\-I_{yy,2}\ddot{q}_1\\0\end{pmatrix}=\begin{pmatrix}0\\-3.2\\0\end{pmatrix},\ \boldsymbol{f}_2=\boldsymbol{F}_2,$$

$$\boldsymbol{n}_2=(\boldsymbol{p}_2+\boldsymbol{s}_2)\times\boldsymbol{F}_2+\boldsymbol{N}_2=\begin{pmatrix}0\\0\\d_2+s_{2z}\end{pmatrix}\times\begin{pmatrix}-120\\0\\200\end{pmatrix}+\begin{pmatrix}0\\-3.2\\0\end{pmatrix}=\begin{pmatrix}0\\-63.2\\0\end{pmatrix},$$

$$\tau_2=\boldsymbol{f}_2^{\mathrm{T}}\cdot{}_2^1\boldsymbol{A}\cdot\boldsymbol{z}=(-120\quad 0\quad 200)\cdot\begin{pmatrix}0\\0\\1\end{pmatrix}=200,$$

$$\boldsymbol{F}_1=m_1\dot{\boldsymbol{v}}_{s1}=\begin{pmatrix}-40\\0\\360\end{pmatrix},\ \boldsymbol{N}_1=\begin{pmatrix}0\\-I_{yy,1}\ddot{q}_1\\0\end{pmatrix}=\begin{pmatrix}0\\-11.2\\0\end{pmatrix},\ \boldsymbol{f}_1={}_1^2\boldsymbol{A}\cdot\boldsymbol{f}_2+\boldsymbol{F}_1=\begin{pmatrix}-160\\0\\560\end{pmatrix},$$

$$\boldsymbol{n}_1={}_1^2\boldsymbol{A}\cdot\boldsymbol{n}_2+\boldsymbol{s}_1\times\boldsymbol{F}_1+\boldsymbol{N}_1=\begin{pmatrix}0\\-84.4\\0\end{pmatrix},\ \tau_1=\boldsymbol{n}_1^{\mathrm{T}}\cdot{}_1^0\boldsymbol{A}\cdot\boldsymbol{z}=-n_{1y}=84.4。$$

在测量的运动状态下，关节 1 中的外部施加力矩为 84.4N · m，关节 2 中施加的推力为 200N。

双关节机器人的执行器只能在 x_0—y_0 平面内移动，这使得计算相对简单且易于理解。

此处，牛顿-欧拉方法仍应用于双关节机器人 R6-12。以下值可用作常数参数和初始条件：

$$\boldsymbol{m}=\begin{pmatrix}m_1\\m_2\end{pmatrix}=\begin{pmatrix}45\\60\end{pmatrix}\mathrm{kg},\ \boldsymbol{p}_1=\begin{pmatrix}l_{11}\\0\\0\end{pmatrix}=\begin{pmatrix}0.28\\0\\0\end{pmatrix}\mathrm{m},\ \boldsymbol{p}_2=\begin{pmatrix}l_2\\0\\0\end{pmatrix}=\begin{pmatrix}1.36\\0\\0\end{pmatrix}\mathrm{m},$$

$$\boldsymbol{s}_1=\begin{pmatrix}s_{1x}\\0\\0\end{pmatrix}=\begin{pmatrix}-0.1\\0\\0\end{pmatrix}\mathrm{m},\ \boldsymbol{I}_{\mathrm{SP},1}=\begin{pmatrix}I_{xx,1}&0&0\\0&I_{yy,1}&0\\0&0&I_{zz,1}\end{pmatrix}=\begin{pmatrix}0.9&0&0\\0&1.3&0\\0&0&1.3\end{pmatrix}\mathrm{kg}\cdot\mathrm{m}^2,$$

$$s_2=\begin{pmatrix}s_{2x}\\0\\0\end{pmatrix}=\begin{pmatrix}-0.7\\0\\0\end{pmatrix}\mathrm{m},\ I_{SP,2}=\begin{pmatrix}I_{xx,2}&0&0\\0&I_{yy,2}&0\\0&0&I_{zz,2}\end{pmatrix}=\begin{pmatrix}2&0&0\\0&1.8&0\\0&0&1.6\end{pmatrix}\mathrm{kg}\cdot\mathrm{m}^2,$$

$$F_D=\begin{pmatrix}F_{D1}\\F_{D2}\end{pmatrix}=0,\ h_1=h_2=1$$

$$\dot{v}_0=(0,0,g)^{\mathrm{T}}\approx(0,0,10)^{\mathrm{T}}\mathrm{m/s^2},\ f_3=f_{ex}=0,\ n_3=n_{ex}=0$$

在当前运动状态下，有以下参数：

$$q_1=0,\ q_2=-\pi/2,\ \dot{q}_1=1\mathrm{rad/s},\ \dot{q}_2=2\mathrm{rad/s},\ \ddot{q}_1=4\mathrm{rad/s^2},\ \ddot{q}_2=2\mathrm{rad/s^2}$$

由图 2.22 和式（2.10）、式（2.33）可以得到旋转矩阵：

$$ {}^1_0A=\begin{pmatrix}1&0&0\\0&0&1\\0&-1&0\end{pmatrix},\ {}^2_1A=\begin{pmatrix}0&1&0\\-1&0&0\\0&0&1\end{pmatrix},\ {}^0_1A=\begin{pmatrix}1&0&0\\0&0&-1\\0&1&0\end{pmatrix},\ {}^1_2A=\begin{pmatrix}0&-1&0\\1&0&0\\0&0&1\end{pmatrix}$$

根据式（6.32）进行计算，对于 $i=0$，机器人手臂部件的运动值为

$$\omega_1=\begin{pmatrix}0\\-\dot{q}_1\\0\end{pmatrix}=\begin{pmatrix}0\\-1\\0\end{pmatrix},\ \dot{\omega}_1=\begin{pmatrix}0\\-\ddot{q}_1\\0\end{pmatrix}=\begin{pmatrix}0\\-4\\0\end{pmatrix},\ \dot{v}_1=\begin{pmatrix}-l_{11}\dot{q}_1^2\\-g\\l_{11}\ddot{q}_1\end{pmatrix},\ \dot{v}_{s,1}=\begin{pmatrix}-\dot{q}_1^2(l_{11}+s_{1x})\\-g\\(l_{11}+s_{1x})\ddot{q}_1\end{pmatrix}$$

对于 $i=1$，可以得到机器人手臂部件 2 的值为

$$\omega_2=\begin{pmatrix}\dot{q}_1=1\\0\\\dot{q}_2=2\end{pmatrix},\ \dot{\omega}_2=\begin{pmatrix}\ddot{q}_1=4\\-\dot{q}_1\dot{q}_2=-2\\\ddot{q}_2=2\end{pmatrix},\ \dot{v}_2=\begin{pmatrix}-l_2\dot{q}_2^2+g\\l_2\ddot{q}_2-l_{11}\dot{q}_1^2\\2l_2\dot{q}_1\dot{q}_2+l_{11}\ddot{q}_1\end{pmatrix},\ \dot{v}_{s,2}=\begin{pmatrix}-\dot{q}_2^2(l_2+s_{2x})+g\\(l_2+s_{2x})\ddot{q}_2-l_{11}\dot{q}_1^2\\2(l_2+s_{2x})\dot{q}_1\dot{q}_2+l_{11}\ddot{q}_1\end{pmatrix}=\begin{pmatrix}7.36\\1.04\\3.76\end{pmatrix}$$

机器人手臂部件上的力和力矩为

$$F_2=m_2\dot{v}_{s2}=\begin{pmatrix}441.6\\62.4\\225.6\end{pmatrix},\ N_2=\begin{pmatrix}I_{xx,2}&\dot{\omega}_{2x}\\I_{yy,2}&\dot{\omega}_{2y}\\I_{zz,2}&\dot{\omega}_{2z}\end{pmatrix}+\begin{pmatrix}0\\\omega_{2x}\omega_{2z}(I_{xx,2}-I_{zz,2})\\0\end{pmatrix}=\begin{pmatrix}8\\-2.8\\3.2\end{pmatrix},\ f_2=F_2,$$

$$n_2=N_2+\begin{pmatrix}0\\-(l_2+s_{2x})F_{2z}\\(l_2+s_{2x})F_{2y}\end{pmatrix}=\begin{pmatrix}8\\-151.696\\44.384\end{pmatrix},\ \tau_2=n_2^{\mathrm{T}}\cdot{}^1_2A\cdot z=n_{2z}=44.384,$$

$$F_1=m_1\dot{v}_{s1}=\begin{pmatrix}-8.1\\-450\\32.4\end{pmatrix},\ N_1=\begin{pmatrix}0\\-I_{yy,1}\ddot{q}_1\\0\end{pmatrix}=\begin{pmatrix}0\\-5.2\\0\end{pmatrix},\ f_1=\begin{pmatrix}F_{2y}\\-F_{2x}\\F_{2z}\end{pmatrix}+F_1=\begin{pmatrix}54.3\\-891.6\\258\end{pmatrix},$$

$$n_1=N_1+\begin{pmatrix}0\\-(l_{11}+s_{1x})F_{1z}\\(l_{11}+s_{1x})F_{1y}\end{pmatrix}+\begin{pmatrix}n_{2y}\\-l_{11}f_{2z}-n_{2x}\\-l_{11}f_{2x}+n_{2z}\end{pmatrix}=\begin{pmatrix}-151.696\\-82.2\\-160.264\end{pmatrix},\ \tau_1=n_1^{\mathrm{T}}\cdot{}^0_1A\cdot z=-n_{1y}=82.2$$

对于 3 个以上的关节，不再建议用笔计算。机器人技术使用仅执行数值运算的程序。路径 Robot-2G 中的 MATLAB-M-File N_E_2G 可以从网站上下载，逆模型可以通过它进行数值计算。

6.2.6 运动方程各个分量的计算

在图 6.5 中，机器人手臂的逆模型形式为

$$\boldsymbol{\tau}=\boldsymbol{M}(\boldsymbol{q})\cdot\ddot{\boldsymbol{q}}+\boldsymbol{b}(\boldsymbol{q},\dot{\boldsymbol{q}}) \tag{6.36}$$

如果机器人手臂参数以数字形式输入并且关节尺寸的测量值也可用，则可以使用牛顿-欧拉方法逐一计算各个分量。具有 n 个关节的机器人的计算工作是乘法和求和。递归牛顿-欧拉方法是较节省计算时间的方法（见文献/6.15/）。它为式（6.36）的逆模型左侧提供数值。对于某些应用程序，这已经足够了。但是，如果要模拟施加关节力/力矩时机器人手臂如何运动，则必须建立并求解以下方程：

$$\ddot{\boldsymbol{q}}=\boldsymbol{M}^{-1}(\boldsymbol{q})[\boldsymbol{\tau}-\boldsymbol{b}(\boldsymbol{q},\dot{\boldsymbol{q}})] \tag{6.37}$$

为此明确需要惯性矩阵 $\boldsymbol{M}(\boldsymbol{q})$ 和向量，如果不使用递归牛顿-欧拉方法进行修改，则无法计算。为了更好地理解该过程，向量 $\boldsymbol{b}$ 被分成几个被加数：

$$\boldsymbol{\tau}=\boldsymbol{M}(\boldsymbol{q})\cdot\ddot{\boldsymbol{q}}+\boldsymbol{b}(\boldsymbol{q},\dot{\boldsymbol{q}})=\boldsymbol{M}(\boldsymbol{q})\cdot\ddot{\boldsymbol{q}}+\boldsymbol{G}(\boldsymbol{q})+\boldsymbol{C}(\boldsymbol{q})\cdot\boldsymbol{f}_C(\dot{\boldsymbol{q}})+\boldsymbol{R}\cdot\dot{\boldsymbol{q}}+\hat{\boldsymbol{J}}^{\mathrm{T}}(\boldsymbol{q})\cdot\begin{bmatrix}\boldsymbol{f}_{ex}\\ \boldsymbol{n}_{ex}\end{bmatrix} \tag{6.38}$$

位置相关的质量矩阵 $\boldsymbol{M}(\boldsymbol{q})$ 已经在前文讨论过。$\boldsymbol{G}(\boldsymbol{q})$ 是包含由重力引起的关节力矩或关节力的向量。$(n\cdot n)$ 矩阵 $\boldsymbol{R}$ 与速度向量的乘积表示与速度相关的摩擦损失。将矩阵 $\boldsymbol{C}(\boldsymbol{q})$ 与向量相乘，可以获得力矩/力的向量，它描述了向心力和科里奥利力对关节的影响。这里，$\boldsymbol{C}(\boldsymbol{q})$ 的维度是 n，又是关节数。n_C 为

$$n_C=\frac{n(n+1)}{2} \tag{6.39}$$

向量 $\boldsymbol{f}_C$ 的分量是关节速度的二阶组合。

$$f_{C,1}=\dot{q}_1^2,\ f_{C,2}=\dot{q}_1\dot{q}_2,\ f_{C,3}=\dot{q}_1\dot{q}_3,\cdots,\ f_{C,n_C}=\dot{q}_n^2 \tag{6.40}$$

具有 3 个关节的机器人维度 $n_C=6$ 且 $\boldsymbol{f}_C=(\dot{q}_1^2,\dot{q}_1\cdot\dot{q}_2,\dot{q}_1\cdot\dot{q}_3,\dot{q}_2^2,\dot{q}_2\cdot\dot{q}_3,\dot{q}_3^2)^{\mathrm{T}}$。与角速度的平方 $\dot{q}_i^2$ 相关的分量描述了向心力的影响，其他分量是由科里奥利力引起。

通过执行器传递给机器人的加工力和加工力矩由向量 $\boldsymbol{f}_{ex}$ 和 $\boldsymbol{n}_{ex}$ 来表示。根据式（6.33），这些向量 $\boldsymbol{f}_{n+1}$、$\boldsymbol{n}_{n+1}$ 可以包含在牛顿-欧拉方法中。它们可在坐标系 K_{n+1} 中表示。执行计算的最简单方法是选择 $K_{n+1}=K_n$，因为这样计算，式（6.33）所需的转动矩阵 ${}^{n+1}_{n}\boldsymbol{A}$ 就是单位矩阵。通过位置相关的 $6n$ 矩阵 $\hat{\boldsymbol{J}}^{\mathrm{T}}$ 将外力/力矩映射到相关的关节力或关节力矩。矩阵 $\hat{\boldsymbol{J}}^{\mathrm{T}}$ 与运动学雅可比矩阵密切相关（见文献/6.2/）。

根据式（6.38）获得单个矩阵，建议多次计算式（6.32）和式（6.33）(解决方案选项 1) 或使用符号公式操作处理算法（解决方案选项 2）。

解决方案选项 1：

基于力和力矩可以叠加的原理，多次使用牛顿-欧拉方法来明确计算在定义的时间点 t^* 的 $\boldsymbol{M}(\boldsymbol{q})$ 和 $\boldsymbol{b}(\boldsymbol{q},\dot{\boldsymbol{q}})$。式（6.38）中的力矩向量是由加速质量引起的力矩/力、由重力加速度引起的力/力矩、摩擦损失、向心力和科里奥利影响以及外力/力矩的叠加。所有这些力/力矩都是相互独立的。如果在根据式（6.32）和式（6.33）计算 $\boldsymbol{\tau}$ 时使用测量的坐标 $\boldsymbol{q}(t^*)$ 和相关加速度 $\ddot{\boldsymbol{q}}(t^*)$，但重力加速度 g 和所有关节速度 $\dot{q}_i(t^*)$，$i=1,\cdots,n$ 和 $\boldsymbol{f}_{ex}$、

$\boldsymbol{n}_{ex}$都设置为 0，则根据式（6.38）计算出的向量 $\boldsymbol{\tau}(t^*)$ 只取决于 $\boldsymbol{M}(\boldsymbol{q}(t^*))\cdot\ddot{\boldsymbol{q}}(t^*)$。其他力/力矩没有影响，因为当 $g=0$ 时，向量 $\boldsymbol{G}(\boldsymbol{q})$ 消失，矩阵 $\boldsymbol{C}$ 和矩阵 $\boldsymbol{R}$ 的每个分量都与角速度相乘，这可以由式（6.38）和式（6.39）看出。然而，$\boldsymbol{M}$ 的各个矩阵元素仍然未知。不管加速度的实际值如何，将第一个关节的加速度设为 1，其他关节的加速度设为 0，计算质量矩阵的第一列：

$$\ddot{q}_1=1,\ \ddot{q}_2=\ddot{q}_3=\cdots=\ddot{q}_n=0$$

在这种情况下，根据式（6.38）有

$$\tau_1(t^*)=M_{11}(t^*),\ \tau_2(t^*)=M_{21}(t^*),\ \cdots,\ \tau_n(t^*)=M_{n1}(t^*)$$

由于向量 $\boldsymbol{\tau}(t^*)$ 是已知的，矩阵元素 M_{11}，M_{21}，…，M_{n1}也是已知的，因此惯性矩阵的第一列是在时间 t^* 依据机器人手臂当前位置 $\boldsymbol{q}(t^*)$ 使用递归牛顿-欧拉方法计算。为了计算质量矩阵的任何列 i，可以采取将 $\ddot{q}_i(t^*)=1$，其他关节的加速度设置为 0。向量 $\boldsymbol{b}(\boldsymbol{q}(t^*),\dot{\boldsymbol{q}}(t^*))$ 是通过递归牛顿-欧拉方法的进一步应用获得的。为此，在计算中应考虑重力加速度 g 的正确值和现有角速度，但所有关节加速度都设置为 0。在这种情况下，根据式（6.38）可得

$$\boldsymbol{\tau}(t^*)=\boldsymbol{b}(\boldsymbol{q}(t^*),\ \dot{\boldsymbol{q}}(t^*))$$

这意味着向量 $\boldsymbol{b}$ 的所有分量在时间 t^* 都是已知的。这种方法的缺点是递归牛顿-欧拉方法必须计算多次才能在某个时间点获得所需的表达式。以类似的方式，也可以确定式（6.38）中 $\boldsymbol{b}$ 的各个系统矩阵或向量。

解决方案 1 示例：

作为解决方案 1 的示例，再次使用图 6.10 中的双关节臂。两个关节中的驱动力/力矩的向量作为没有外力/力矩作用的运动状态和先决条件下计算为 $\boldsymbol{\tau}=(84.4,200)^{\mathrm{T}}$。使用牛顿-欧拉程序 *N_E_2G*（可从网站下载），除此计算外，还可以计算式（6.38）的所有矩阵和向量。用这个双关节机器人的常数和关节坐标值 q_1、q_2，可以得到

$$\boldsymbol{\tau}=\boldsymbol{M}\cdot\ddot{\boldsymbol{q}}+\boldsymbol{b}=\begin{bmatrix}11,1 & 0\\ 0 & 20\end{bmatrix}\cdot\begin{bmatrix}\ddot{q}_1\\ \ddot{q}_2\end{bmatrix}+\begin{bmatrix}40\\ 160\end{bmatrix}$$

程序 *N_E_2G* 还提供式（6.36）中向量 $\boldsymbol{b}$ 的各个被加数：

$$\boldsymbol{b}=\boldsymbol{G}+\boldsymbol{C}\cdot\boldsymbol{f}_C(\dot{\boldsymbol{q}})+\boldsymbol{R}\cdot\dot{\boldsymbol{q}}+\hat{\boldsymbol{J}}^{\mathrm{T}}\cdot\begin{bmatrix}\boldsymbol{f}_{ex}\\ \boldsymbol{n}_{ex}\end{bmatrix}$$

$$=\begin{bmatrix}0\\ 200\end{bmatrix}+\begin{bmatrix}0 & 20 & 0\\ -10 & 0 & 0\end{bmatrix}\cdot\begin{bmatrix}\dot{q}_1^2\\ \dot{q}_1\dot{q}_2\\ \dot{q}_2^2\end{bmatrix}+\begin{bmatrix}0 & 0\\ 0 & 0\end{bmatrix}\cdot\begin{bmatrix}\dot{q}_1\\ \dot{q}_2\end{bmatrix}+\begin{bmatrix}0.75 & 0 & 0 & 0 & 1 & 0\\ 0 & 0 & -1 & 0 & 0 & 0\end{bmatrix}\cdot\begin{bmatrix}\boldsymbol{f}_{ex}\\ \boldsymbol{n}_{ex}\end{bmatrix}$$

如果使用假定的速度和加速度并且假定外力和力矩为零，则可以得到 $\boldsymbol{\tau}$ 和 $\boldsymbol{b}$。矩阵 $\boldsymbol{M}$、$\boldsymbol{G}$、$\boldsymbol{C}$、$\hat{\boldsymbol{J}}^{\mathrm{T}}$ 和 $\boldsymbol{R}$ 仅适用于 $q_1=0$ 和 $q_2=0.75\mathrm{m}$ 的情况。

解决方案选项 2：

将式（6.32）和式（6.33）的递归牛顿-欧拉方法的计算规则作为命令输入到编程语言中，例如 Maple、Mathematica 或 MATLAB。符号变量用于 $\boldsymbol{q}$、$\dot{\boldsymbol{q}}$、$\ddot{\boldsymbol{q}}$，常量臂参数可以用数字或符号来表示。如果执行这些命令，递归就完成了，可获得 $\boldsymbol{\tau}$ 分量的明确解析计算规则，这

些规则取决于关节坐标、关节速度和关节加速度。由给定可变的输入值 x_0，常数 α_1 和 α_2 以及待确定的输出值 x_2 确定递归关系。

$$x_1=3x_0+\sin\alpha_1$$

$$x_2=2x_1+\cos\alpha_2$$

如果使用数值程序计算相互关系，则必须以数值形式给出 x_0、α_1 和 α_2。然后计算 x_1。相反，如果将上述指令作为赋值输入，则编程语言会符号化地处理所有变量的符号并生成以下输出：

$$x_2=6x_0+2\sin\alpha_1+\cos\alpha_2$$

符号编程语言生成了一种非递归关系，现在可以用数字程序进行评估。式（6.32）、式（6.33）中的计算规则就是这样处理的。将获得形式为逆模型的明确计算规则。

$$\tau_i=f_i(\boldsymbol{q},\dot{\boldsymbol{q}},\ddot{\boldsymbol{q}}),\ i=1,\cdots,n$$

这些算法可以通过符号编程进一步处理，以便根据式（6.38）可以使用各个组件，并且可以通过控制算法或模拟程序进一步使用。该方法的缺点是这些计算规则比较复杂。但是，通过替代、分解等措施，可以生成与数值方法在计算工作量（见文献/6.18/和文献/6.19/）方面具有可比性或成本更低的计算规则。

解决方案 2 示例：

使用 MATLAB，还可以进行符号计算。*M-File Mod_2G* 可用于 *Robot_2G* 路径，以基于任何双关节机器人的牛顿-欧拉方法生成符号模型。在对话框中输入图 6.10 中机器人手臂的恒定德纳维特-哈滕贝格参数 $\alpha_1=-\pi/2$、$\alpha_1=\alpha_2=0$、$\alpha_2=0$、$d_1=0$、$\theta_2=0$。所有其他常量参数为 $q_1=\theta_1$、$q_2=d_2$ 以及关节坐标及其一阶导数和二阶导数都被符号化处理。结果为

$$\boldsymbol{\tau}=\boldsymbol{M}(\boldsymbol{q})\cdot\ddot{\boldsymbol{q}}+\boldsymbol{G}(\boldsymbol{q})+\boldsymbol{C}(\boldsymbol{q})\cdot\boldsymbol{f}_C(\dot{\boldsymbol{q}})+\boldsymbol{R}\cdot\dot{\boldsymbol{q}}+\hat{\boldsymbol{J}}^{\mathrm{T}}(\boldsymbol{q})\cdot\begin{pmatrix}\boldsymbol{f}_{ex}\\ \boldsymbol{n}_{ex}\end{pmatrix}$$

$$=\begin{bmatrix}m_2(s_{2z}+q_2)^2+m_1s_{1z}^2+I_{yy,1}+I_{yy,2} & 0\\ 0 & m_2\end{bmatrix}\cdot\begin{bmatrix}\ddot{q}_1\\ \ddot{q}_2\end{bmatrix}+\begin{bmatrix}-g\sin q_1[m_2(s_{2z}+q_2)+m_1s_{2z}]\\ m_2g\cos q_1\end{bmatrix}+$$

$$\begin{bmatrix}0 & 2m_2(s_{2z}+q_2) & 0\\ -m_2(s_{2z}+q_2) & 0 & 0\end{bmatrix}\cdot\begin{bmatrix}\dot{q}_1^2\\ \dot{q}_1\dot{q}_2\\ \dot{q}_2^2\end{bmatrix}+\begin{bmatrix}0 & 0\\ 0 & 0\end{bmatrix}\cdot\begin{bmatrix}\dot{q}_1\\ \dot{q}_2\end{bmatrix}+\begin{bmatrix}q_2 & 0 & 0 & 0 & 1 & 0\\ 0 & 0 & -1 & 0 & 0 & 0\end{bmatrix}\cdot\begin{bmatrix}\boldsymbol{f}_{ex}\\ \boldsymbol{n}_{ex}\end{bmatrix}$$

如果使用第 6.2.5 节中的参数和当前运动状态，则结果与上面为该机器人手臂计算的结果一致。符号表示的优势在于它提供了对系统行为的洞察。例如，可以理解质量转动惯量 M_{11} 是如何围绕第一关节轴组成的。y_1 轴方向重心处的机器人第一手臂部件的质量惯性矩为 $I_{yy,1}$。但 $I_{yy,1}$ 也作用于第一转动轴的方向。根据平行轴的斯坦纳定理，必须加上机器人手臂部件 1 的质量乘以重心到转动轴的距离 s_{1z} 的平方，才能得到机器人手臂部件 1 在 M_{11} 中的比例。机器人手臂部件 2 也是如此。这里到重心的距离是 q_2+s_{2z}。在转动轴的方向上，$I_{yy,2}$ 相应地也起作用。K_2 中的 *Mod_2G* 程序描述了外力和力矩。因此，外力向量的分量 $f_{ex,x}$ 在关节 1 中产生力矩。$f_{ex,x}$ 作用在距离 $q_2=d_2$ 处。在外部力矩向量的分量中，只有 $n_{ex,y}$ 可以在关节 1 中产生力矩。滑动关节 2 仅受分力 $f_{ex,z}$ 的影响。

6.3 受控系统的总体模型

除机器人机械装置外，受控系统还包括带有电动机的驱动系统、与驱动相关的伺服电子设备和传动系统（齿轮箱）。数字机器人控制大多使用伺服电子设备的电流接口作为驱动系统的接口。机器人控制输出向量，其分量是每个电动机电流接口的输入信号，与电流成正比（见图 6.11）。与驱动相关的伺服电子设备使电动机提供驱动力矩，这些力矩汇总在力矩向量中，并通过齿轮箱提供关节中的力或力矩向量。

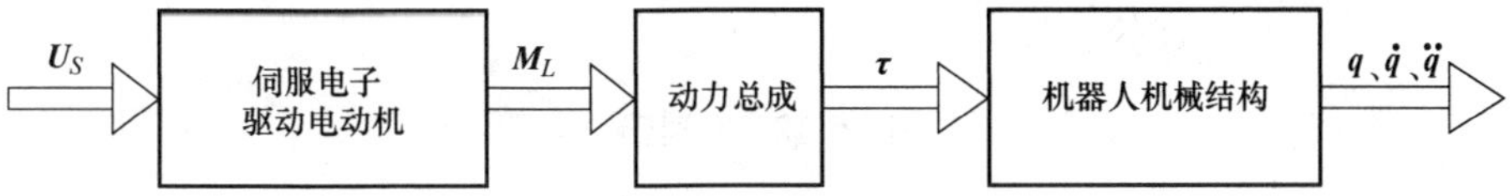

图 6.11　受控系统的组成部分

6.3.1 所有关节的驱动电动机和伺服电子设备模型

在第 6.1.2 节中，建立了驱动电动机和关节伺服电子设备的模型。所有关节的模型都可以表示为

$$\boldsymbol{J}_A \cdot \dot{\boldsymbol{\Omega}} = \boldsymbol{K}_M \cdot \boldsymbol{U}_S - \boldsymbol{F}_M \cdot \boldsymbol{\Omega} - \boldsymbol{M}_L \tag{6.41}$$

与对角矩阵

$$\boldsymbol{J}_A = \begin{pmatrix} J_{A1} & & \boldsymbol{0} \\ & \ddots & \\ \boldsymbol{0} & & J_{An} \end{pmatrix},\ \boldsymbol{K}_M = \begin{pmatrix} K_{M1} & & \boldsymbol{0} \\ & \ddots & \\ \boldsymbol{0} & & K_{Mn} \end{pmatrix} = \begin{pmatrix} C_1/K_{MI,1} & & \boldsymbol{0} \\ & \ddots & \\ \boldsymbol{0} & & C_n/K_{MI,n} \end{pmatrix} \boldsymbol{F}_M = \begin{pmatrix} F_{M1} & & \boldsymbol{0} \\ & \ddots & \\ \boldsymbol{0} & & F_{Mn} \end{pmatrix},$$

和列向量 $\boldsymbol{U}_S = (U_{S1}, \cdots, U_{Sn})^{\mathrm{T}}$，$\boldsymbol{M}_L = (M_{L1}, \cdots, M_{Ln})^{\mathrm{T}}$。

使用的电动机数量通常与关节数量相同。对于所有关节和电动机有

$$\dot{\boldsymbol{q}} = \boldsymbol{T}_G \cdot \boldsymbol{\Omega} \tag{6.42}$$

$$\boldsymbol{\tau} = \boldsymbol{S}_G \cdot \boldsymbol{M}_L \tag{6.43}$$

矩阵 $\boldsymbol{T}_G$ 和 $\boldsymbol{S}_G$ 也称为传动矩阵。如果恰好为每个电动机分配一个关节，则 $\boldsymbol{T}_G$ 和 $\boldsymbol{S}_G$ 是对角矩阵。然而，大多数机器人手臂并非如此，k 个电动机（$k>1$）共同参与驱动 k 个关节，在这种情况下，也称为运动耦合。

图 6.12 所示为差速器，它的手臂转动关节和手臂摆动关节之间的运动学耦合。如果驱动器导致齿轮 Z_1 和 Z_2 以相同的方向和相同的角速度转动，则齿轮 Z_3 以及机器人手臂移出绘图平面（手臂摆动），手臂的纵向没有转动（手臂倾斜）。具有相同数量的不同符号的角速度时，手臂仅围绕纵轴转动。对于齿轮的任何转动，都会叠加平移和倾斜运动。如果齿轮副的减速比为 u 并且只有两个关节，手臂摆动和手臂转动，则有

$$\dot{\theta}_1 = (1/u)\Omega_1 - (1/u)\Omega_2,\ \dot{\theta}_2 = (1/u)\Omega_1 + (1/u)\Omega_2,\ \dot{\boldsymbol{q}} = \boldsymbol{T}_G \cdot \boldsymbol{\Omega} = \frac{1}{u} \cdot \begin{pmatrix} 1 & -1 \\ 1 & 1 \end{pmatrix} \cdot \boldsymbol{\Omega}$$

类似的运动学耦合可以在多关节机器人中找到。根据式（6.43），对于变速器输入力矩到有用力矩的映射矩阵 $\boldsymbol{S}_G$ 为

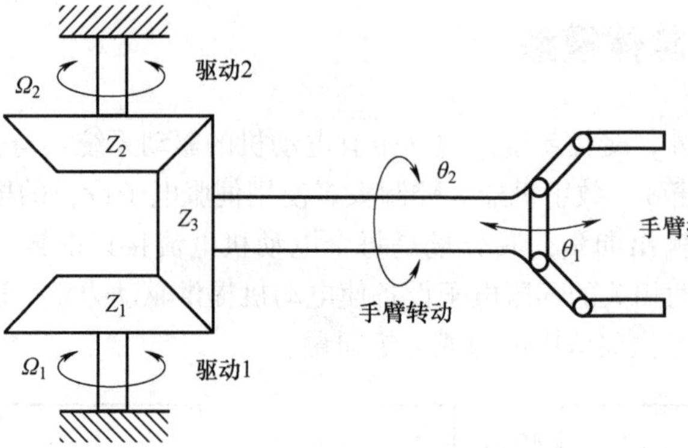

图 6.12　差速器

$$S_G=\begin{bmatrix}160&0&0&0&0&0\\0&160&0&0&0&0\\0&0&160&0&0&0\\0&0&0&33.25&0&0\\0&0&0&0&15&-15\\0&0&0&0&0&15\end{bmatrix}$$

如果根据式（6.9）考虑关节的关系，可以假设 $\boldsymbol{S}_G$ 通过 $\boldsymbol{T}_G$ 的反演获得。然而，这仅在没有运动耦合的情况下才是正确的。假设传动系统无损耗地工作，可以推导出 $\boldsymbol{T}_G$ 和 $\boldsymbol{S}_G$ 之间的关系。输入传动系统的功率和从关节汲取的功率必须相等。

$$M_{L1}\Omega_1+M_{L2}\Omega_2+\cdots+M_{Ln}\Omega_n=\tau_1\dot{q}_1+\tau_2\dot{q}_2+\cdots+\tau_n\dot{q}_n$$

也可以表示为

$$\boldsymbol{M}_L^{\mathrm{T}}\cdot\boldsymbol{\Omega}=\boldsymbol{\tau}^{\mathrm{T}}\cdot\dot{\boldsymbol{q}}\tag{6.44}$$

如果根据式（6.43）替换 $\boldsymbol{\tau}$，根据式（6.42）替换 $\boldsymbol{\Omega}$，则有

$$\boldsymbol{M}_L^{\mathrm{T}}\cdot\boldsymbol{T}_G^{-1}\cdot\dot{\boldsymbol{q}}=\boldsymbol{M}_L^{\mathrm{T}}\cdot\boldsymbol{S}_G^{\mathrm{T}}\cdot\dot{\boldsymbol{q}}$$

从而 $\boldsymbol{T}_G^{-1}=\boldsymbol{S}_G^{\mathrm{T}}$。如果用 $\boldsymbol{\tau}$ 替换 $\boldsymbol{M}_L$，用 $\boldsymbol{\Omega}$ 替换 $\dot{\boldsymbol{q}}$，在这种情况下得出 $(\boldsymbol{S}_G^{-1})^{\mathrm{T}}=\boldsymbol{T}_G$。在所做的假设下有

$$\boldsymbol{T}_G=(\boldsymbol{S}_G^{-1})^{\mathrm{T}}=(\boldsymbol{S}_G^{\mathrm{T}})^{-1}\tag{6.45}$$

在规则方阵的情况下，反转和转置的顺序可以互换。

6.3.2　模型方程总结

受控系统的组件已在前文进行了介绍。现在应该在控制向量 $\boldsymbol{U}_S$ 和关节坐标之间建立紧密的关系。传动系统以机械方式将电动机与机器人手臂部件连接起来。因此，根据式（6.36）的机器人手臂和式（6.41）的驱动器的数学描述通过传动系统式（6.42）和式（6.43）相联系。对 $\boldsymbol{M}_L$ 求解式（6.41），并插入式（6.43），可得

$$\boldsymbol{\tau}=\boldsymbol{S}_G\cdot[\boldsymbol{K}_M\cdot\boldsymbol{U}_S-\boldsymbol{M}_R(\Omega)-\boldsymbol{J}_A\cdot\dot{\boldsymbol{\Omega}}]\tag{6.46}$$

由于 $\boldsymbol{U}_S$ 用作控制向量，$\boldsymbol{\tau}$ 由式（6.36）的右侧代替。只有关节坐标和它们相对于时间的前两个导数应该作为时间相关的量出现，因此 $\boldsymbol{\Omega}=\boldsymbol{T}_G^{-1}\cdot\dot{\boldsymbol{q}}$ 和 $\dot{\boldsymbol{\Omega}}=\boldsymbol{T}_G^{-1}\cdot\ddot{\boldsymbol{q}}$ 根据式（6.42）

设定。将式（6.46）带入得到

$$M(q)\cdot\ddot{q}+b(q,\dot{q})=S_G\cdot[K_M\cdot U_S-M_R(\dot{q})-J_A\cdot T_G^{-1}\cdot\ddot{q}] \tag{6.47}$$

根据控制向量求解，得到

$$U_S=K_M^{-1}\cdot[S_G^{-1}\cdot M(q)+J_A\cdot T_G^{-1}]\cdot\ddot{q}+K_M^{-1}\cdot[S_G^{-1}\cdot b(q,\dot{q})+M_R(\dot{q})] \tag{6.48}$$

$$U_S=M^*(q)\cdot\ddot{q}+b^*(q,\dot{q}) \tag{6.49}$$

对于

$$M^*(q)=K_M^{-1}\cdot[S_G^{-1}\cdot M(q)+J_A\cdot T_G^{-1}],\ b^*(q,\dot{q})=K_M^{-1}\cdot[S_G^{-1}\cdot b(q,\dot{q})+M_R(\dot{q})] \tag{6.50}$$

式（6.49）具有式（6.36）的逆模型形式：可以由机器人的运动状态 q、$\dot{q}$、$\ddot{q}$ 计算任意时间点的控制向量。如果向量 τ 已经通过牛顿-欧拉法计算得到，则控制向量可以根据式（6.48）和式（6.36）计算为

$$U_S=K_M^{-1}\cdot S_G^{-1}\cdot\tau+K_M^{-1}\cdot[J_A\cdot T_G^{-1}\cdot\ddot{q}+M_R(\dot{q})] \tag{6.51}$$

运动方程的形式在结构上对应于式（6.37），求解角速度向量 $\ddot{q}$ 为

$$\ddot{q}=[M^*(q)]^{-1}\cdot[U_S-b^*(q,\dot{q})] \tag{6.52}$$

图 6.13 所示为机器人手臂总体受控系统。

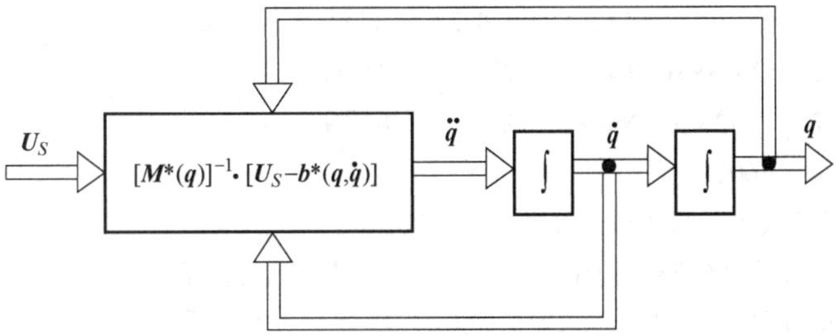

图 6.13　机器人手臂总体受控系统

练习题

1. 图 6.14 所示为一个给定长度的单关节机器人。坐标系基于德纳维特-哈滕贝格约定。给定参数为 $m_1=16\text{kg}$、$I_{zz,1}=I_{yy,1}=0.5\text{kg}\cdot\text{m}^2$、$I_{xx,1}=0.1\text{kg}\cdot\text{m}^2$。假定没有摩擦损失，无外力和力矩作用。假设当前的运动状态为：$q_1=\theta_1=60°$、$\dot{q}_1=1.5\text{rad/s}$，$\ddot{q}_1=3\text{rad/s}^2$。

1）应用牛顿-欧拉方法计算给定的运动状态 τ_1。

2）应用自由切割和角动量守恒直接计算检查结果。

3）如果在夹持器的工具中心点中拾取了 4kg 的质点量并且还存在假定的运动状态，则结果如何变化?

4）在 K_1 的坐标中指定外力向量和外力矩向量，这两个向量的哪些组成部分会影响运动行为?

2. R6-12 的逆动力学模型是符号计算的。手臂的常数参数被数值化处理。

1）从符号程序的表达式中确定矩阵或向量 $M(q)$、$G(q)$、$C(q)$ 的每个元素。没有考虑摩擦、外力和力矩。

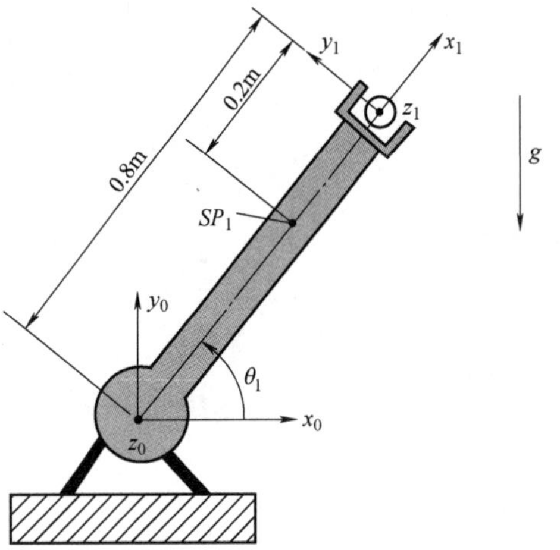

图 6.14　练习题 1 的附图

名称 q1p 代表 $\dot{q}_1$，q1pp 代表 $\ddot{q}_1$ 等。

```
tau1=
-51.87*cos(q2)*sin(q2)*q1p*q2p+6.704*sin(q2)^2*q1pp-22.18*sin(q2)^3*q1p
*q2p+11.09*sin(q2)^2*cos(q2)*q1pp+
32.64*cos(q2)^2*q1pp+
11.09*cos(q2)*q1pp-22.18*cos(q2)^2*sin(q2)*q1p*q2p+
11.09*cos(q2)^3*q1pp+2.758*q1pp

tau2=
27.74*q2pp+25.94*sin(q2)*q1p^2*cos(q2)+11.09*sin(q2)*q1p^2-396.*cos(q2)
```

2）使用第 6.2.5 节中的运动状态 $q_1=0$、$q_2=-\pi/2$、$\dot{q}_1=1\text{rad/s}$、$\dot{q}_2=2\text{rad/s}$、$\ddot{q}_1=4\text{rad/s}^2$、$\ddot{q}_2=2\text{rad/s}^2$，验证第 6.2.5 节的结果 τ_1、τ_2。

3）驱动系统，根据式（6.36），逆模型表示为以下形式：

$\boldsymbol{U}_S=\boldsymbol{M}^*(\boldsymbol{q})\cdot\ddot{\boldsymbol{q}}+\boldsymbol{G}^*(\boldsymbol{q})+\boldsymbol{R}^*\cdot\dot{\boldsymbol{q}}+\boldsymbol{C}^*(\boldsymbol{q},\dot{\boldsymbol{q}})$。计算上面给出的矩阵或以以下值为驱动系统参数的向量 $\boldsymbol{G}^*$：

$$C_1=0.36\text{N}\cdot\text{m/A},\ C_2=0.433\text{N}\cdot\text{m/A},\ J_{A1}=7.66\times10^{-4}\text{kg}\cdot\text{m}^2,$$
$$J_{A2}=26.3\times10^{-4}\text{kg}\cdot\text{m}^2,\ K_{MI,1}=1\text{V/A},\ K_{MI,2}=0.5\text{V/A},$$
$$F_{M1}=0.3\times10^{-3}\text{Nm}\cdot\text{s},\ F_{M2}=1.3\times10^{-3}\text{Nm}\cdot\text{s},$$
$$u_1=160,\ u_2=160。$$

4）求 M_{11} 和 M_{11}^* 的最大值和最小值以及 $M_{11,\max}/M_{11,\min}$ 和 $M_{11,\max}^*/M_{11,\min}^*$。为什么 $M_{11,\max}^*/M_{11,\min}^*$ 更小？

3. 根据式（6.32）和式（6.33）简化计算逆模型的算法，只考虑重力的影响：$\boldsymbol{\tau}=\boldsymbol{G}(\boldsymbol{q})$。

4. 使用练习题 3 中的解计算图 3.5 中双关节机器人的力矩 τ_1、τ_2 作为重力力矩。目前的方位是 $\boldsymbol{q}=[\pi/3,0]^{\text{T}}$。$l_1=l_2=0.5\text{m}$ 和 $m_1=2\text{kg}$、$m_2=1\text{kg}$ 用作恒定手臂参数，臂部 1 的重心与第一转动轴之间的距离为 0.2m，重心 2 与第二转动轴之间的距离为 0.3m。向量 $\boldsymbol{s}_1$ 在 y_1 和 z_1 方向上没有分量，$\boldsymbol{s}_2$ 在 y_2 或 z_2 方向上没有分量。用 $g=10\text{m/s}^2$ 进行相关计算。

5. 使用程序 *Mod_2G* 计算图 3.5 中平面双关节机器人的矩阵 $\boldsymbol{M}(\boldsymbol{q})$、$\boldsymbol{C}(\boldsymbol{q})$ 和向量 $\boldsymbol{G}(\boldsymbol{q})$。常量德纳维特-哈滕贝格参数和向量 $\boldsymbol{s}_i$ 将使用练习题 4 中的值以数字方式指定，所有其他参数都可以符号化处理。两个手臂部分的惯性张量被假定为对角矩阵。为什么分量 $I_{xx,1}$、$I_{yy,1}$、$I_{xx,2}$、$I_{yy,2}$ 不影响惯性矩阵 $\boldsymbol{M}$？

第 7 章　闭 环 控 制

7.1　任务和基本结构

控制必须确保通过使用足够精度的受控值对驱动器进行适当的调节，以执行由程序员定义的机器人的动作。控制可以处理机器人系统和环境的当前状态，这些状态由测量系统和传感器系统记录。

控制分内部控制和外部控制。内部控制是只处理关节目标值和实测值的关节控制。虽然每个工业机器人控制器都把关节控制作为必不可少的组件，但外部控制仅限于高级机器人控制器。根据传感器信息和目标规范确定机器人在空间中的必要运动和/或执行器在工件上的作用力，这些信息和目标规范可由面向任务的编程指定。这些变量在与分配的任务相适合的坐标系（工具或基本坐标系）中表示，并在应用逆运动学后用作关节控制的目标值。根据这些目标值和相应的测量值，通过合适的控制算法计算控制变量。通过这些控制变量，驱动系统受到有效控制，以尽可能达到所需的要求。

大多数机器人控制都是采用位置控制。在位置控制的情况下，无论施加的加工力和所受的负载如何，执行器都应采取所定义的运动行为，这在控制技术方面被视为干扰。在绝大多数情况下，工业机器人只测量关节坐标和关节速度。控制变量是关节坐标（角度或滑动长度），它们组合在向量 $\boldsymbol{q}$ 中。关节控制的任务是将这些关节坐标调整为随时间变化的向量 $\boldsymbol{q}_S$ 的相应标称值（见图 7.1）。测得的关节速度的向量 $\dot{\boldsymbol{q}}$ 在控制算法中进行处理。速度提供有关机器人手臂动态行为的附加信息，如果控制是作为级联控制实现的，则速度是辅助控制变量。此外，关节的目标速度和目标加速度用于特殊控制概念中的计算。

控制算法的输出向量 $\boldsymbol{U}_S$ 包含电压或相应的数字信号，驱动器的伺服电子设备通过这些信号进行控制，以便电动机能够产生所需的驱动力矩。

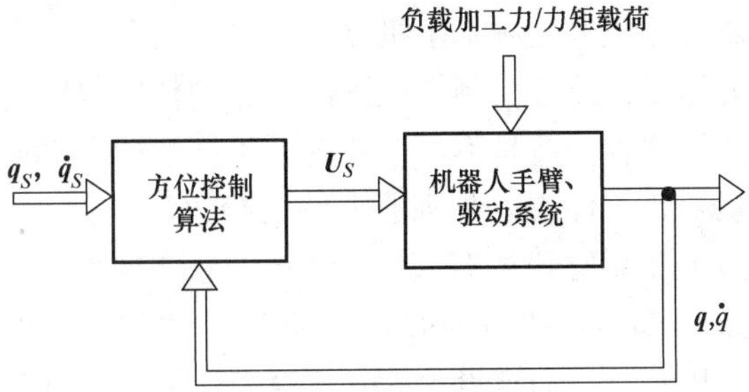

图 7.1　机器人关节控制的基本结构

对于关节平面的位置控制，借助逆变换，将用户定义的执行器笛卡儿路径映射到关节目标值。测量和调节关节角度和移动长度。除了关节坐标中出现不可避免的控制误差外，笛卡儿路径还存在其他的不确定性。一方面，机器人手臂部件在高负载、外力或高加速度下弯曲，这在关节层面的测量没有记录；另一方面，关节坐标通常不是直接测量的，而电动机尺寸和相关的关节坐标是在考虑齿轮减速的情况下计算的。然而，电动机和关节之间的传动系统或多或少具有齿轮间隙和弹性，这很难被考虑在内。在任何情况下，当仅在电动机侧进行测量时，必须预料到关节运动的误差以及笛卡儿路径的误差，这不会受控制的影响。为了提高绝对精度，必须包括关节侧的测量值（见文献/7. 45/）。

使用图 7. 2 所示的笛卡儿位置控制，可以提高定位和沿路径移动时的绝对精度。然而，静止的笛卡儿测量系统（如合适的图像处理系统）对于精确检测执行器的位置和方向是必要的。工具中心点位置的走向（位置向量 $\boldsymbol{p}$）和执行器的方向（欧拉角 $\boldsymbol{w}$ 的向量）可用作标称和测量数据。只有当机器人的工作任务在笛卡儿坐标系中指定时，此控制结构才有意义，如目标位置离线编程的连续轨迹或点到点轨迹。与关节控制相比，笛卡儿控制器的输出变量不是直接发送到驱动放大器，以设置电动机力矩的信号，而是对应于执行器上的笛卡儿力和力矩，以实现空间中的指定路径。这些变量必须通过转置的雅可比矩阵映射到关节力矩或驱动器的相应控制信号。

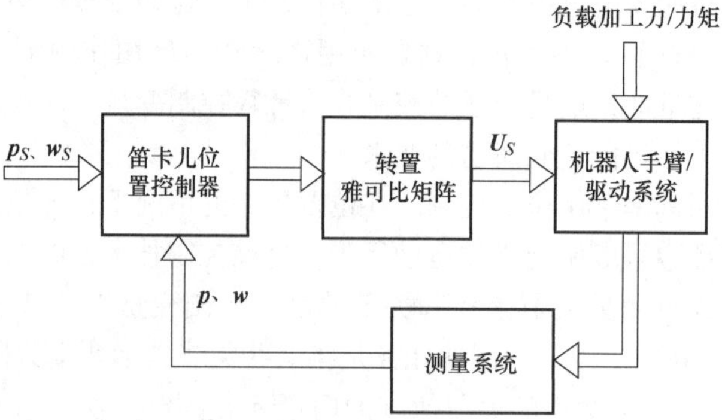

图 7. 2　笛卡儿位置控制的结构

使用笛卡儿控制的另一个目标是将速度和阻尼等控制行为的特征值与应用相关的笛卡儿尺寸相关联，而不是与关节尺寸相关联。

如果工业机器人要用于装配任务或加工任务，如磨削、去毛刺、铣削，则机器人会与环境长时间接触。工业机器人的位置控制基于机器人手臂可以在空间中自由移动的假设，并且无论所受的负载和加工力如何，位置控制都试图以足够的精度保持指定的路径。然而，由于执行器的路径误差和工件的位置公差是不可避免的，可能会产生很大的接触力，从而阻碍工作任务的正确执行，甚至导致工件或工业机器人的机械损坏。例如，在装配的接合过程中，由于工件公差和部件之间相对位置的偏差，接触力变得过大而无法进行工作。连接机制（远程合规中心，Remote Center of Compliance，RCC）也被用来克服机器人控制的这些问题，由于机械结构和位置控制，它们被设计为具有高定位精度。这些机械单元连接在机器人法兰和执行器之间。当连接两个部件时，它们会补偿不可避免的位置偏差（见文献/7. 3/）。如果根据图 7. 1 在关节平面使用位置控制，则这种灵活性会导致有关执行器位置和方向信息的丢失，因为工具中心点（TCP）发生了不可估量的偏移和方向的变化，也不再可能切换到保证高精度的位置控制。然而，许多任务的成功完成，只有高度的准确性和力量感才有可能。因此，正在开发力控制以确保将定义的力/力矩施加到工作环境中（见文献/7.17/和文献/7.29/）。力控制的工作示意图如图7.3所示。要施加的力和力矩的目标值由更高级别的控制组件定义，如来自装配计划。在力向量和力矩向量中描述的这些变量在笛卡儿坐标中指定，或在静止坐标系 K_0 的坐标中，或在工具坐标系 K_W 的坐标中。相关的测量向量由力/力矩传感器（KMS）记录并输入到控制系统。KMS 连接在机器人手臂和执行器之间，可以测量所有3个方向的力和力矩分量。目前已经开发了刚性 KMS 和柔性 KMS，具有可测量执行器的位置和方向变化的功能（见文献/7.28/和文献/7.38/）。如果还测量了线加速度和角加速度，则可以将机器人运动引起的力和力矩与接触力/力矩（见文献/7.49/）分开。由于单独使用力控制无法完成复杂的工作任务，因此会出现混合形式（混合控制）。它在笛卡儿坐标系中的位置和力控制之间可以切换。例如，对于某个任务，力在 x_0 轴的方向上被控制，但在下一步工作步骤中位置被控制。因此，运动学边界条件总是影响力控制。例如，在磨削时，必须在刀具的纵轴上施加一个力，并监控围绕该轴的力矩，同时在所有其他笛卡儿自由度中对运动进行位置控制。受力调节的位置方向或方向分量也称为力自由度。力控制原则上是笛卡儿控制，因为目标值与实际值的比较发生在笛卡儿坐标中。然而，最终必须再次指定用于控制驱动器的向量 $\boldsymbol{U}_S$。如果图7.3中称为力控制器的模块也包含关节控制，则存在具有外部控制和内部关节控制的结构。

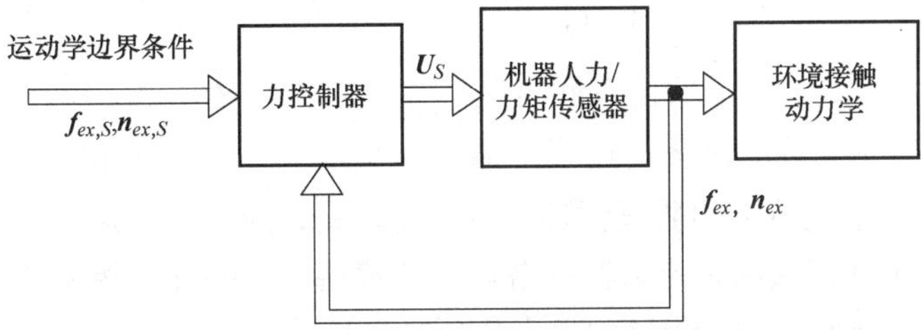

图7.3　力控制的工作示意图

由于各种原因在实践中仍然很少使用力控制，位置控制是机器人控制的基本组成部分。然而，对于医疗和服务机器人，许多任务都需要力控制。

7.2　级联结构中的分散联合控制

7.2.1　控制系统

联合控制作为工业机器人控制的重要组成部分直接集成到控制环境中，或者作为笛卡儿控制或力控制的从属控制出现。控制变量是关节角度或滑动长度。受控系统由式（6.52）和图6.13给出。

$$\ddot{\boldsymbol{q}}=[\boldsymbol{M}^*(\boldsymbol{q})]^{-1}\cdot[\boldsymbol{U}_S-\boldsymbol{b}^*(\boldsymbol{q},\dot{\boldsymbol{q}})] \tag{7.1}$$

受控系统是高度非线性和耦合的。尽管如此，分散位置控制仍然在许多控制系统中用作级联结构中的单关节控制，如图7.4所示。一个控制回路负责每个关节 i。上级位置控制器

处理控制误差 $q_{S,i}-q_i$，并将目标值 $v_{S,i}$ 指定为下级速度控制的输出变量，最终确定控制值 $U_{S,i}$ 作为相应伺服卡的 $\boldsymbol{U}_S$ 的第 i 个分量。如果还使用前馈控制 $0<K_{Vor}\leqslant 1$，则信号 $K_{Vor}\cdot\dot{q}_{S,i}$ 主动叠加在位置控制器的输出变量上。

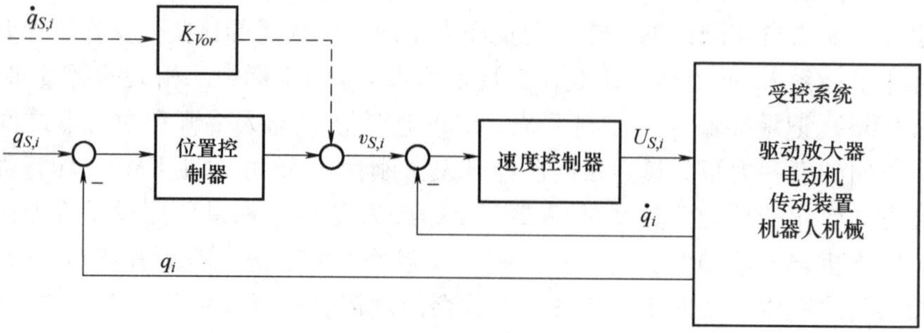

图 7.4　关节级别的分散位置控制

由于机器人关节之间的耦合，关节的操纵变量 $U_{S,i}$ 的变化不仅会影响其自身的运动，还会影响所有其他关节的运动。在设计串级控制时，这些耦合被忽略或被视为干扰变量。因此，不采用式（7.1），而是根据式（6.15）考虑单个关节。如果仅考虑式（7.1）中向量的第 i 个分量和 $\boldsymbol{M}^*(\boldsymbol{q})$ 的主对角线上的相应元素，可以得到

$$\ddot{q}_i=\frac{1}{M_{ii}^*(\boldsymbol{q})}\cdot[U_{S,i}-b_i^*(\boldsymbol{q},\dot{\boldsymbol{q}})] \tag{7.2}$$

式（7.2）包含由其他关节的位置和速度产生的耦合。由于 M_{ii}^* 包含在机器人手臂的有效惯性中，因此 M_{ii}^* 在关节加速运动过程中通常取决于其他关节的位置。图 6.10 中的双关节机器人相对于第一个关节轴的质量惯性矩 M_{11} 随关节 2 的位移长度而变化，因此也随 M_{11}^* 的变化而变化。为了获得具有恒定参数的解耦线性模型，忽略此类相关性，并假设转动惯量以及 $M_i^*=M_{ii}^*$ 具有恒定值。$M_i^*=M_{ii}^*$ 的最大值用于设计控制，因为这代表了对控制要求最高的状况。此外，仅由速度相关的摩擦引起的部分通过 $F_{D,i}^*\cdot\dot{q}_i$ 考虑在内。由重力、静摩擦力、向心力和科里奥利力引起的分量是非线性的，在扰动变量 z^* 中进行了总结。通过简化，可以由式（7.2）获得线性微分方程：

$$\ddot{q}_i=\frac{1}{M_i^*}(U_{S,i}-F_{D,i}^*\dot{q}_i-z^*) \tag{7.3}$$

对于单关节控制，为矩阵 $\boldsymbol{T}_G$ 在式（6.42）和式（6.43）中设置标量 $1/u$，而对于 $\boldsymbol{S}_G$ 相应减少 u。为分配给关节的质量矩阵 $\boldsymbol{M}(\boldsymbol{q})$ 的主对角元素 $M_{ii}(\boldsymbol{q})$ 选择最大值 $M_{i,\max}$。在分量 b_i 中，使用 $F_{D,i}\cdot\dot{q}_i$，并且在摩擦损失 $M_{R,i}$（$\dot{\boldsymbol{q}}$）中考虑 $F_{M,i}\cdot\Omega_i=F_{M,i}\cdot u_i\cdot\dot{q}_i$。可以从电动机和机器人手臂比例计算出 M_i^* 和 $F_{D,i}^*$。

$$M_i^*=\frac{1}{K_{M,i}}\left(\frac{M_{i,\max}}{u_i}+J_{A,i}u_i\right),\quad F_{D,i}^*=\frac{1}{K_{M,i}}\left(\frac{F_{D,i}}{u_i}+F_{M,i}u_i\right) \tag{7.4}$$

代替最大值 $M_{ii}(\boldsymbol{q})$，当然也可以选择机器人处于经常采用的位置时出现的值。由于每个关节的分散式联合控制的设计基于式（7.3），在设计单关节控制时，为了简化，省略了

各个关节的标记。通过线性微分方程式（7.3）的拉普拉斯变换可以得到

$$s^2Q(s)=\frac{1}{M^*}[U_S(s)-F_D^*sQ(s)-Z^*(s)] \tag{7.5}$$

由式（7.5）可以编制图 7.5，其中 $s\cdot Q(s)$ 是复变区域中的速度 $v(s)$。按照控制工程的惯例，框图区域中随时间变化的变量值使用大写字母，但框图中的信号以时域命名。

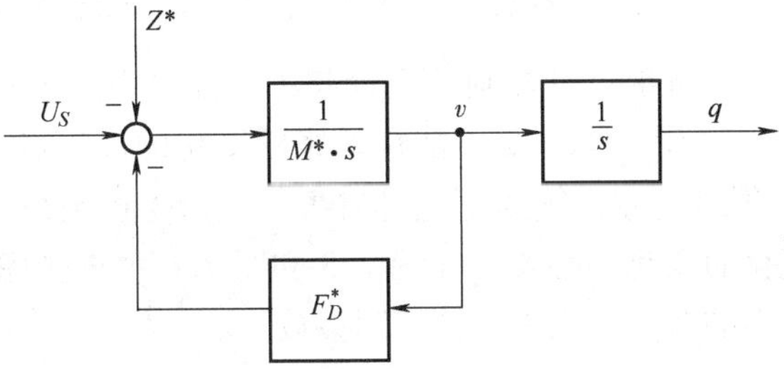

图 7.5　分散位置控制的路径

7.2.2　带比例-积分控制器的速度控制

图 7.4 显示了设计位置控制为具有从属速度控制的级联控制。该辅助控制回路的受控变量 v 被测量并与设定点 v_S 进行比较（见图 7.6）。为了获得稳态精度，速度控制器必须包含一个积分部分。市场上的大多数控制器都使用比例-积分控制器作为速度控制回路。

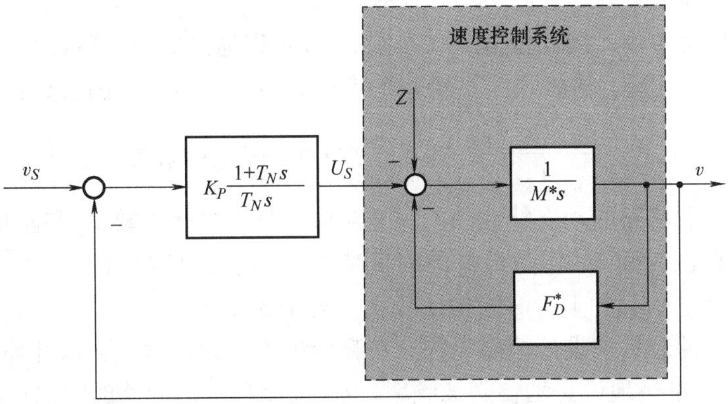

图 7.6　带比例-积分控制器的从属速度控制回路

对于开环的控制传递函数，可以得到

$$F_{0v}(s)=K_P\frac{(1+T_Ns)}{T_Ns}\cdot\frac{1/F_D^*}{\left(1+\frac{M^*}{F_D^*}s\right)}=K_P\frac{(1+T_Ns)}{T_Ns}\cdot\frac{K_{St}}{(1+T_{St}s)} \tag{7.6}$$

整个速度控制环的传递函数为

$$G_v(s)=\frac{V(s)}{V_S(s)}=\frac{K_PK_{St}(1+T_Ns)}{K_PK_{St}+T_N(1+K_PK_{St})s+T_NT_{St}s^2} \tag{7.7}$$

带比例-积分控制器和一阶惯性受控系统的速度控制回路如图 7.7 所示。

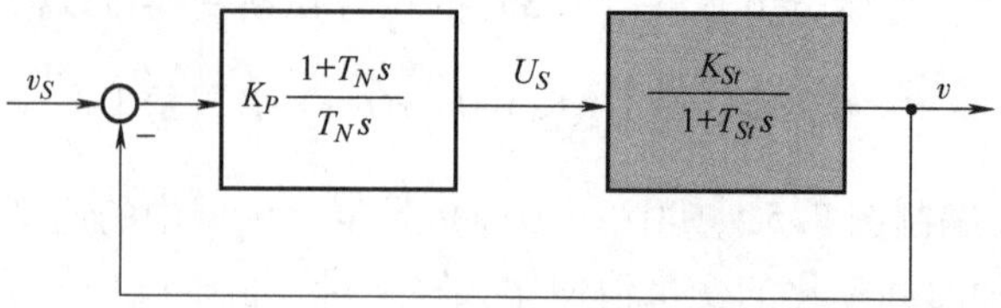

图 7.7　带比例-积分控制器和一阶惯性受控系统的速度控制回路

从属速度控制的性能对分散位置控制的质量起决定性作用。比例积分控制器的增益 K_P 和复位时间 T_N 应选择为使受控变量 v 尽可能快地跟随变化的设定点 v_S，同时有效地抑制设定点 z^*。此外，控制必须对受控系统的变化具有鲁棒性，受控系统参数 M^* 和 T_{St} 通常随其他机器人关节的位置变化而变化。必须遵守图 7.5 和图 7.6 中未考虑的驱动器的驱动极限。可以使用线性控制理论中的多种方法来设计控制参数。

$$K_0=K_PK_{St} \tag{7.8}$$

式（7.7）可以简化为

$$G_v(s)=\frac{V(s)}{V_S(s)}=\frac{(1+T_Ns)}{1+T_N\left(1+\frac{1}{K_0}\right)s+\frac{T_NT_{St}}{K_0}s^2} \tag{7.9}$$

式（7.9）的分母具有二阶惯性传递环节的分母形式：

$$1+T_N\left(1+\frac{1}{K_0}\right)s+\frac{T_NT_{St}}{K_0}s^2=1+2d_RT_Rs+T_R^2s^2 \tag{7.10}$$

T_N 和 K_P 是控制参数，因此根据式（7.8），K_P 可以通过 K_0 计算得出。如果指定了时间常数 T_R 和阻尼 d_R，则通过比较式（7.10）的左侧和右侧来确定控制参数：

$$K_P=\frac{1}{K_{St}}\frac{2d_RT_{St}-T_R}{T_R},\quad T_N=\frac{T_R}{T_{St}}(2d_RT_{St}-T_R)=T_R\left(2d_R-\frac{T_R}{T_{St}}\right) \tag{7.11}$$

当然，转速控制回路的动态特性并不完全对应于具有时间常数 T_R 和阻尼 d_R 的二阶惯性传递环节，因为复位时间 T_N 作为计数器时间常数出现，因此出现更大的超调（较低的阻尼）与二阶惯性特性引起的上升时间相比较小。对于 K_P，$T_N>0$，有 $T_R<2d_R\cdot T_{St}$。

将根据频域中的表示来设计控制参数。在频域中进行设计时，尝试开环控制。相位储备 φ_R 和交叉频率（更准确地说是增益交叉频率）ω_D 与闭环控制回路的阻尼和速度有关（见文献/7.6/和文献/7.19/）。此处通过选择 φ_R 和 ω_D 来确定控制参数 K_P 和 T_N。

开环传递函数在频域中由 $s=j\cdot\omega$ 表示：

$$F_{0v}(j\omega)=K_0\frac{(1+T_Nj\omega)}{T_Nj\omega(1+T_{St}j\omega)}=K_0\frac{(T_N-T_{St})\omega-j(1+T_NT_{St}\omega^2)}{T_N\omega(1+T_{St}^2\omega^2)} \tag{7.12}$$

式（7.12）的右侧是通过乘以分母的共轭复值获得的。由式（7.12）计算相位：

$$\varphi(\omega)=\arctan\frac{\mathrm{Im}F_{0v}(j\omega)}{\mathrm{Re}F_{0v}(j\omega)}=\arctan\frac{-(1+T_NT_{St}\omega^2)}{(T_N-T_{St})\omega} \tag{7.13}$$

相位储备是在交叉频率为-180°时相位 $\varphi(\omega_D)$ 的差值，或者用角度表示为

$$\varphi_R=\varphi(\omega_D)+\pi \tag{7.14}$$

由于 φ_R 和 ω_D 是给定的，复位时间 T_N 可以由式（7.13）和式（7.14）确定。利用

$\tan[\varphi(\omega_D)]=\tan(\varphi_R-\pi)=c_0$，式（7.13）变为

$$c_0=-\frac{(1+T_N T_{St}\omega_D^2)}{(T_N-T_{St})\omega_D}$$

$$T_N=\frac{c_0 T_{St}\omega_D-1}{c_0\omega_D+T_{St}\omega_D^2},\quad c_0=\tan(\varphi_R-\pi) \tag{7.15}$$

$|F_{0v}(j\omega_D)|=1$ 的量必须处于交叉频率。通过计算式（7.12）得到

$$|F_{0v}(j\omega_D)|^2=\frac{K_0^2(1+T_N^2\omega_D^2)}{T_N^2\omega_D^2(1+T_{St}^2\omega_D^2)}=1$$

在用式（7.8）求解 K_0 或 K_P 后，得到

$$K_P=\frac{1}{K_{St}}T_N\omega_D\sqrt{\frac{(1+T_{St}^2\omega_D^2)}{(1+T_N^2\omega_D^2)}} \tag{7.16}$$

7.2.3 可调阻尼和敏捷性（ReDuS）速度控制器

将控制概念应用于速度控制回路，其中设定速度和测量速度之间的二阶惯性特性或一阶惯性特性可以完全作为命令行为（见文献/7.43/和文献/7.46/）。该控制结构中的控制器输出变量由控制误差、目标值和受控变量的积分组成。所有这些信号通常都用不同的因子 K_I、β 和 α 加权。由于考虑了命令行为，因此忽略了干扰变量。然而，控制器中的积分部分保证了稳态精度。这种调节称为具有可调阻尼和敏捷性（ReDuS）的调节。由图 7.8 可以看出，允许二阶受控系统，因此还必须遵守受控系统参数的边界条件：

$$V(s)=F_{St,V}(s)U_S(s)=\frac{1}{a_0+a_1s+a_2s^2}U_S(s),\quad a_0\geqslant0,\ a_1>0,\ a_2\geqslant0 \tag{7.17}$$

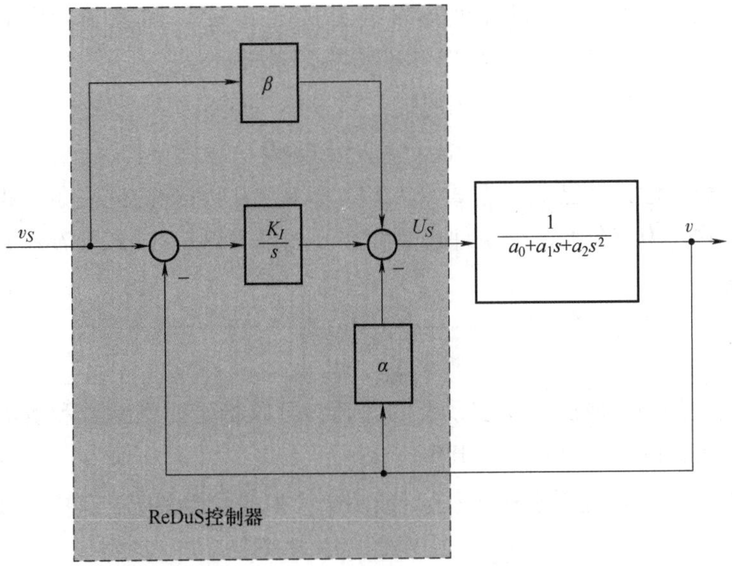

图 7.8 带有 ReDuS 控制器的从属速度控制回路

根据式（7.17），包含积分、一阶惯性、一阶积分和二阶惯性受控系统，因此图 7.6 和

图 7.7 导出的受控系统也可以采用这种形式。

控件所需的二阶惯性传输行为的阻尼 d_R 和时间常数 T_R 由设计工程师适当地选择或通过指定过冲和上升时间来确定。

$$V(s)=\frac{1}{1+2d_RT_Rs+T_R^2s^2}V_S(s) \tag{7.18}$$

编写所需的传递行为。式（7.18）也称为参考模型。式（7.18）分子中的传递系数为 1，设置使其处于稳态，因此具有稳态精度。

图 7.8 中现有控制回路的传递行为为

$$V(s)=\frac{K_I+\beta s}{K_I+(\alpha+a_0)s+a_1s^2+a_2s^3}V_S(s) \tag{7.19}$$

选择自由参数 K_I、β 和 α 的值，以便根据式（7.18）建立传递行为。以下这些控制参数的规则是通过比较式（7.18）中的传递函数和式（7.19）中的传递函数得到的。

$$\frac{K_I+\beta s}{K_I+(\alpha+a_0)s+a_1s^2+a_2s^3}=\frac{1}{1+2d_RT_Rs+T_R^2s^2}\Rightarrow$$

$$K_I+(\alpha+a_0)s+a_1s^2+a_2s^3=K_I+(\beta+2d_RT_RK_I)s+(2d_RT_R\beta+K_IT_R^2)s^2+\beta T_R^2s^3$$

ReDuS 控制参数可以通过比较系数来确定：

$$\beta=\frac{a_2}{T_R^2},\quad K_I=\frac{a_1-2d_RT_R\beta}{T_R^2},\quad \alpha=2d_RT_RK_I+\beta-a_0 \tag{7.20}$$

参数 d_R 和 T_R 似乎没有限制。然而，根据式（7.20）选择的参数意味着在式（7.19）中分母零由计数器零补偿，以便根据式（7.18）获得具有常数分子的二阶传递函数。然而，出于稳定性的原因，缩短位于复数 s 平面左半平面中的分母零点才有意义，即式（7.19）的分母零点必须位于复数 s 平面的左侧虚轴（见文献/7.9/）和控制参数必须大于 0。用 Hurwitz 判据（见文献/7.6/和文献/7.19/）得到稳定条件：

$$a_1>0$$

$$a_1(\alpha+a_0)-a_2K_1>0$$

由于第一个稳定性条件已经根据式（7.17）针对受控系统的先决条件得到满足，因此只有第二个不等式作为充分稳定性条件仍然存在。如果 K_I 和 α 由式（7.20）表示，则稳定条件可以表示为

$$\frac{T_R}{d_R}>\frac{2a_2}{a_1} \tag{7.21}$$

式（7.21）中的条件表示取决于受控系统的属性，可以指定时间常数和所需二阶惯性行为的阻尼范围，当然，选择 T_R 和 d_R 大于 0。

现在将 ReDuS 控制器应用于式（7.6）或图 7.7 中的受控系统，其中 $z^*=0$。

$$F_{St,v}(s)=\frac{K_{St}}{1+T_{St}s}=\frac{1/F_D^*}{\left(1+\frac{M^*}{F_D^*}s\right)}$$

为了确定控制参数，将受控系统带入式（7.17）的形式为

$$F_{St,v}(s)=\frac{1}{(1/K_{St})+(T_{St}/K_{St})\cdot s}\Rightarrow a_0=\frac{1}{K_{St}},\ a_1=\frac{T_{St}}{K_{St}},\ a_2=0 \tag{7.22}$$

利用式（7.20）控制参数的值设置为

$$\beta=0,\ K_I=\frac{a_1}{T_R^2}=\frac{T_{St}}{K_{St}T_R^2},\ \alpha=2d_RT_RK_I-a_0=\frac{2d_RT_{St}-T_R}{K_{St}T_R} \tag{7.23}$$

在这种情况下，使用ReDuS控制器也可以在命令传递函数上施加一阶惯性特性。现在使用

$$V(s)=\frac{1}{1+T_Rs}\cdot V_S(s) \tag{7.24}$$

代替式（7.18）。将式（7.24）与式（7.19）的传输行为的比较得出

$$\frac{K_I+\beta s}{K_I+(\alpha+a_0)s+a_1s^2}=\frac{1}{1+T_Rs}\Rightarrow K_I+(\alpha+a_0)s+a_1s^2=K_I+(K_IT_R+\beta)s+\beta T_Rs^2$$

对于三个可选的控制参数α、β和K_I，只有两个确定了就可用来计算。控制参数可以通过一个可自由选择的参数V_R来确定：

$$\beta=\frac{a_1}{T_R},\ \alpha=V_R\beta,\ K_I=\frac{a_1(V_R-1)}{T_R^2}+\frac{a_0}{T_R},\ V_R>1 \tag{7.25}$$

如果在式（7.25）中使用式（7.22）的受控系统描述，则得到

$$\beta=\frac{1}{K_{St}}\frac{T_{St}}{T_R},\ \alpha=V_R\beta,\ K_I=\frac{1}{K_{St}}\left(\frac{T_{St}}{T_R^2}(V_R-1)+\frac{1}{T_R}\right),\ V_R>1 \tag{7.26}$$

根据式（7.24），V_R的选择不会影响命令行为，该公式在设计控制参数时使用。然而，V_R决定了积分部分的加权因子K_I。随着V_R的增加，可以实现更好的干扰行为。对于所有T_R，在规定的路线和V_R条件下，该控制在理论上是稳定的。在实践中，必须遵守控制限制，这不允许选择太小的时间常数T_R。如果一个受控系统可以根据式（7.22）来表示，那么在设计一阶惯性特性的速度控制环时，通过选择T_R可以很容易地指定速度控制的敏捷性。应该注意的是，在设计二阶惯性特性和一阶惯性特性时，相同的时间常数T_R值不会导致控制回路相同的敏捷性。

在7.2.2节设计比例积分控制器的第一个过程和设计ReDuS速度控制器时，设计工程师只需要指定两个明确的特征值，即阻尼d_R和时间常数T_R。在对控制回路进行参数化时，可以灵活地对不同应用中控制的变化要求做出反应。使用比例积分控制器时，基于相位储备φ_R和通道角频率ω_D规范的设计是一个不错的选择。

如果可以忽略与速度相关的摩擦损失，则图7.6中的受控系统成为积分环节。然后可以以相同的方式获得比例积分控制器和ReDuS控制器的规则。与比例积分控制器一样，ReDuS控制器包含一个积分部分，可在任何情况下保证稳态精度。即使控制系统的命令传递函数显示积分行为，这也是必要的，因为扰动变量作用在受控系统的积分环节之前。

7.2.4 位置控制器的设计

级联控制的设计步骤如下：

1）设计从属控制回路。

2）从属控制回路的传递行为近似为一个相对简单的传递函数。

3）上级控制回路的控制参数是根据下级控制回路的近似来设计的。

如果根据式（7.11）选择比例积分控制器，则可以近似为二阶惯性传递特性设计从属速度控制回路。当根据式（7.20）使用 ReDuS 控制器时，人们试图准确实现二阶惯性行为。在这两种情况下，使用二阶惯性环节近似描述基础速度控制回路是有意义的。根据式（7.26）的 ReDuS 控制器旨在记取一阶惯性传递行为，因此在这种情况下，速度控制回路必须由二阶惯性环节代替。然而，为了设计位置控制器，速度控制回路通常通过二阶惯性环节作为第一次近似来近似，尽管设计是根据式（7.11）进行的，并且输入/输出行为是周期性的。为此，使用速度控制环对阶跃 v_{S0}的阶跃响应，并将一阶惯性替代环节的时间常数 T_v 作为阶跃响应达到最终阶跃响应的大约 63%之后的时间段（见图 7.9）。由于比例积分速度控制器和 ReDuS 控制器都显示积分行为，因此 v_{S0}与阶跃响应的最终值相同。

由图 7.9 可以看出，这是对速度控制回路传递函数的一个简化：

$$G_v(s)\approx\frac{1}{1+T_v s} \tag{7.27}$$

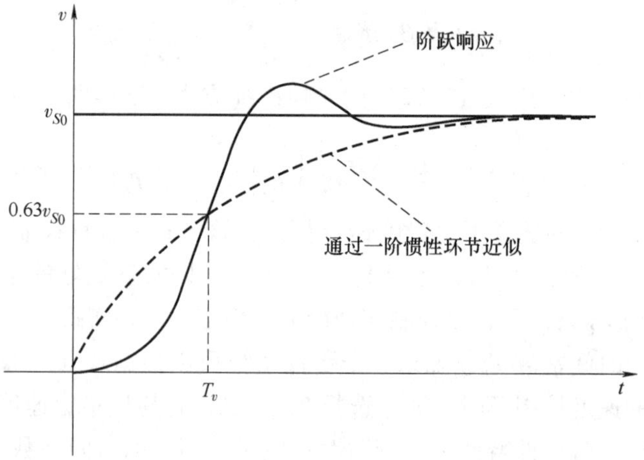

图 7.9　通过一阶惯性环节近似的速度控制回路

也可以根据阶跃响应通过二阶惯性环节进行近似。上升时间 T_{An}和相对过冲范围 $\ddot{u}$ 是根据阶跃响应测量的（见图 7.10）。具有相同超调和上升时间的二阶惯性环节的阻尼 d_v 和时间常数 T_v（见文献/7.9/）可以确定为

$$\ddot{u}=\frac{v_{\max}-v_{S0}}{v_{S0}},\ d_v=\frac{1}{\sqrt{1+(\pi/\ln\ddot{u})^2}},\ T_v=\frac{T_{An}\cdot\sqrt{1-d_v^2}}{\pi-\arccos d_v} \tag{7.28}$$

$$G_v(s)\approx\frac{1}{1+2d_vT_vs+T_v^2s^2} \tag{7.29}$$

传递环节用作速度控制回路的近似。如果使用 ReDuS 控制器并且系统足够精确，根据式（7.23）选择控制参数时，可以使 $T_v\approx T_R$、$d_v\approx d_R$。根据式（7.26）设计一阶惯性行为时，使用一阶惯性环节的近似也明显更好。

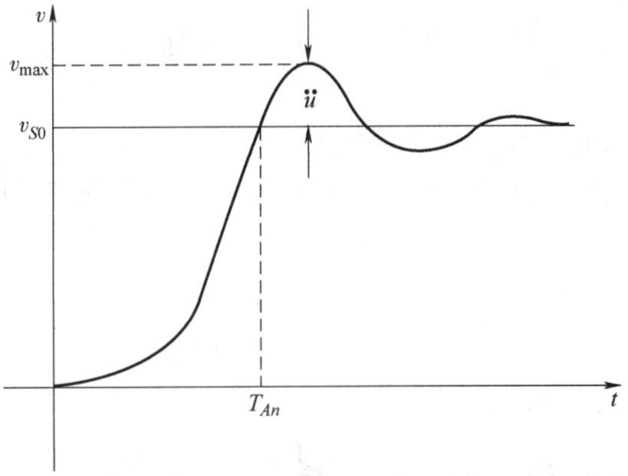

图 7.10　通过二阶惯性环节近似的速度控制回路

现在是级联控制参数设计的最后一步。对于速度控制传递行为的替代块 $G_v(s)$，有一个替代控制回路，如图 7.11 所示。与大多数实施的分散式联合控制一样，位置控制由一个比例位置控制器和一个用 K_{Vor} 加权的速度预控制组成。如果不考虑速度预控制，即设置 $K_{Vor}=0$。比例位置控制器的增益 K_L 是根据目标值 q_S 和实际值 q 之间的传递函数确定的。

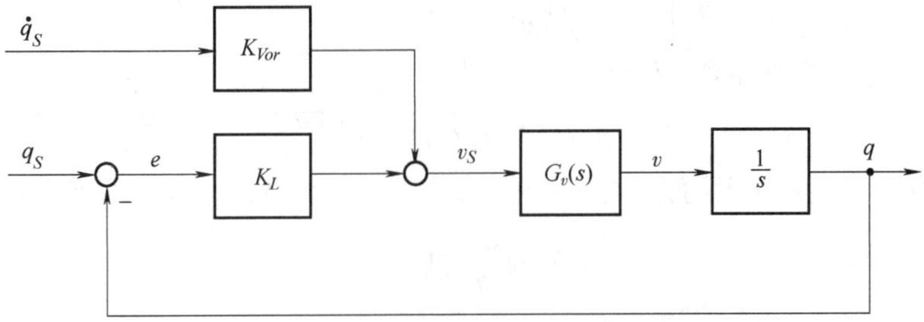

图 7.11　分散位置控制的替代控制回路

1. 通过一阶惯性环节近似速度控制回路的 K_L

利用 $G_v(s)$ 根据式（7.27）和图 7.11，没有前馈控制的位置控制回路的传递行为变为

$$Q(s)\approx\frac{1}{1+\frac{1}{K_L}s+\frac{T_v}{K_L}s^2}\cdot Q_S(s)=\frac{1}{1+2d_LT_Ls+T_L^2s^2}\cdot Q_S(s) \tag{7.30}$$

通过这种近似，位置控制回路显示出带有阻尼 d_L 和时间常数 T_L 的二阶惯性特性。但是，只有控制参数 K_L 可以影响这两个特征值，从而指定位置控制回路的动态行为。这两个参数不能通过 K_L 相互独立设置。当控制机器人和机床轴的位置时，通常需要没有超调的行为，在这种情况下，定义阻尼 d_L 和 $d_L\geqslant1$ 最有意义。通过系数比较由式（7.30）可得

$$d_L=\frac{1}{2}\frac{1}{\sqrt{K_LT_v}},\quad T_L=\sqrt{\frac{T_v}{K_L}} \tag{7.31}$$

如果指定了 d_L，则可以计算 K_L 并定义时间常数 T_L：

$$K_L=\frac{1}{4d_L^2T_v},\quad T_L=2d_LT_v \tag{7.32}$$

如果速度控制回路的传递行为由一阶惯性近似，尽管速度控制回路显示周期性行为（见图 7.9），但在设计 K_L 时考虑了过长的延迟。因此可以预期，使用较大的 K_L 值也可以实现不超调的行为。

2. 通过二阶惯性近似的速度控制回路的 K_L

根据式（7.29）速度控制环的近似值用于设计 K_L。利用图 7.11 和 $K_{Vor}=0$，位置控制环的开路传递函数变为

$$F_0(s)\approx\frac{K_L}{s(1+2d_vT_vs+T_v^2s^2)} \tag{7.33}$$

位置控制环的传递行为则为

$$Q(s)\approx\frac{1}{1+\frac{1}{K_L}s+\frac{2d_vT_v}{K_L}s^2+\frac{T_v^2}{K_L}s^3}Q_s(s) \tag{7.34}$$

1）使用任何选定的 K_L，根据式（7.33）创建开放传递函数的波德图。建立指定的相位储备 φ_R。对于位置控制环的非周期性行为，可以选择 $\varphi_R=80°$。这个任务可以用图形和数学方法解决。通过将 φ_R 指定为

$$\omega_D=\frac{1}{T_v}\left\{-\frac{d_v}{c_0}+\sqrt{\left(\frac{d_v^2}{c_0^2}+1\right)}\right\},\quad c_0=\tan(\pi/2-\varphi_R) \tag{7.35}$$

来确定通道角频率，根据条件 $|F_0(\mathrm{j}\cdot\omega_D)|=1$，$K_L$ 为

$$K_L=\omega_D\sqrt{(1-T_v^2\omega_D^2)^2+4d_v^2T_v^2\omega_D^2} \tag{7.36}$$

2）如果速度控制回路大约为 $1/\sqrt{2}$ 的阻尼 d_v，则可以使用以下经验法则（见文献/7.7/）：

$$\frac{0.2}{T_v}\leqslant K_L\leqslant\frac{0.3}{T_v}\text{或 }K_L\leqslant\frac{0.35}{T_v} \tag{7.37}$$

3. 跟随误差和速度预控

当在两个目标位置之间移动关节时，不可避免地会出现关节速度。对于 $K_{Vor}=0$，根据图 7.11，在速度控制回路中作为输入变量的设定速度 v_s 与控制误差 e 成正比。因此，在运动状态下，如果没有速度预控制，就会出现控制误差

$$e=\frac{v_s}{K_L} \tag{7.38}$$

如果用斜坡曲线或正弦曲线标称运动的插补部分，则速度在特定的时间间隔内是恒定的。由于速度控制回路确保稳态精度，$v_s=v=\dot{q}_s$，将根据图 7.11 确定。然而，这意味着控制误差为 e，也称为跟随误差，与速度成正比。

当控制回路中的所有时间变量都恒定时，控制回路的稳态就出现了。对于图 7.11 所示的控制回路，速度 v 必须为 0，以便关节坐标 q 不会改变。由于速度控制回路在稳态下没有控制误差（稳态精度），它遵循 $v_s=0$，因此遵循 $e=0$。然而，这意味着位置控制回路也是静止的，尽管它不包含积分环节。由于这个原因，位置控制器没有选择比例积分结构，因为积分部分不需要达到稳态精度，并且控制动态会因各种原因而恶化。只有增大 K_L，才能减小运动状态下的控制误差。如果需要逼近目标坐标，则只能达到 K_L 的极限值。

可以使用速度预控制来减少跟随误差。如果速度控制回路显示一阶惯性特性并适用 $K_{Vor}\neq0$，

则应指定传递方程。由图 7.11 和式（7.27），可以得到 q_S 和 q 之间以及 q_S 和 e 之间的传递行为：

$$Q(s)=\frac{1+\frac{K_{Vor}}{K_L}s}{1+\frac{1}{K_L}s+\frac{T_v}{K_L}s^2}Q_S(s) \tag{7.39}$$

$$E(s)=\frac{(1-K_{Vor})s+T_v s^2}{K_L+s+T_v s^2}Q_S(s) \tag{7.40}$$

假设需要设定恒定的目标速度 v_m，$q_S(t)=v_m t$ 适用并且在复变区域适用 $Q_S(s)=v_m/s^2$。在这种情况下，式（7.40）变为

$$E(s)=\frac{(1-K_{Vor})+T_v s}{K_L+s+T_v s^2}\frac{v_m}{s} \tag{7.41}$$

如果使用拉普拉斯变换的终值定理，则在所需要的恒定速度下获得稳态下的控制误差为

$$e_\infty=\lim_{t\to\infty}e(t)=\lim_{s\to 0}sE(s)=\frac{(1-K_{Vor})v_m}{K_L} \tag{7.42}$$

如果 $K_{Vor}=1$，则在以相同速度长时间移动后跟随误差消失。然而，式（7.39）有一个计数器零，并且在跟踪位置时预计会有一个小的超调，可以选择的 K_L 越大则超调越小。如果速度控制回路由二阶惯性环节近似，则还可以得到式（7.42）及 q_S 和 q 之间传递函数中的相同计数零点。K_L 的值根据式（7.32），通过式（7.35）、式（7.36）或式（7.37）迭代获得。速度控制回路设计得越快，时间常数 T_v 就越小，K_L 就变得越大。

在级联控制回路中，必须特别强调速度控制器的设计。第 7.2 节介绍的设计只是通过忽略耦合和非线性来实现的，因此必须在模拟和试验中仔细检查是否满足了所需的控制特性。

7.2.5 分散位置控制示例

对于分散位置控制，需要考虑机器人手臂的第一个关节（见图 2.25 中 R6 机器人手臂的关节 1）。该关节轴的质量惯性矩 M 取决于第二关节、第三关节和第五关节的位置，根据其他关节的位置，取最小值和最大值之间的值。机器人手臂的关节 1 的值为 6~46kg·m²。如果在距旋转轴约 1m 的距离处拾取 6kg 的负载质量，则最大力矩为绕旋转轴的惯性增加到大约为 52kg·m²。

$$6\text{kg}\cdot\text{m}^2\leqslant M\leqslant 52\text{kg}\cdot\text{m}^2,\ J_A=7.62\times10^{-4}\text{kg}\cdot\text{m}^2,\ F_D\approx 0,\ u=160,$$

$$C=0.36\text{N}\cdot\text{m},\ K_{MI}=1\text{V/A},\ F_M=9.875\times10^{-4}\text{N}\cdot\text{m/s},\ M_{R0}=0.45\text{N}\cdot\text{m}$$

对于控制器的设计，这里使用平均值 29kg·m²，以便在惯量变化时能够表现出控制效果的变化。如果静摩擦 M_{R0} 被忽略，根据式（7.4）和式（7.6）得到

$$K_{St}\approx 2.28\text{V}^{-1}\cdot\text{s}^{-1},\ T_{St}\approx 1.92\text{s}$$

如果指定阻尼 $d_R=0.707$ 和时间常数 $T_R=0.05\text{s}$，则可以成功设计比例积分控制器。根据式（7.11）给出以下控制参数：

$$K_P=23.37\text{V}\cdot\text{s},\ T_N=0.0694\text{s}$$

模拟控制行为，包括设计中忽略的静摩擦。模拟以最大转动惯量、最小转动惯量和平均

转动惯量进行，由此在所有 3 个模拟运行中都使用为平均转动惯量设计的比例积分控制器的参数。图 7. 12 中的阶跃响应显示了大约 17. 5%的过冲和 62ms 的上升时间 T_{An}。当用二阶惯性环节时，会有 $d_v=0.485$ 的阻尼和时间常数对应于 $T_v=0.026$。

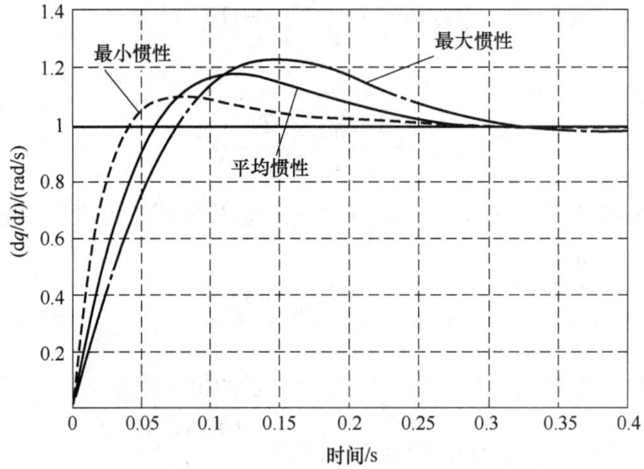

图 7. 12　带比例积分控制器的速度控制回路的阶跃响应

如果参数是针对最大转动惯量的情况设计的，则 ReDuS 速度控制器对受控系统的变化更加稳健。它应该被设计成当使用比例积分控制器时对于最大转动惯量有大约 17. 5%的超调。上升时间 T_{An}应为 50ms。因此需要更好的阻尼和更快的反应行为。为了计算给定行为所需的二阶惯性传递特性的相应时间常数和阻尼，可以使用式（7. 28）并得到

$$d_R=0.485,\quad T_R=0.021\text{s}$$

ReDuS 控制器的控制参数的计算通过式（7. 23）进行。

$$K_L=1909.5\text{V},\quad \alpha=38.46\text{V}\cdot\text{s},\quad \beta=0$$

图 7. 13 所示为带有 ReDuS 控制器的速度控制回路的阶跃响应。显然，最大转动惯量的设计是合适的，因为平均转动惯量和最小转动惯量的阶跃响应衰减得更多且速度更快。与使用比例积分控制器的控制行为相比，使用 ReDuS 控制器可以在敏捷性和阻尼方面实现有针对性的改进。如果将上述比例积分结构用作速度控制器，则应设计比例位置控制器。式（7. 35）和式（7. 36）用于确定增益因子 K_L。根据相位储备的规格，K_L 为

$$K_L=8.34\text{s}^{-1}$$

通过90°角的标称运动是通过斜坡路径进行的。速度 v_m 和加速度 b_m 分别是 2rad/s 和 4rad/s^2。图 7. 14 所示为斜坡路径的角度演变。在此过程中关闭了速度预控制。通过这种缩放比例，依据于作用惯性矩，控制行为几乎没有任何明显的差异。

跟随误差的最大值为

$$e_{\max}=v_m/K_L=\frac{2\text{rad}\cdot\text{s}}{\text{s}\cdot 8.34}=0.24\text{rad}$$

为了减少跟随误差，应采用前馈控制。对于 $K_{Vor}=1$，图 7. 15 标度上的目标曲线和实际曲线对于所有惯性矩情况几乎是一致的。然而，图 7. 16 中跟随误差的时间序列显示，与以最小惯性移动相比，在最大惯性矩下的跟随误差加倍。

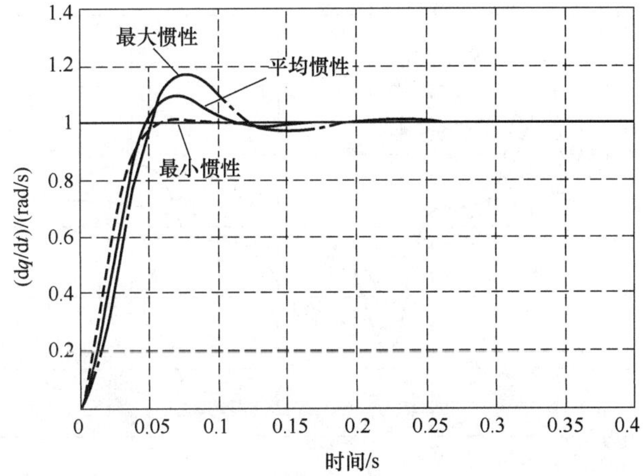

图 7.13　带有 ReDuS 控制器的速度控制回路的阶跃响应

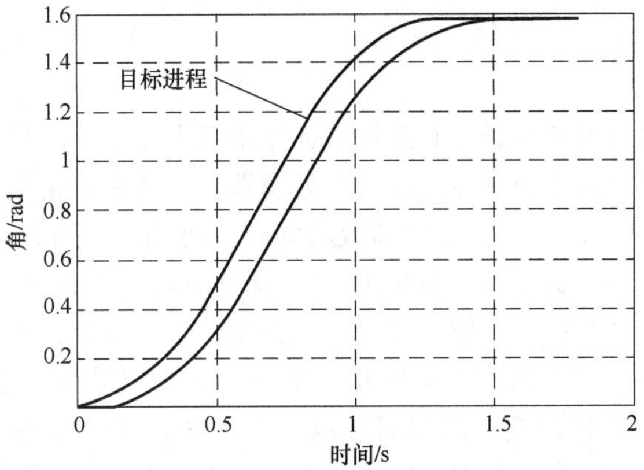

图 7.14　斜坡路径的角度演变

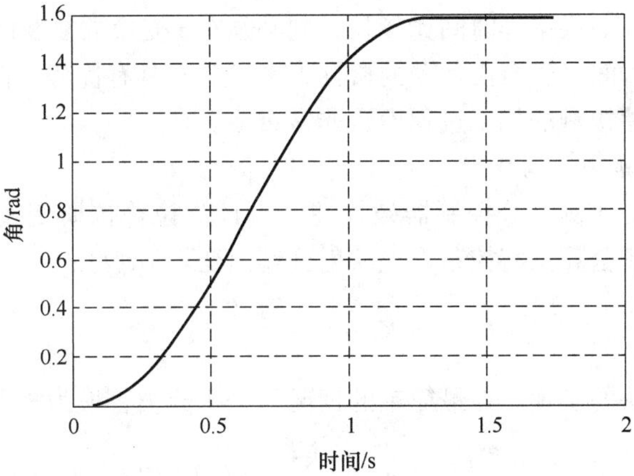

图 7.15　斜坡路径的角度演变（模拟）（$K_{Vor}=1$）

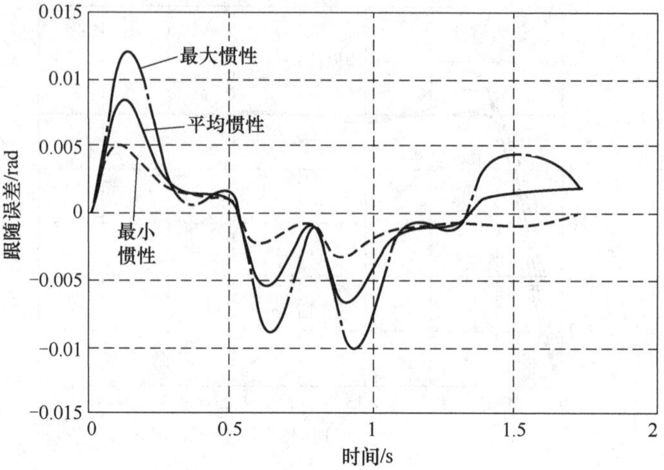

图 7.16　斜坡路径的跟随误差（模拟）（$K_{Vor}=1$）

7.2.6　实施注意事项

在设计速度控制和位置控制时，假定控制回路中只出现连续的时间信号。实际情况并非如此，因为速度控制器和位置控制器是作为微处理器上的数字控制算法实现的。更新的测量值和设定点仅在从 T_A 开始的时间间隔的离散时间点上可用，并且控制变量也仅在采样时间 T_A 之后更新。控制算法的处理需要一定的时间，即计算死区时间或计算运行时间。更新的控制变量仅在此时间段之后可用。作为第一个近似值，该计算死区时间与 T_A 相同。如果 T_A 与受控系统的基本最小时间常数相比非常小，则该行为可以被视为准连续。根据式（7.6）的速度控制路径具有时间常数 T_{St}，所以必须满足 $T_A \ll T_{St}$。根据经验，6~10 的系数适用于 T_{St}/T_A 的比率。由于工业机器人联合控制的采样时间小于 1ms，一般都会满足这个条件。在设计过程中可以忽略离散时间行为。然而，$T_A/2$ 的时间离散行为和 T_A 的计算死区时间可以被近似为受控系统中的附加延迟。这些延迟被添加到系统时间常数 T_{St}。系统时间常数和控制参数没有显著变化。如果采样时间比较长，则必须在 z 变换的复变区域进行设计。

相对较短的采样时间对于自由运动的机器人来说并不具有优势，但对于负载快速变化或机器人与其环境有摩擦接触的加工过程而言非常重要。

1. 比例积分控制算法的编程

对于设计，积分和比例积分控制器被描述和设计为拉普拉斯变换复变区域中的传递环节。在时域中，比例积分算法将控制误差映射到输出变量 $U_S(t)$：

$$U_S(t)=K_P e(t)+\frac{K_P}{T_N}\int_0^t e(\tau)\,\mathrm{d}\tau \tag{7.43}$$

对于时间离散算法的实现，在最简单的情况下，积分被替换为矩形之和，得到

$$U_S(kT_A)=K_P e(kT_A)+K_P\frac{T_A}{T_N}\sum_{v=0}^{k-1}e(\nu T_A)=P(kT_A)+I(kT_A) \tag{7.44}$$

k 表示当前采样间隔的数量。式（7.44）的第一个被加数构成了算法的比例部分，第二个被加数构成了算法的积分部分。在实践中，可能会达到控制极限 U_S。在这种情况下，带

有操纵变量 U_S 的控制器不能再以预期的方式减少控制误差，并且积分部分可能会因控制误差的增加而变得非常大。这会导致不希望的过冲，因为源于不利的控制错误，必须减少积分部分。为了防止这种情况的发生，应该使用抗饱和复位（AWR）方法。积分部分以不超过最大输出变量 $U_{S,\max}$ 的方式进行限制：

$$I_{\max}(kT_A)=U_{S,\max}-P(kT_A) \tag{7.45}$$

由式（7.44）的位置算法也可以导出速度算法：

$$\begin{aligned}&U_S(kT_A)=U_S[(k-1)*T_A]+c_1e(kT_A)+c_2e[(k-1)*T_A]\\&c_1=K_P,\ c_2=K_P(1-T_A/T_N)\end{aligned} \tag{7.46}$$

式（7.46）和式（7.44）在数学上是相同的，但是，建议不要以式（7.46）的形式编写比例积分算法。由于采样时间 T_A 较短且 c_1 和 c_2 也彼此接近时，相邻两个离散时间点的控制误差仅略有不同，因此式（7.46）的评估会导致数字误差，由于数字表示的准确性受到处理器中使用字长的限制。对于 ReDuS 控制器，相应地使用抗饱和复位方法和积分部分的计算。

2. 考虑测量特性

通常在相应驱动器的电动机电枢上测量速度。测量值预处理考虑了齿轮系数 $1/u$ 或矩阵 T_G 并将测量值映射到所需的显示区域。例如，编码器的整数值转换为相应的浮点值，该值对应物理速度，单位为 rad/s。对于一些工业机器人，也会记录电动机侧的位置。在这种情况下，工业机器人必须在第一次启动操作模式之前同步。同步意味着每个轴必须接近一个参考点，以便控制器可以将电动机电枢的当前位置分配给关节角度或牵引杆。如果必须使用平滑滤波器来抑制导致测量信息明显延迟的干扰信号，则该延迟可以至少近似地在受控系统中计算，并且应在控制设计中考虑。

7.3 自适应单关节控制

在执行控制方案时，假设关节之间的耦合作为干扰变量，并且受控系统的参数是恒定的。控制参数是为控制行为而设计的，所需的阻尼和控制敏捷性的要求是计算控制参数的基础。考虑到这一点，围绕关节轴的质量惯性矩作为受控系统的基本参数会随其他关节位置的变化而变化，并且会出现与所需行为的偏差。当在工业机器人的执行器中拾取和传输未知负载时，这些偏差会变得更大。即使假设解耦单关节控制回路，自适应控制也可以带来改进。为使控制器自动适应不同控制条件而采取的措施称为适应。该控制设计基于具有已知结构但参数未知的受控系统模型。自适应控制的基本原理如图 7.17 所示。

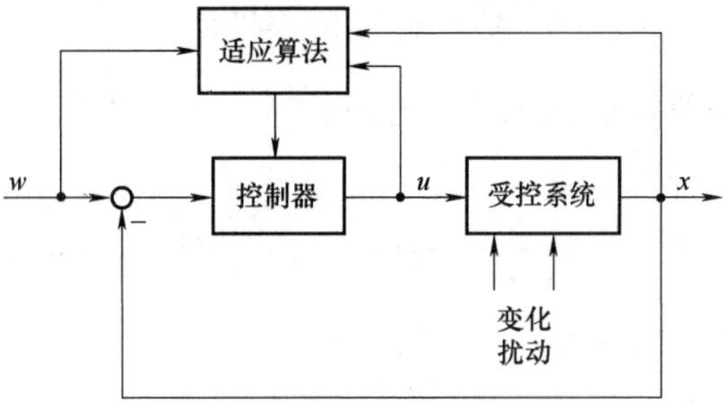

图 7.17 自适应控制的基本原理

通常，将受控变量 x、目标值 w 和调节变量 u 的过程用于识别受控系统的变化并改变给定控制结构的控制参数。使用间接方法，受控系统参数通过在线算法识别，控制器设计基于这些参数不断更新。但是，模型参考自适应控制概念（MRAC）适用于机器人手臂的关节控制（见图 7.18）。此参考模型概念不需要受控系统识别。将受控变量 x 与参考模型的输出变量 x_N 进行比较。参考模型指定了设定点和受控变量之间所需的传递行为。参考变量 $x_N(t)$ 作为目标变量 w 的函数在线计算。控制器修改规则的选择方式是，控制器参数的这种持续调整使参考行为 x_N 和实际行为 x 之间的偏差最小化。假设受控系统的参数和控制参数都随时间变化。围绕关节轴的转动惯量随着其他关节的位置变化而变化，这是一个重要的参数。由于关节位置随机器人手臂的移动而变化，因此质量惯性矩为 M 任何旋转关节轴的旋转速度通常随时间变化。根据式（7.2），$M^*=M^*[\boldsymbol{q}(t)]=M^*(t)$ 成立。图 7.19 所示为控制器结构。

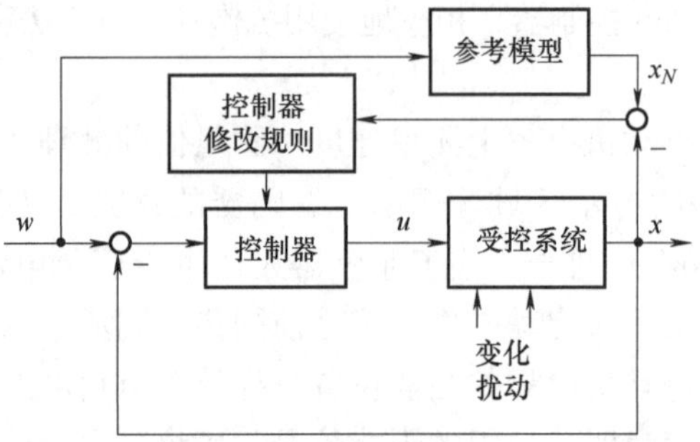

图 7.18　根据一般形式的参考模型概念（MRAC）的自适应控制

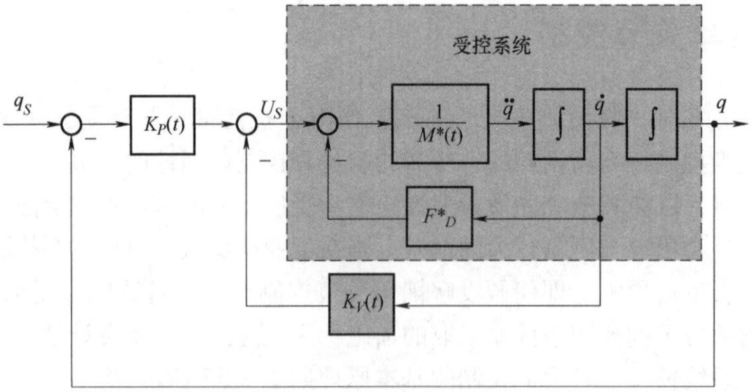

图 7.19　控制器结构

这两个控制参数根据偏差 $x_N(t)-x(t)$ 进行调整。选择以下形式的二阶惯性特性作为参考模型：

$$Q_N(s)=\frac{1}{1+bs+as^2}Q_S(s)\Rightarrow a\ddot{q}_N+b\dot{q}_N+q_N=q_S \tag{7.47}$$

如果将这个位置控制的选定行为与根据式（7.30）的选定行为进行比较，则得到

$$b=2d_LT_L,\ a=T_L^2$$

由图 7.19 可以建立微分方程

$$\frac{M^{*}(t)}{K_P(t)}\ddot{q}+\frac{K_V(t)+F_D^{*}}{K_P(t)}\dot{q}+q=q_S \tag{7.48}$$

适应的目的是可以使式（7.48）调整为式（7.47）。在任何时候，应满足

$$\frac{M^{*}(t)}{K_P(t)}\approx a,\ \frac{K_V(t)+F_D^{*}}{K_P(t)}\approx b \tag{7.49}$$

自适应算法使用梯度搜索程序和优化方法来计算 K_P 和 K_V，使 x_N 和 x 之间的偏差最小化（见文献/7.39/、文献/7.41/、文献/7.52/）。该算法的优点是可以对执行器中吸收的未知负载质量进行调整。自适应算法的缺点也很明显，所有自适应算法都假定系统参数相对于自适应算法的动态特性和整个系统的时间常数缓慢变化。在根据上述参考模型的自适应控制情况下，这意味着当输入 q_S 变化时，M^{*} 的变化比参考模型的输出 x_N 慢得多。在负载质量出现脉冲式变化的情况下，例如在移动或拆卸过程中负载质量脱落以及从支架上取下负载质量，则不再满足该条件。经验表明，会发生弱阻尼控制振荡。根据图 7.19 的控制结构也不能保证稳态精度，因为控制器不显示任何积分行为，并且不会校正由自重或静摩擦等引起的永久干扰变量。

7.4 基于模型的控制概念

基于模型的控制方法使用被控系统的数学模型来设计控制算法，数学模型是控制算法的一部分。在结构上，根据式（6.49）计算逆模型，使用设定点加速度 $\ddot{\boldsymbol{q}}_S$ 或由部分控制算法指定的向量 $\boldsymbol{r}$ 代替发生的加速度 $\ddot{\boldsymbol{q}}$。此类控制方法在文献中也被称为逆系统技术或非线性解耦。从数学角度来看，这些方法的应用导致等效的控制回路，其中关节运动至少部分解耦和线性化。中央前馈控制仅使用目标值来计算逆模型，并且在实践中相对容易使用。一些基于模型的方法使用关节运动的测量值并实时计算逆模型。

7.4.1 中央前馈控制

技术的改进通常不是通过全新的方法实现的，而是基于成熟的、经过验证的解决方案实施的。控制工程中已知的一种方法是前馈控制。图 7.20 所示为单回路单变量控制回路的前馈控制原理。前馈控制指定受控变量 u 的分量为 $\hat{u}$，使得控制值 x 紧跟目标值 w。该控制用于纠正由于不完整或不精确产生的前馈控制或由于故障而产生的偏差。可以通过前馈控制来改善控制行为。

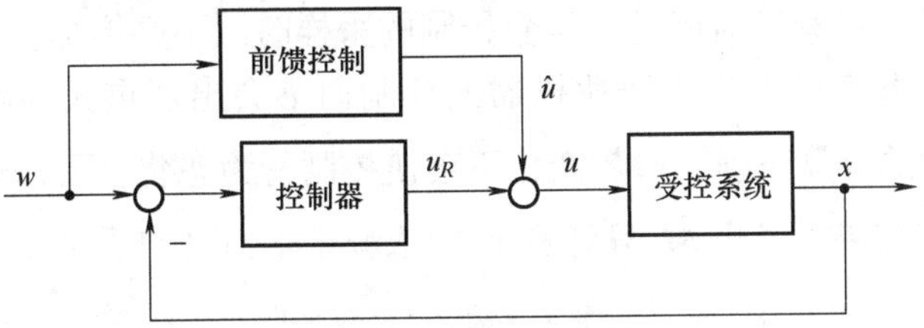

图 7.20　单回路单变量控制回路的前馈控制原理

在中央前馈控制中可以找到相同的方法，在文献中也称为计算力矩前馈控制。起点是式（6.49）的逆模型和式（6.52）或式（7.1）运动形式的模型。对于确定的关节坐标、关

节速度和关节加速度的特定过程，可以使用逆模型来计算相关控制向量 $\boldsymbol{U}_S$。如果使用 $\boldsymbol{q}_S$、$\dot{\boldsymbol{q}}_S$ 和 $\ddot{\boldsymbol{q}}_S$ 的目标运动过程来计算控制向量，则当实际受控系统连接到运动方程式（7.1）时，必须使用该控制向量来产生此目标运动。前馈控制包括计算控制向量：

$$\hat{\boldsymbol{U}}=\widetilde{\boldsymbol{M}}(\boldsymbol{q}_S)\cdot\ddot{\boldsymbol{q}}_S+\widetilde{\boldsymbol{b}}(\boldsymbol{q}_S,\dot{\boldsymbol{q}}_S) \tag{7.50}$$

前馈控制中使用的系统矩阵 $\widetilde{\boldsymbol{M}}$ 和 $\widetilde{\boldsymbol{b}}$ 标有“~”，它们由于模型不准确或未考虑系统部件而偏离实际存在的矩阵 $\boldsymbol{M}^*$ 和 $\boldsymbol{b}^*$。图 7.21 所示为中央前馈控制原理，可以看出，分散式单变量控制保留在级联结构中。需要控制来调节模型和实际受控系统之间的偏差。如果速度控制器的所有输出组合形成向量 $\boldsymbol{U}_R$，并且 $\boldsymbol{U}_R$ 和 $\hat{\boldsymbol{U}}$ 的总和作用于系统，则根据式（7.1）和式（7.50），可得出式（7.51）。

$$\ddot{\boldsymbol{q}}=[\boldsymbol{M}^*(\boldsymbol{q})]^{-1}\cdot[\widetilde{\boldsymbol{M}}(\boldsymbol{q}_S)\cdot\ddot{\boldsymbol{q}}_S+\widetilde{\boldsymbol{b}}(\boldsymbol{q}_S,\dot{\boldsymbol{q}}_S)+\boldsymbol{U}_R-\boldsymbol{b}^*(\boldsymbol{q},\dot{\boldsymbol{q}})] \tag{7.51}$$

如果 $\widetilde{\boldsymbol{M}}(\boldsymbol{q}_S)\approx\boldsymbol{M}^*(\boldsymbol{q})$，$\widetilde{\boldsymbol{b}}(\boldsymbol{q}_S,\dot{\boldsymbol{q}}_S)\approx\boldsymbol{b}^*(\boldsymbol{q},\dot{\boldsymbol{q}})$，则式（7.51）变为

$$\ddot{\boldsymbol{q}}=\ddot{\boldsymbol{q}}_S+[\boldsymbol{M}^*(\boldsymbol{q})]^{-1}\cdot\boldsymbol{U}_R+\boldsymbol{z} \tag{7.52}$$

向量 $\boldsymbol{z}$ 包含假设近似值的偏差，单个联合控制对 $U_{R,i}$ 做出反应。由于 $\boldsymbol{M}^*(\boldsymbol{q})$ 的逆矩阵一般不是对角矩阵，任何一个关节的控制器输出变量 $U_{R,i}$ 都会影响其他关节的运动。这是所有单关节控制的缺点，如果前馈控制足够精确，目标值和控制变量之间的偏差在所有关节中仍然很小，并且向量 $\boldsymbol{U}_R$ 的分量具有较小的绝对值。

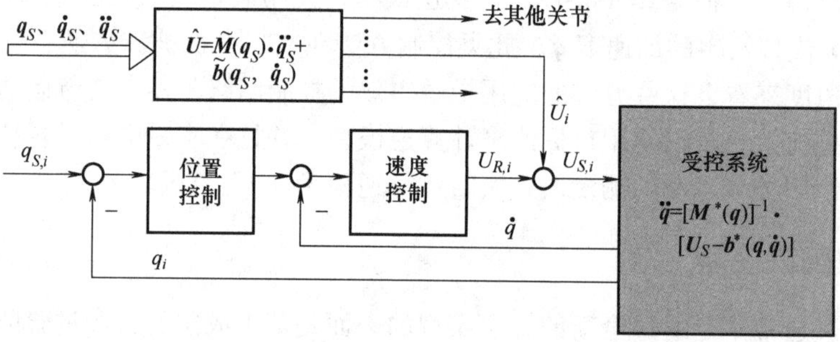

图 7.21　中央前馈控制原理

如果机器人的目标运动由笛卡儿坐标指定，则关节目标值通常通过几何逆变换得到。关节速度甚至关节加速度通常不可用。如果它们是通过关节坐标的数值微分获得的，则必须考虑噪声值。中央前馈控制的优势是可以在执行指定的工作任务之前离线计算向量 $\hat{\boldsymbol{U}}$ 的时间过程。在这种情况下，没有实时问题，位置控制的采样时间不必增加。前馈控制是通常级联结构的附加功能，因此它可以用于商业机器人控制而不会出现重大问题（见文献/7.25/）。如果 $\widetilde{\boldsymbol{M}}$ 和 $\widetilde{\boldsymbol{b}}$ 结构性的计算正确，参数变化不会使控制行为恶化，可以通过没有前馈控制的单变量控制来实现。如果不考虑 $\widetilde{\boldsymbol{M}}$ 只计算 $\widetilde{\boldsymbol{b}}$ 中依赖于重力（自重补偿）的基本项，该方法会有显著的变化。

中央前馈控制也可以理解为通过添加 $\widetilde{\boldsymbol{b}}$ 和由目标加速度控制的自适应干扰变量补偿。

7.4.2　解耦和线性化

由于机器人手臂部分的相互动态影响，关节运动是非线性耦合的。根据式（6.52）或

式（7.1）可以获得高耦合非线性微分方程系统。根据式（6.49）求解控制向量的方程会产生受控系统的逆模型。解耦过程在线性多变量控制回路理论中是已知的。图 7.22 所示为耦合受控系统示例，该系统具有 3 个输入变量和 3 个输出变量。输入变量 u_1 作用于输出变量 v_1，也作用于 v_2，影响所有 3 个输出变量。

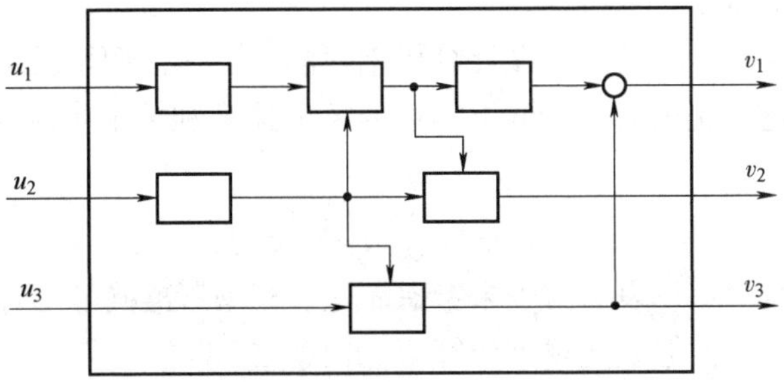

图 7.22　耦合受控系统示例

机器人手臂中手臂部件之间的现有耦合无法取消。解耦是人为地耦合输入变量，使给定的耦合向外补偿。多变量系统解耦原理如图 7.23 所示。引入替换输入变量 $u_1^* \cdots u_n^*$，人工耦合应用于该变量。由于 $u_1^* \cdots u_n^*$ 和 $v_1 \cdots v_n$ 之间的整体行为是被解耦的结果，因此人工耦合被称为解耦算法。

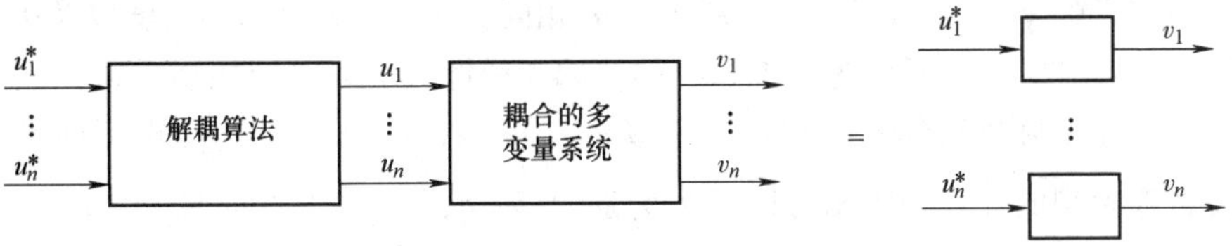

图 7.23　多变量系统解耦原理

输入和输出之间的线性耦合也可以用矩阵方程来表示。如果满足

$$v_1 = a_{11}u_1 + a_{12}u_2 + \cdots + a_{1n}u_n$$
$$v_2 = a_{21}u_1 + a_{22}u_2 + \cdots + a_{2n}u_n$$
$$\vdots$$
$$v_n = a_{n1}u_1 + a_{n2}u_2 + \cdots + a_{nn}u_n$$

则输出变量 v_i 对多个输入变量 u_i 的关系可以通过矩阵方程来表示。

$$\boldsymbol{v} = \boldsymbol{A} \cdot \boldsymbol{u} \tag{7.53}$$

引入向量 $\boldsymbol{u}^*$ 汇总了替代输入量，使用逆矩阵 $\boldsymbol{A}^{-1}$ 映射到 $\boldsymbol{u}$，可实现解耦。

$$\boldsymbol{v} = \boldsymbol{A} \cdot \boldsymbol{u} = \boldsymbol{A} \cdot \boldsymbol{A}^{-1} \cdot \boldsymbol{u}^* = \boldsymbol{I} \cdot \boldsymbol{u}^* = \boldsymbol{u}^* \tag{7.54}$$

图 7.24 所示为矩阵表示法中线性多变量系统的解耦。

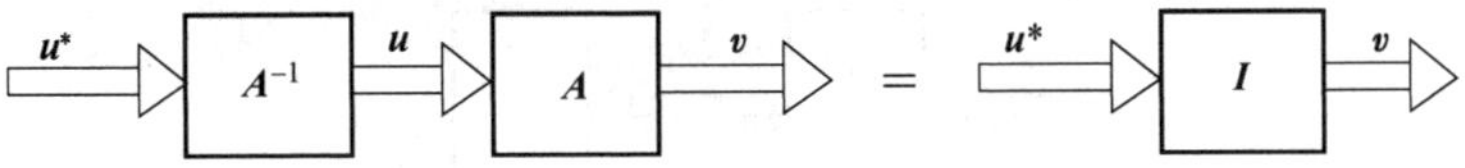

图 7.24　矩阵表示法中线性多变量系统的解耦

输入向量 $\boldsymbol{u}_i^*$ 的每个分量 $\boldsymbol{u}^*$ 仅作用于输出向量 $\boldsymbol{v}$ 的分量 $\boldsymbol{v}_i$。解耦的前提是 $\boldsymbol{A}$ 的逆矩阵 $\boldsymbol{A}^{-1}$存在。如果逆矩阵用对角矩阵加权，则根据式（7.54）的解耦可以用一般方式表述。在图 7.24 中，解耦是通过逆矩阵 $\boldsymbol{A}^{-1}$实现的。使用式（6.49）的逆模型解耦耦合受控系统的想法是显而易见的，可由式（6.52）或式（7.1）表示。作为替换输入向量，不选 $\boldsymbol{u}^*$，而选 $\boldsymbol{r}$，r 表示该向量由控制算法指定。

逆系统的输入变量是运动变量。在计算机创建的人工逆模型情况下，使用向量 $\boldsymbol{r}$ 代替真实机器人的加速度向量。在机器人手臂上测量的关节速度和关节坐标包含在定位向量 $\boldsymbol{U}_S$ 的计算中：

$$\boldsymbol{U}_S=\widetilde{\boldsymbol{M}}(\boldsymbol{q})\cdot\boldsymbol{r}+\widetilde{\boldsymbol{b}}(\boldsymbol{q},\dot{\boldsymbol{q}}) \tag{7.55}$$

系统矩阵上的符号“~”表示由于未考虑简化、模型不准确等，计算出的变量可能偏离机器人系统的实际尺寸。根据上述规则计算 $\boldsymbol{U}_S$ 并代入运动方程式（7.1），得到

$$\ddot{\boldsymbol{q}}=[\boldsymbol{M}^*(\boldsymbol{q})]^{-1}\cdot[\widetilde{\boldsymbol{M}}(\boldsymbol{q})\cdot\boldsymbol{r}+\widetilde{\boldsymbol{b}}(\boldsymbol{q},\dot{\boldsymbol{q}})-\boldsymbol{b}^*(\boldsymbol{q},\dot{\boldsymbol{q}})] \tag{7.56}$$

目的是使模型能够很好地贴合现实。也就是说，它应该满足以下条件：

$$\widetilde{\boldsymbol{M}}(\boldsymbol{q})\approx\boldsymbol{M}^*(\boldsymbol{q}),\ \widetilde{\boldsymbol{b}}(\boldsymbol{q},\dot{\boldsymbol{q}})\approx\boldsymbol{b}^*(\boldsymbol{q},\dot{\boldsymbol{q}}) \tag{7.57}$$

有了这个假设，式（7.56）可变为

$$\ddot{\boldsymbol{q}}=\boldsymbol{r} \tag{7.58}$$

意味着在式（7.57）的条件下根据式（7.55）计算控制向量 $\boldsymbol{U}_S$ 时，实现了完全解耦。$\boldsymbol{r}$ 的每个分量仅影响 $\ddot{\boldsymbol{q}}$. $\boldsymbol{r}_i$ 的相应分量，甚至与 $\ddot{\boldsymbol{q}}_i$ 相同。第 i 个关节的加速度以及关节的运动可以通过 $\boldsymbol{r}_i$ 指定。图 7.25 所示为受控系统的解耦和线性化。通过应用逆模型，在每个 $\boldsymbol{r}_i$ 和关节坐标 $\boldsymbol{q}_i$ 之间有两个积分器。因此，不仅解耦成功，而且也成功实现了线性化。使用式（7.56），逆模型的计算和应用可以理解为通过 $\widetilde{\boldsymbol{b}}(\boldsymbol{q},\dot{\boldsymbol{q}})$ 对干扰向量 $\boldsymbol{b}^*(\boldsymbol{q},\dot{\boldsymbol{q}})$ 的补偿，控制向量 $\boldsymbol{U}_S$ 对当前位置相关质量分布 $\boldsymbol{M}^*(\boldsymbol{q})$ 通过 $\widetilde{\boldsymbol{M}}(\boldsymbol{q})$ 的适应。

对图 7.25 与图 7.22~图 7.24 进行比较，发现线性系统和非线性系统解耦的区别很明显。解耦线性系统时，无需返回任何输出变量，根据式（7.55）计算逆模型时，关节坐标的测量值在算法中得到使用。

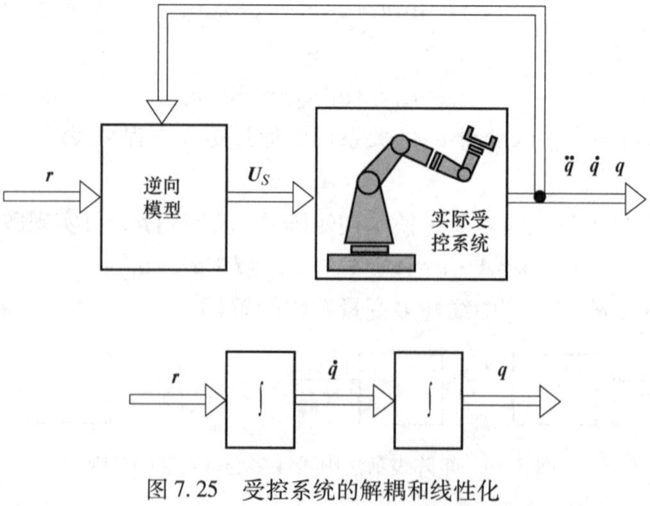

图 7.25 受控系统的解耦和线性化

7.4.3 比例积分微分（PID）结构基于模型的控制

可以在线性、解耦替代控制系统的基础上设计关节控制。任何关节的替代控制系统都可以作为双积分元件使用。可使用来自线性理论的已知和经过验证的方法设计简单的替代受控系统的控制系统。为 r_i 选择相应关节的目标加速度。在这种情况下，有 $\ddot{q}_i = r_i = \ddot{q}_{S,i}$，关节始终采用目标加速度。此时关节速度和关节坐标的轨迹与目标值相同。然而，出于各种原因，完全解耦并没有成功，并且控制系统必须确保减少由此导致的控制错误。因此，有以下规则：

$$r_{0,i} = \ddot{q}_{S,i} + K_{P,i}(q_{S,i} - q_i) + K_{D,i}(\dot{q}_{S,i} - \dot{q}_i) \tag{7.59}$$

这种结构可以理解为带有加速度预控的比例微分状态控制器。控制误差 $e_i = q_{S,i} - q_i$ 的时间导数不用于微分部分，就像标准的比例微分控制器一样，是直接用于设定点速度和测量速度。由于式（7.59）的控制法则不包含积分部分，在平稳情况下可能会出现永久性控制误差。例如，当重力对负载质量的影响未被考虑时，会产生空闲状态下不会消失的干涉力，就会出现这种情况。因此在控制算法中引入了积分部分：

$$r_{0,i} = \ddot{q}_{S,i} + K_{P,i}(q_{S,i} - q_i) + K_{D,i}(\dot{q}_{S,i} - \dot{q}_i) + K_{I,i}\int_0^t (q_{S,i} - q_i)\,\mathrm{d}\tau \tag{7.60}$$

图 7.26 所示为用 PID 状态控制器控制替代受控系统。

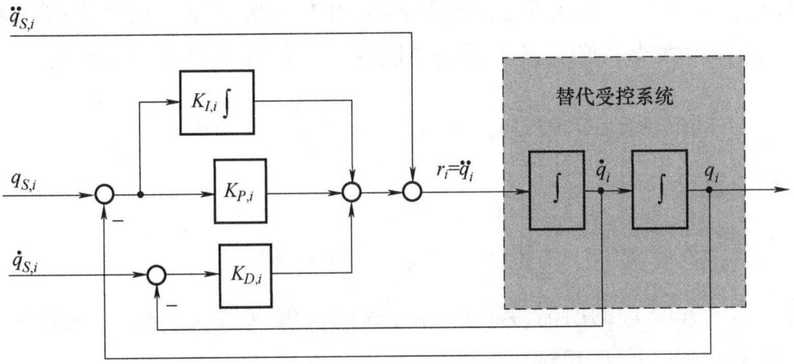

图 7.26 用 PID 状态控制器控制替代受控系统

由于替代受控系统和控制法则是线性的，可以建立输出变量目标坐标 $q_{S,i}$ 和 q_i 之间的传递方程：

$$q_i(s) = \frac{s^3 + K_{D,i}s^2 + K_{P,i}s + K_I}{s^3 + K_{D,i}s^2 + K_{P,i}s + K_I} q_{S,i}(s) \tag{7.61}$$

该控制设计方案的主要问题是：

1）对模型不准确性敏感。

2）需要目标速度和目标加速度。

3）不熟悉的控制结构和参数设置。

4）高实时计算工作量以实现解耦和线性化。

由于模型的不准确性和被忽略的控制时间的离散行为，这在实践中并不完全有效。控制对用于解耦和线性化逆模型中的模型不准确性非常敏感。如果取消带有额定加速度 $\ddot{q}_i$ 的前馈控制，这种问题有所减少，但通常需要一个相对准确的模型。编程和控制环境仅提供对关节目标角度或位移的控制。速度和加速度必须通过微分获得，这增加了相应的干扰影响。

基于模型的控制大多与这种控制结构相关联。

7.4.4 通过预定义的时滞行为进行稳健控制

根据式（7.60）的控制法则来实现理想的传输行为在实际实施中会有困难。对于发生的每个实际控制行为，不可能在目标值的时间进程和实际值的时间进程之间实现对应。因此，对于关节坐标的目标值和实际值之间的期望动态行为，应该将自己限制为一阶惯性特性或二阶惯性特性。对于二阶惯性特性：

$$Q_i(s)=\frac{1}{1+2d_{L,i}T_{L,i}s+T_{L,i}^2s^2}Q_{S,i}(s) \tag{7.62}$$

所需动态行为的传递方程式（7.62）作为微分方程写在时域中，对其进行求解：

$$\ddot{q}_i=\frac{1}{T_{L,i}^2}(q_{S,i}-q_i)-\frac{2d_{L,i}}{T_{L,i}}\dot{q} \tag{7.63}$$

对于替代控制回路，利用式（7.58）会有 $\ddot{q}_i=r_i$。如果要根据式（7.62）或式（7.63）设置所需的动态行为，则必须计算控制向量的第 i 个分量。通过阻尼 $d_{L,i}$ 和时间常数 $T_{L,i}$，联合控制回路的行为有明确的特征值，可以根据应用进行选择。如果需要位置控制回路的控制行为，$T_{L,i}$ 将被设置为小值。必须考虑控制限制是由电动机、驱动放大器等引起。如果关节的时间常数 $T_{L,i}$ 选择得太小，则会设置控制限制并且无法实现指定的动态行为。

$$r_i=a_{0,i}(q_{S,i}-q_i)-a_{1,i}\dot{q},\quad a_{0,i}=\frac{1}{T_{L,i}^2},\quad a_{1,i}=\frac{2d_{L,i}}{T_{L,i}} \tag{7.64}$$

一阶惯性特性也可以用

$$Q_i(s)=\frac{1}{1+T_{L,i}\cdot s}Q_{S,i}(s) \tag{7.65}$$

指定。$\ddot{q}_i$ 必须在式（7.65）的所需传输行为时域中，可以假设 $\ddot{q}_i=r_i$。通过扩展式（7.65）中的分子和分母来实现。传递方程

$$Q_i(s)=\frac{(1+T_{L,i}s)}{(1+T_{L,i}s)\cdot(1+T_{L,i}s)}Q_{S,i}(s)$$

被转换回时域并根据 $\ddot{q}_i$ 求解：

$$\ddot{q}_i=\frac{1}{T_{L,i}^2}(q_{S,i}-q_i)-\frac{2}{T_{L,i}}\dot{q}_i+\frac{1}{T_{L,i}}\dot{q}_{S,i}$$

在这里，必须满足 $\ddot{q}_i=r_i$，可以根据式（7.64）获得控制法则：

$$r_i=a_{0,i}(q_{S,i}-q_i)-a_{1,i}\dot{q}+b_{1,i}\dot{q}_{S,i},\quad a_{0,i}=\frac{1}{T_{L,i}^2},\quad a_{1,i}=\frac{2}{T_{L,i}},\quad b_{1,i}=\frac{1}{T_{L,i}} \tag{7.66}$$

如果试图在目标值 $q_{S,i}(t)$ 和受控变量 $q_i(t)$ 之间施加一阶惯性特性，则与式（7.64）的控制法则相反，除了关节速度的目标坐标之外，还需要关节速度的目标值。图 7.27 所示为带有二阶惯性特性或一阶惯性特性的控制结构。可以看出，出现了目标值/实际值和比例控制器（比例因子 $a_{0,i}$）及关节速度的加权负反馈控制结构。如果需要一阶惯性特性，则必

须预先控制用 $b_{1,i}$ 加权的额定速度 $\dot{q}_{S,i}$。

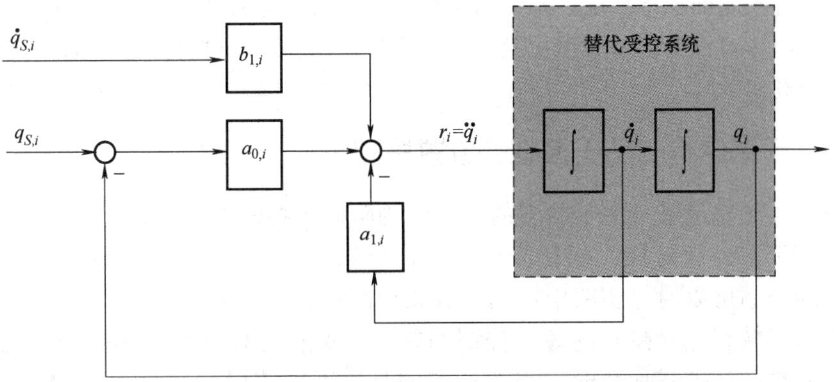

图 7.27　带有二阶惯性特性或一阶惯性特性的控制结构

控制法则也可以用矩阵表示法给出：

$$r=A_0\cdot(q_S-q)-A_1\cdot\dot{q}+B_1\cdot\dot{q}_S,$$

$$A_0=\begin{pmatrix}a_{0,1} & & 0\\ & \ddots & \\ 0 & & a_{0,n}\end{pmatrix},\ A_1=\begin{pmatrix}a_{1,1} & & 0\\ & \ddots & \\ 0 & & a_{1,n}\end{pmatrix},\ B_1=\begin{pmatrix}b_{1,1} & & 0\\ & \ddots & \\ 0 & & b_{1,n}\end{pmatrix} \tag{7.67}$$

该控制法则对于受控系统的变化非常好，因为没有试图达到理想的控制行为。其缺点是无法保证稳态精度，因为根据式（7.67）计算 r_i 的控制法则不包含积分部分。为了克服这个缺点和其他缺点，控制结构可以根据图 7.28 用虚线部分扩展。

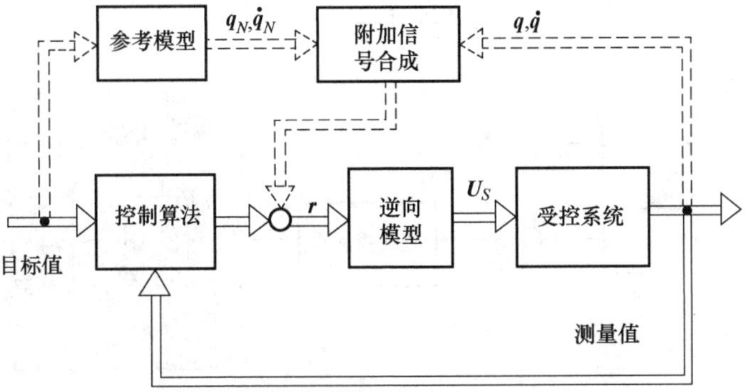

图 7.28　具有所需传输行为规范的控制回路

参考模型描述了所有关节所需的控制行为，根据目标值来计算关节值所需的过程。对于所有关节参考模型的二阶惯性特性，这意味着，必须为每个关节在线求解微分方程式（7.63）。该解决方案分别称为 q_N 和 $\dot{q}_N$，下标 N 代表名义走势。如果出于某种原因，完全解耦没有成功，则 q_N 和 q 之间或 $\dot{q}_N$ 和 $\dot{q}$ 之间存在差异。具有比例积分或比例-积分-微分结构的附加控制法适用于该偏差。这个规则在图 7.28 中称为附加信号合成，因为附加信号向量被添加到实际控制的输出向量中，可以用矩阵表示法指定

$$\Delta r=D_0\cdot(q_N-q)+D_1\cdot(\dot{q}_N-q_N)+K_{IN}\cdot\int(q_N-q)\,\mathrm{d}\tau \tag{7.68}$$

对角矩阵 $\boldsymbol{D}_0$、$\boldsymbol{D}_1$、$\boldsymbol{K}_{IN}$包含各个关节的权重。由于附加信号合成包含一个积分部分，因此可以保证位置控制的稳态精度。附加信号合成具有自适应特性，因为整个控制系统通过改变的附加信号向量对模型偏差做出反应。与自适应控制相比，这种控制结构对快速路径变化表现得非常稳健。

7.4.5 具有级联结构的基于模型的位置控制

在实践中，尤其是服务中不熟悉的控制结构阻碍了控制的使用，迄今为止所有基于模型的控制是基于该控制结构。控制器设置不再根据经验进行。在去耦和线性化之后对替代受控系统的控制可以通过实践中常用的级联控制进行（见文献/7.42/）。图 7.29 所示为级联结构中基于模型位置控制的替代控制回路。比例积分控制器或 ReDuS 控制器可用作速度控制器。在设计控制参数时，需要注意的是，可以使用时间为 1s、增益为 1 的积分器来代替从属速度控制。

1. PI 控制器作为速度控制器

如果使用比例-积分控制器来控制任意关节的速度，则 $v_{S,i}=v_S$ 和 $\dot{q}_i=v$ 之间的传递函数为

$$G_v(s)=\frac{V(s)}{V_S(s)}=\frac{(1+T_N s)}{1+T_N s+\dfrac{T_N}{K_P}s^2} \tag{7.69}$$

根据式（7.10）和式（7.11），选择阻尼 d_R 和时间常数 T_R 来影响传输行为：

$$1+T_N s+\frac{T_N}{K_P}s^2=1+2d_R T_R s+T_R^2 s^2 \tag{7.70}$$

$$T_N=2d_R T_R,\ K_P=\frac{2d_R}{T_R} \tag{7.71}$$

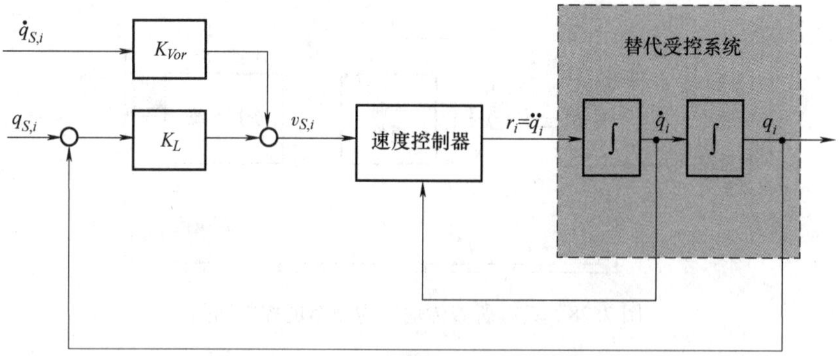

图 7.29 级联结构中基于模型位置控制的替代控制回路

2. ReDuS 控制器作为速度控制器

对于式（7.17）中 $a_0=a_2=0$，$a_1=1$，具有 $1/s$ 的积分元素可用作替代段。如果选择具有时间常数 T_R 和阻尼 d_R 的二阶惯性特性，则式（7.20）可简化为

$$\beta=0,\ K_I=\frac{1}{T_R^2},\ \alpha=\frac{2d_R}{T_R} \tag{7.72}$$

如果要建立一阶惯性传递特性，式（7.25）变为

$$\beta=\frac{1}{T_R},\ \alpha=V_R\beta,\ K_I=\frac{V_R-1}{T_R^2},\ V_R>1 \tag{7.73}$$

在设计位置控制器时，与分散位置控制没有区别。如果速度控制回路由一阶惯性环节近似，则可以指定位置控制回路的阻尼 d_L，并使用式（7.32）计算 K_L。当速度控制回路由二阶惯性环节近似时，相位储备被指定，K_L 可用式（7.35）和式（7.36）确定，或使用式（7.37）中的经验法则。

7.4.6　基于模型的联合控制实施注意事项

如果不考虑图 7.28 中的虚线部分，则控制计算机要执行的算法由两部分组成。在第一部分，$\boldsymbol{r}$ 为关节坐标和关节速度的目标值和实际值的函数。根据控制概念，还应使用关节加速度。算法的第二部分是逆模型的计算，其中使用输出向量 $\boldsymbol{r}$ 代替加速度向量。可以得到

$$\boldsymbol{r}=\boldsymbol{r}(\boldsymbol{q}_S,\dot{\boldsymbol{q}}_S,\ddot{\boldsymbol{q}}_S,\boldsymbol{q},\dot{\boldsymbol{q}}),\ \boldsymbol{U}_S=\widetilde{\boldsymbol{M}}(\boldsymbol{q})\cdot\boldsymbol{r}+\widetilde{\boldsymbol{b}}(\boldsymbol{q},\dot{\boldsymbol{q}}) \tag{7.74}$$

1. 具有实时能力的逆模型

使用基于模型的控制时，检查行为是否准连续尤为重要。必须在采样时间内计算向量 $\boldsymbol{r}$ 和逆模型。逆模型的计算是最复杂的，即使使用基于牛顿-欧拉方法的有效递归算法，使用完整的逆模型计算 $\boldsymbol{U}_S$ 也需要大约 1600 次求和和乘法。在设计基于模型的控制方法时，假设行为是准连续的，即不必考虑采样保持元素和计算死区时间。如果不能满足这个条件，则必须检查是否可以使用简化的逆模型。通过忽略一些因素可获得一个简化模型，这使得算术运算量减少，同时良好模型和控制的损失最小。例如，科里奥利力的算术项非常复杂，但与其他影响相比，对模型本身的影响会很小。

2. 通过相同的关节动力学得到高几何精度

对于路径的几何质量，非常小的惯性距离必不可少，所有关节运动的动态行为都相同。特别是，用于定位的主轴应具有相同的控制动态。如果可以计算出合适的逆模型，则使用基于模型的方法设置控制器非常容易，可以将控制设计为在所有关节中发生相同的软控制行为，而不会降低路径质量。

使用 $K_{Vor}=1$ 的速度前馈控制减少了跟随误差，但与 $K_{Vor}=0$ 相比，当两个路径段过渡时，通常会导致更大的几何误差。

7.4.7　笛卡儿坐标中基于模型的位置控制

如果笛卡儿测量系统可用或控制行为的参数与面向应用的笛卡儿变量相关，则笛卡儿控制可用于提高定位精度和路径精度。使用基于模型的关节控制，可以通过指定传递行为来指定关节平面的控制行为。关节坐标和笛卡儿坐标之间存在非线性映射。在关节级别指定的诸如阻尼和敏捷度之类的属性不容易转移到笛卡儿平面。笛卡儿坐标与位置向量 $\boldsymbol{p}$ 从基本坐标系的原点和方向作为向量 $\boldsymbol{w}$ 被组合成具有 6 个分量的向量 $\boldsymbol{x}$。

$$\boldsymbol{x}=\begin{pmatrix}\boldsymbol{p}\\ \boldsymbol{w}\end{pmatrix} \tag{7.75}$$

雅可比矩阵描述了关节速度和笛卡儿坐标速度之间的映射。以下省略标记“0”以表示向量在 K_0 中。根据时间进一步偏微分，得到加速度之间的关系：

$$\ddot{\boldsymbol{x}}=\boldsymbol{J}(\boldsymbol{q})\cdot\ddot{\boldsymbol{q}}+\boldsymbol{V}(\boldsymbol{q},\dot{\boldsymbol{q}}) \tag{7.76}$$

如果在关节平面运动方程式（7.1）的右边用$\ddot{\boldsymbol{q}}$代替，可以得到笛卡儿平面的运动方程：

$$\ddot{\boldsymbol{x}}=\boldsymbol{J}(\boldsymbol{q})\cdot\boldsymbol{M}^{*}(\boldsymbol{q})^{-1}\cdot[\boldsymbol{U}_S-\boldsymbol{b}^{*}(\boldsymbol{q},\dot{\boldsymbol{q}})]+\boldsymbol{V}(\boldsymbol{q},\dot{\boldsymbol{q}}) \tag{7.77}$$

根据式（7.55），引入$\boldsymbol{r}$作为替代输入变量向量，并为

$$\boldsymbol{U}_S=\widetilde{\boldsymbol{M}}(\boldsymbol{q})\cdot\widetilde{\boldsymbol{J}}(\boldsymbol{q})^{-1}\cdot[\boldsymbol{r}-\widetilde{\boldsymbol{V}}(\boldsymbol{q},\dot{\boldsymbol{q}})]+\widetilde{\boldsymbol{b}}(\boldsymbol{q},\dot{\boldsymbol{q}}) \tag{7.78}$$

指定控制向量$\boldsymbol{U}_S$以实现完全解耦和线性化。这里假设雅可比矩阵或简化雅可比矩阵是方阵。对于$\widetilde{\boldsymbol{M}}(\boldsymbol{q})\approx\boldsymbol{M}^{*}(\boldsymbol{q})$，$\widetilde{\boldsymbol{b}}(\boldsymbol{q},\dot{\boldsymbol{q}})\approx\boldsymbol{b}^{*}(\boldsymbol{q},\dot{\boldsymbol{q}})$，$\widetilde{\boldsymbol{J}}(\boldsymbol{q})\approx\boldsymbol{J}(\boldsymbol{q})$，$\widetilde{\boldsymbol{V}}(\boldsymbol{q},\dot{\boldsymbol{q}})\approx\boldsymbol{V}(\boldsymbol{q},\dot{\boldsymbol{q}})$ 通过将式（7.78）插入式（7.77）得到

$$\ddot{\boldsymbol{x}}=\boldsymbol{r} \tag{7.79}$$

在式（7.58）中，存在一个解耦线性化控制系统，其中加速度可以通过替代输入向量$\boldsymbol{r}$在世界坐标系中指定。使用世界坐标系中的变量而不是关节级别的运动变量，用于计算控制向量$\boldsymbol{r}$。如果在目标值和世界坐标系中的实际值之间需要二阶惯性传递特性或一阶惯性传递特性，则根据式（7.67）计算向量$\boldsymbol{r}$为

$$\boldsymbol{r}=\boldsymbol{A}_0\cdot(\boldsymbol{x}_S-\boldsymbol{x})-\boldsymbol{A}_1\cdot\dot{\boldsymbol{x}}+\boldsymbol{B}_1\cdot\dot{\boldsymbol{x}}_S \tag{7.80}$$

控制系统的结构如图7.30所示。如果机器人手臂部分显著弯曲，那么世界坐标系中指定的控制行为甚至可以近似实现。

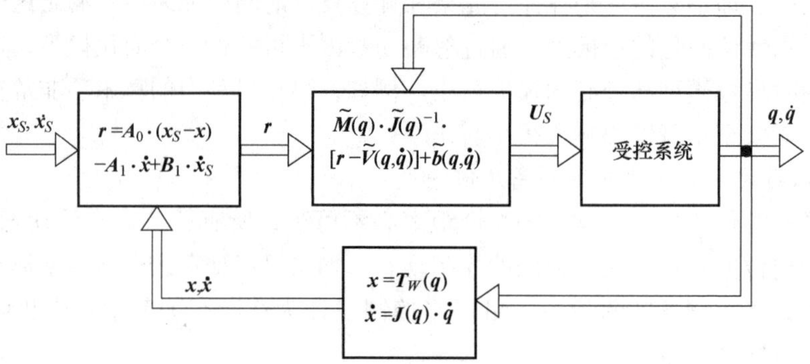

图7.30　控制系统的结构

7.4.8　基于模型的控制示例

R6机器人手臂在速度控制回路中采用ReDuS结构的级联结构。控制行为通过ManDy开发和模拟环境进行测试。速度控制回路应显示一阶惯性特性，时间常数T_R为25ms。如果常数因子V_R设置为2，则可以从式（7.73）中得到$\alpha=80/\text{s}$、$\beta=40/\text{s}$和$K_I=1600\text{s}^{-2}$。ReDuS用于表示一阶惯性特性，每个关节速度控制回路的行为被假定为一阶惯性环节，根据$d_L=1$，式（7.32）给出K_L的值为10/s。

对于机器人手臂TCP的测试运动，选取一个正方形，用上述控制器进行仿真。假设数字控制的采样时间为2ms，并且夹持器中没有负载或对机器人没有外部影响。图7.31所示为基于模型控制器的仿真结果。执行器在运动过程中应保持方向不变。正方形的4条直线路径和圆的两个弧形路径均以1m/s的速度和4m/s²的加速度驱动。可以看出，即使是这种相对较快的运动，机器人也能很好地遵守规定的路径。关节平面的控制误差与几何路径误差没

有直接关系。电动机电流提供有关真实机器人是否可以执行所需运动的信息。由于电动机的最大电流值为 20A，因此仍有足够的驱动储备可用。当然，还必须检查所有其他驱动器。

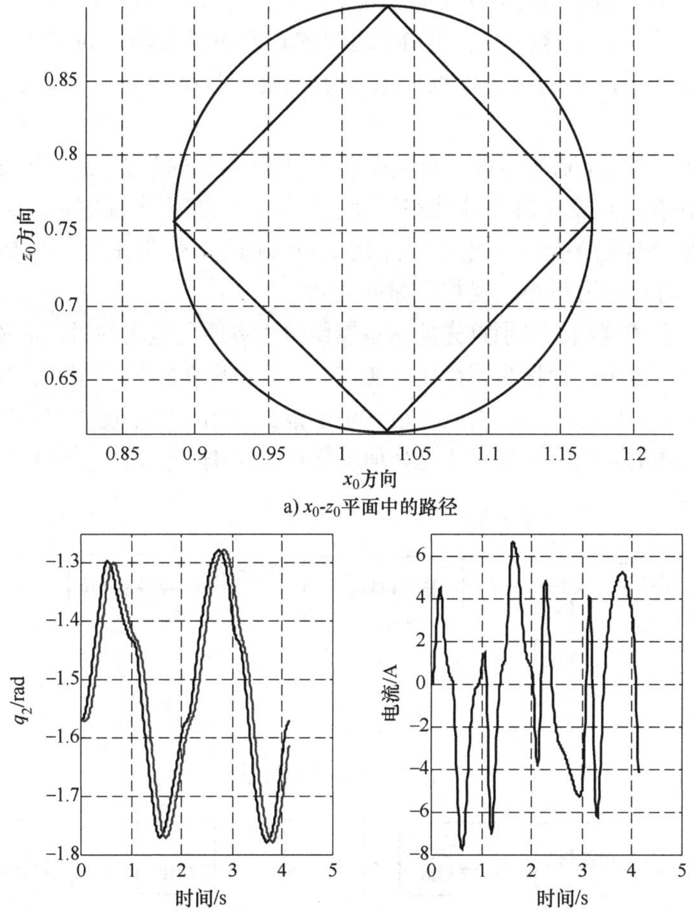

b) q_2和电流

图 7.31 基于模型控制器的仿真结果

7.5 非分析控制方法

7.5.1 模糊控制

L. A. Zadeh 在 20 世纪 60 年代中期发展了模糊集合理论，对现实世界现象的理解等同于用定量表达来描述现实世界的能力，如通过微分方程。

Zadeh 的不兼容原则指出，随着系统变得越来越复杂，做出精确和重要陈述的能力会下降。就量化而言，越精确地看待现实世界中的问题，其解决方案就越模糊。问题是如何避免复杂性，以便以合理的方式对系统进行适当的描述。人们可以尝试通过允许一定程度的模糊性和牺牲精确信息来降低复杂性，以获得对系统的某种模糊且简化的描述。模糊集和模糊逻辑理论是一种允许不准确和部分真实而不是精确和数学严谨的方法。

Zadeh 引入了所谓的模糊集合。模糊集合理论假设集合中元素的隶属关系不是用是-否或0-1 决策来回答的，指定集合的隶属关系是根据隶属度进行分级的。例如，一个 30 岁的人在年轻人集合中的成员资格可以是 0.7（而不是 0 或 1）。在这个理论的基础上，发展了对偶逻辑。模糊逻辑定义了如何从这些介于 0 和 1 之间的真值中得出陈述的规则。

模糊技术最重要的应用领域是模糊专家系统、模糊数据分析（如在图像处理中）和模糊控制。

图 7.32 所示为模糊控制的原理。有关受控系统行为的知识是用语言表述的。语言控制器根据测量变量和设定点变量的当前状态以及受控系统的知识来指定操纵变量。控制器的几种语言控制为：如果控制差异 e 为正中则测量变量 Δx 的变化为正中；如果控制差异 e 为正小则测量变量 Δx 的变化为负小，受控变量是正中。

为了能够应用上述规则，必须首先使用隶属函数将数值上呈现的目标值和测量值映射为正小、负中等模糊值，这个过程称为模糊化（见图 7.33）。现在必须应用语言规则。由于存在多种语言规则，并制定不同的陈述，因此在推理块中根据规则从多个规则得出结论。当然，受控系统不能受语言陈述的影响。去模糊化是如何从模糊量中确定操纵变量物理值的规定。

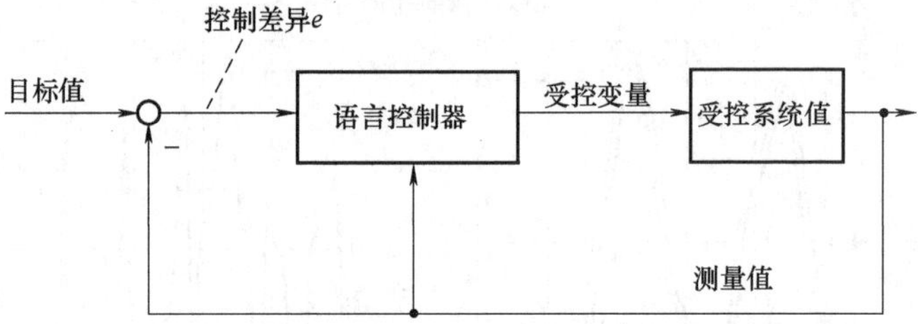

图 7.32　模糊控制的原理

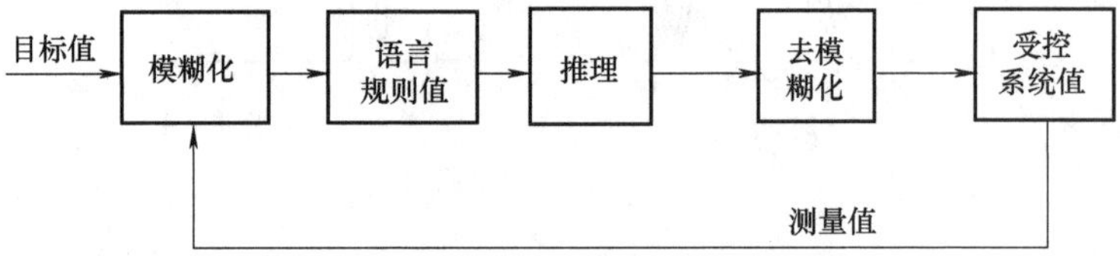

图 7.33　模糊控制的结构

模糊控制的使用对以下类别的受控系统有意义：

1）相对较慢的受控系统没有数学模型，但有人工影响系统的经验。

2）受控系统的复杂性阻碍了建模的精确性，从而阻碍了基于它的控制方案。

3）受控系统以数学方式表示。数学模型存在相当大的不确定性（参数波动、测量不确定性、大的扰动）。

4）数学模型足够准确。使用模糊控制的解决方案比传统控制更轻松地满足要求。

如果要将工业机器人的受控系统分配到这些类别之一，则从一开始就排除了 1）和 2），因为人工指定操纵变量是没有意义的，并且可以建立受控系统的数学模型，它可以分配到第 3）类或第 4）类。例如，不确定性可能是未知的负载质量，这对控制行为或机器人与其环境接触时的条件（摩擦连接）有重大影响。一个例子是混合位置/力控制的模糊技术方法（见文献/7.51/）。第 4）类是有争议的，在对受控系统足够了解的情况下，通过绕过模糊量是否真的能用最少的花费达到同样好的效果。在实施控制时分两种方法：在控制过程中使用模糊规则更改经典控制器结构（如比例微分结构）的参数；使用合适的语言规则独立于传统控制器结构来确定控制变量。图7.34所示为比例-微分控制参数的模糊逻辑适配。模糊逻辑（FL）均以位置误差 e 和速度误差作为输入。如果指定了 K_p 和 K_D 变化的限制，则与仅使用模糊控制相比，可以更容易地评估控制行为的可能性。控制参数的调整与MRAC概念非常相似。然而，控制参数的调整不是基于经典的优化方法，而是通过语言规则的应用。

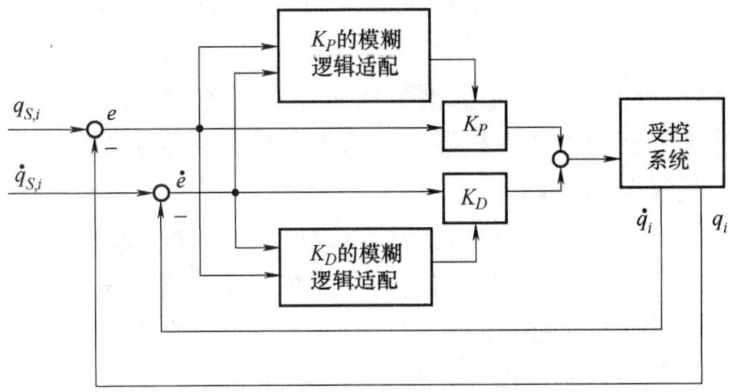

图7.34　比例-微分控制参数的模糊逻辑适配

7.5.2　关节控制中的神经学习过程

1. 神经网络原理

人脑细胞网络结构的人工复制称为神经网络。神经网络由大量相互通信的相同原始处理单元（神经元）组成。目前已经开发了各种网络模型。图7.35所示为神经网络和神经元模型。神经元本质上是一个加法器。一个神经元的连接（突触）x_i 以一定强度 w_i 接收来自其他神经元的激活。当超过某个阈值 T 时，这些激活被添加并创建相应神经元的内部活动 z。输出 y 是内部活动 z 的函数。如果所有的突触和所有的权重 w_i 都被组合成向量，则该模型可以用数学来描述，例如

$$z=\boldsymbol{w}^{\mathrm{T}}\cdot\boldsymbol{x}-\mathrm{sgn}(\boldsymbol{w}^{\mathrm{T}}\cdot\boldsymbol{x})\cdot T$$

$$y=S(z)=\frac{2}{1+e^{-k\cdot z}}-1,\ k>0$$

函数 S 称为sigmoid函数，它在−1和1之间以S形运行。

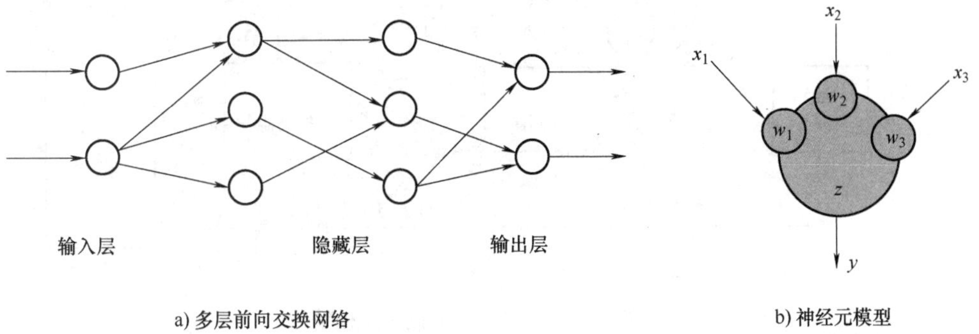

图7.35　神经网络和神经元模型

神经网络必须在训练阶段适应给定的任务。所有神经元的权重 w_i 都会改变，直到实现所需的输入/输出行为。将输入值切换到网络，并将网络输出与所需或已知的相关输出进行比较。根据目标/实际比较，神经元的权重会根据特定的学习策略发生变化。由于这种受监控的学习是离线进行的，因此在网络满足要求之前可能需要进行数千次比较和权重更改。

2. *神经网络在运动控制和调控中的应用*

在机器人技术中，可以在任务规划、路径规划、传感器数据处理、运动控制和关节调节中使用神经网络。在具有神经网络的工业机器人的逆模型中进行教学。图 7.36 所示为训练逆模型为神经网络。真实机器人以运动状态响应控制向量 $\boldsymbol{U}_S$。尝试用机器人的逆模型重建控制向量 $\boldsymbol{U}_S$，将该模型作为神经网络。模型输出与实际控制向量的偏差用于改变神经元的权重，从而有针对性地改变模型。在机器人操作中，神经网络训练的非线性映射可以用于基于模型的控制，而不是复杂的计算。

在运行期间对网络进行在线学习（见文献/7.21/），以便考虑受控系统的变化，如负载。除了现有的分析控制概念外，还经常使用神经网络技术来实现改进。为了提高路径精度，在图 7.37 中，神经网络操纵单个关节控制（见文献/7.32/）的关节坐标设置点。该目标值被传输到传统的位置控制器。控制值确保在每个时间点 $q_{S,i}$ 与 q_i 非常接近，因此即使在高速下跟随误差也非常小。神经网络针对每个机器人路径分别进行调整。

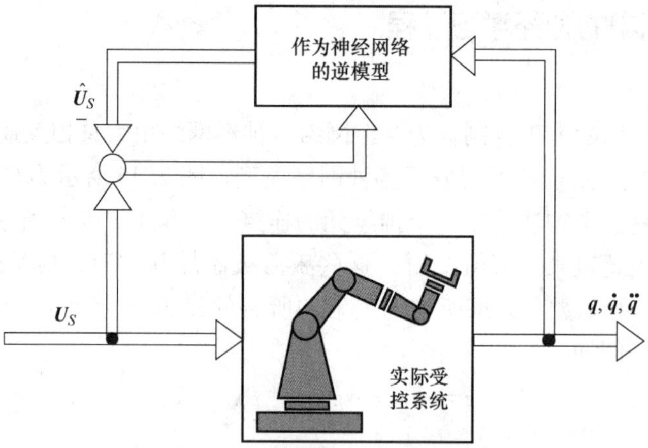

图 7.36　训练逆模型为神经网络

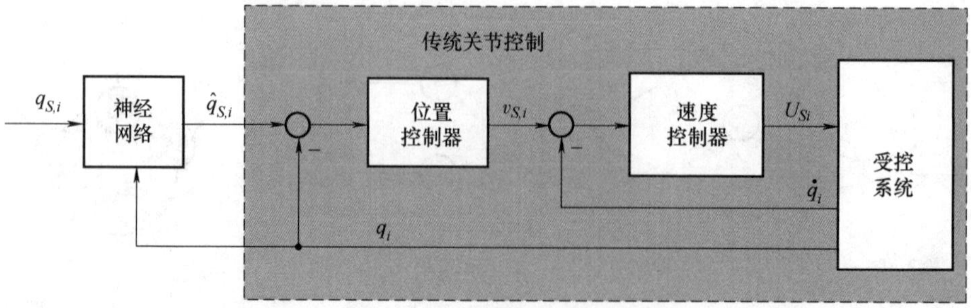

图 7.37　通过操纵目标值提高路径精度

7.6 力控制结构

当机器人手臂与其环境接触并以定义的力/力矩作用于其环境时，使用力控制。力控制器通常与位置或速度控制回路相关联，因为在加工过程中，指定的力/力矩必须与运动学边界条件相关联。磨削工件时，磨削力控制为垂直于表面，而位置或速度控制发生在其他自由度上。与表面相切的运动自由度和垂直于工件表面的力自由度之间存在区别。如果试图对某个运动自由度进行力控制，机器人将以不受控制的方式运动，因为它不能在这个自由度上建立任何力。然而，在力自由度方向上的力控制也可以从属于运动控制回路。

应首先使用图7.38中的弹簧-质量-系统来考虑力控制，该图可以理解为平移自由度的简单模型。由于机器人手臂部分的质量和周围环境都不是完全机械刚性的，因此在摩擦连接中存在一定的弹性，这被描述为弹簧特性。当位置 x 取决于弹簧属性的值时，机器人手臂部件（质量 m）对环境施加所需的力。如果测量力，可以在图7.39的结构中设置一个带有从属位置控制的力控制。力偏差被放大，结果用作位置目标值，由从属位置控制。K_{FR} 因子可以理解为比例力控制器。

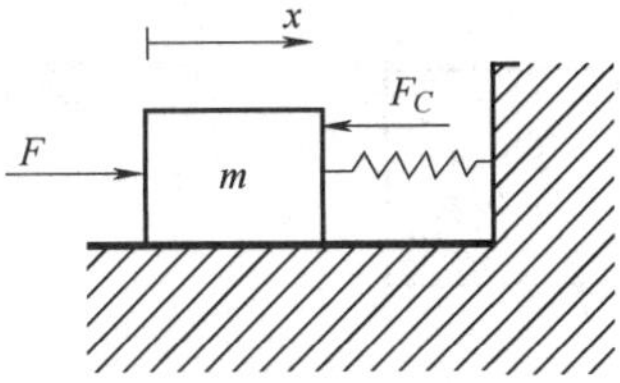

图7.38 弹簧-质量-系统

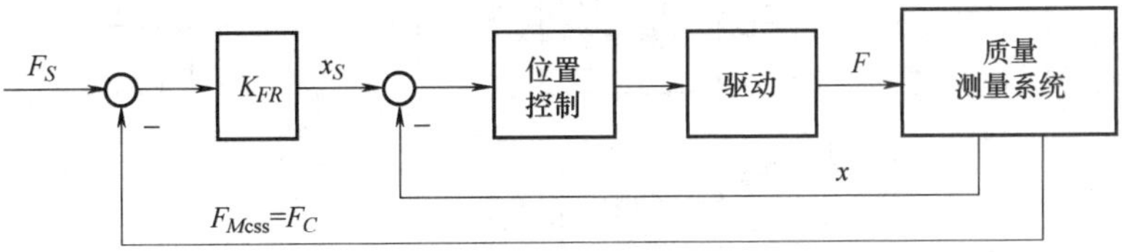

图7.39 平移运动中的力控制原理

由图7.39可以看出，位置和力不能相互独立控制。图7.40所示为工业机器人使用笛卡儿位置控制的力控制。外力/力矩通过安装在执行器附近的力/力矩传感器测量，并与目标值进行比较。刚度矩阵 $\boldsymbol{C}_F$ 对应于图7.39中的因子 K_{FR}，并且是一个对角矩阵，它将所需力或力矩的偏差映射到每个笛卡儿坐标的笛卡儿位置设定点。从属笛卡儿位置控制的任务是将笛卡儿坐标调节到该设定点。只需要考虑工业机器人与环境摩擦连接的笛卡儿自由度。其他自由度仅受位置控制。

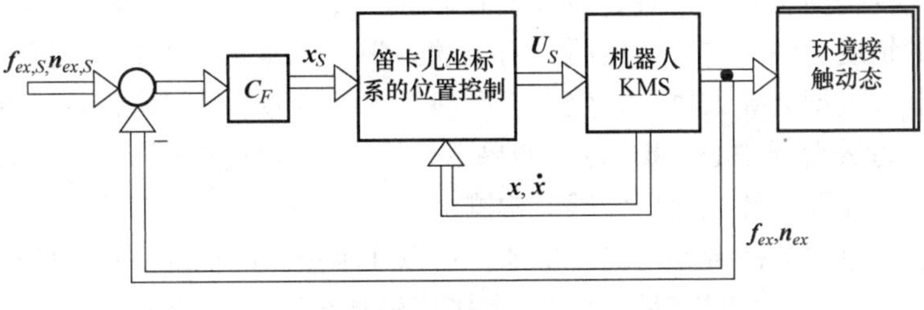

图7.40 工业机器人使用笛卡儿位置控制的力控制

改进图7.40得到图7.41，在文献中称为平行力、位置控制（见文献/7.16/和文献/7.17/）。这里笛卡儿设定点向量 $\boldsymbol{x}_S$ 由力控制修改。优点是在一个自由度上自由运动时，相应的力目标值和测得的力为0，只有位置控制有影响。在摩擦连接的情况下，笛卡儿位置设定点将保持不变，力控制会改变位置控制的设定点，以便可以建立所需的力或力矩。在执行装配任务时，笛卡儿坐标交替为运动自由度或力自由度，具体取决于加工过程。

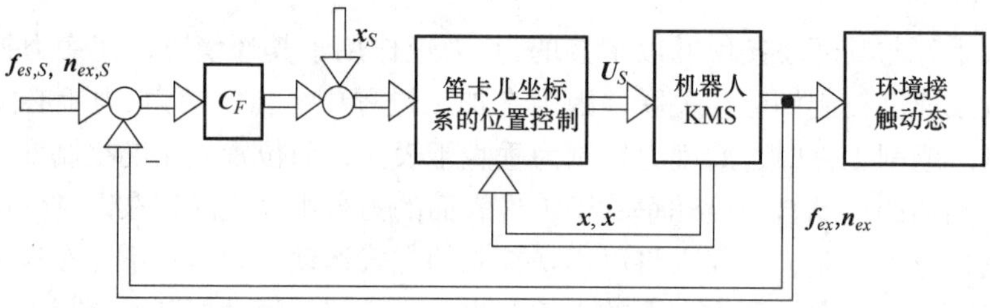

图 7.41　平行力、位置控制

混合力、位置控制（见图 7.42）包含笛卡儿位置控制和力控制。取决于哪个笛卡儿坐标将成为运动或力的自由度，确定（6 · 6）-选择矩阵 $\boldsymbol{S}$ 和 $\boldsymbol{S}'$ 的分量。如果某个笛卡儿坐标是一个力的自由度，则对应的 $\boldsymbol{S}$ 的行就变成零向量，以此类推。

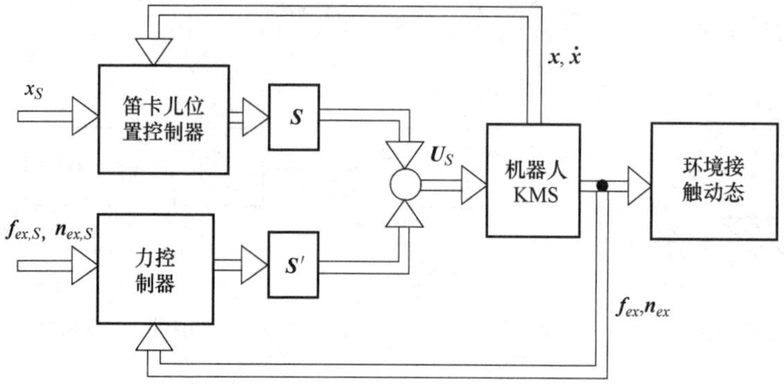

图 7.42　混合力、位置控制

7.7　基于图像的控制

如果工业机器人要与其环境接触以执行装配任务或加工任务，则必须准确了解任务的环境。在实践中，设备用于固定组件，以便有准确的位置和方向。机器人工具（执行器）必须能够以相应的精度达到该位姿。然而，由于动力学（如重力影响），机器人手臂的灵活性或不准确的机器人模型会导致机器人位姿不准确。为了能够补偿不准确性，在实际应用中使用了连接机制（远程合规中心，RCC）。如果不使用这些机械辅助装置，则必须调整机器人的运动。这种适应需要对环境使用传感器检测。

力控制机制记录了局部接触情况，例如，可以在不损坏的情况下接合组件。这里需要粗略地预先定位，因为力/力矩传感器只记录直接接触情况。更大的机器人工作区域部分可以通过成像传感器（相机）捕获。图像支持的工业机器人控制称为视觉伺服。为了影响执行器的位置，视觉伺服使用来自相机系统的信息，例如将执行器引导到用于抓取任务的可见特征。在这里，必须使用图像处理和图像分析从相机图像中提取特征。然后必须以这样一种方式解释这些图像特征，即可以从中得出运动规划的规范，或者可以在闭环控制环中使用这些特征。这取决于其应用场景，必须了解不同细节的相机布置参数，以便相应地评估图像记录。这些参数是通过相机校准获得。视觉伺服应用流程如图 7. 43 所示。

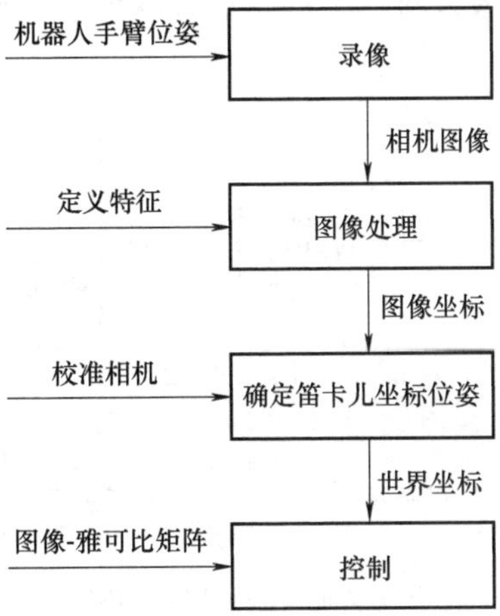

图 7. 43　视觉伺服应用流程

7. 7. 1　视觉伺服的结构

20 世纪 80 年代引入的一种图像支持的控制结构分类是根据机器人的内部轴控制器是否是控制回路的从属部分，或控制回路是否仅通过摄像头闭合。

直接视觉控制：提取的图像特征的设定值和实际值之间的控制误差通过控制器直接导致电动机力矩指标或机器人驱动系统的定位向量 $\boldsymbol{U}_S$ 指标（见图 7. 44）。机器人的最终运动会改变图像内容（因为安装在机器人上相机的位置或执行器的位置，例如，在使用永久安装的相机时会发生变化）。控制回路仅通过摄像头形成闭合回路。为了实现工业机器人的稳定性，图像采集和图像处理必须具有足够的速度和可靠性。此外，控制器必须考虑所有产生的影响，如重力。此处控制器可以基于具有重力补偿的控制器（见文献/7. 16/）进行设计。本章最后对完整的基于模型的补偿进行说明。

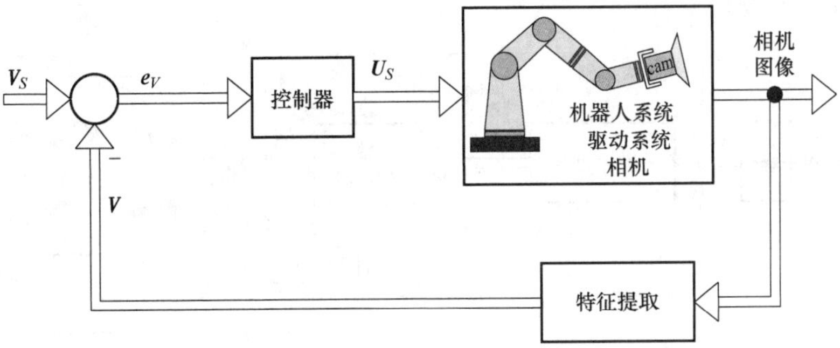

图 7. 44　直接视觉伺服（基于图像）

动态观察-移动：控制器处理来自相机系统的信息，控制器的输出变量是内部联合控制的输入变量。这利用了级联控制的优势，因为驱动器已经由内部轴控制器在稳定的速度控制电路中运行。这样，控制器使用图像坐标中特征的设定值和实际值之间的控制差异 $\boldsymbol{e}_V=\boldsymbol{V}_S-\boldsymbol{V}$ 来形成关节级别的设定速度值 $\dot{q}_S$（见图 7.45）。由于机器人的内部轴控制处于活动状态，因此稳定性不仅仅取决于图像采集速度。它具有实际可行性，因为许多工业机器人的控制器不提供对当前控制器操纵变量的直接访问，但具有位置或速度级别的设定点接口（如 KUKA 机器人传感器接口，RSI）。

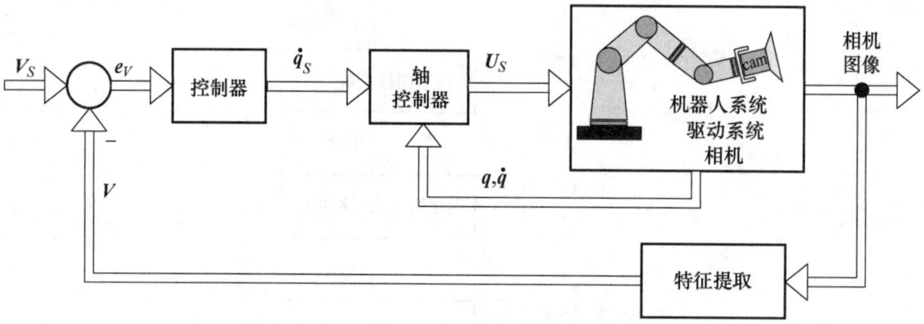

图 7.45　带有从属轴控制的视觉伺服（基于图像）

视觉伺服根据控制是基于图像还是基于位置进一步分类：

基于图像的控制：从图像记录中提取的特征得到图像坐标中的测量位置 $\boldsymbol{V}$。设定点向量 $\boldsymbol{V}_S$ 也在图像坐标中指定。这意味着目标值是通过在图像坐标中指定特征位置来定义的，当达到目标位姿时，这些位置将可见。因此，控制误差也存在于图像坐标中。

图 7.44 和图 7.45 所示的两种视觉伺服结构，它们在图像坐标中形成了控制误差 $\boldsymbol{e}_V$。为了指定驱动系统的指标 $\boldsymbol{U}_S$ 或轴控制器的指标 $\dot{\boldsymbol{q}}_S$，控制器必须考虑图像坐标和笛卡儿坐标变化之间的关系（图像雅可比矩阵）以及笛卡儿坐标和关节坐标变化之间的关系。

基于位置的控制：目标位姿 $\boldsymbol{x}_{V,S}$ 在笛卡儿坐标系中指定。这意味着测量的图像特征 $\boldsymbol{V}$ 也必须转换为笛卡儿坐标 $\boldsymbol{x}_V$（见图 7.46）。控制器设计被简化，因为控制器现在不必考虑图像坐标的映射。这里建议使用任何现有接口来指定笛卡儿速度。因此，控制器仅在笛卡儿空间中设计。由于必须从图像记录中获得笛卡儿测量值，因此基于位置的方法需要尽可能准确地校准相机（确定内在参数）。如果是搭载的相机，则还必须相对于基本坐标系连续确定相机位姿（确定外部参数）。

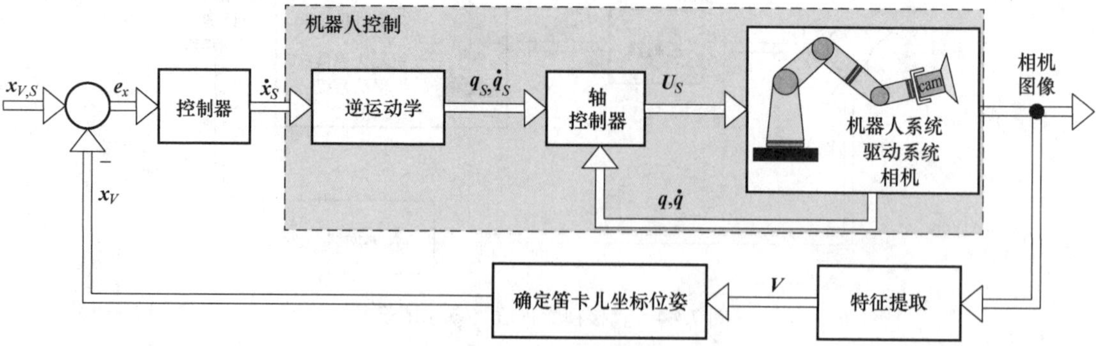

图 7.46　带有从属轴控制的视觉伺服（基于位置）

如果在图像记录中只有所需的特征是可见的，以便将机器人的执行器引导到它，那么即使是确定笛卡儿位姿的小错误也会导致不正确的近似。如果机器人的 TCP 在图像中可见，则可以避免该问题。这导致以下两种结构：

1）端点开环（Endpoint-Open-Loop：EOL）：相机仅捕获目标特征。这种方法用于工艺过程中机械布置不能在末端执行器上提供可靠特征的工艺。因此，机器人位姿必须由前向变换确定。所以末端执行器与相机不在一个闭环中。

2）端点闭环（Endpoint-Closed-Loop：ECL）：通过这种布置，除了特征的位姿外，末端执行器的位姿也由相机图像确定。由于图像中目标位姿与末端执行器位姿之间直接形成规则误差，因此不准确的相机标定对系统精度影响不大。即使是不精确的前向变换（如不精确的德纳维特-哈滕贝格参数）也可以用这种结构来克服。

有一种分类由相机机械布置决定。这种排列会导致图像中的不同运动，在控制中必须相应地考虑这一点：

1）眼在手（Eye-in-Hand）：相机安装在执行器上，由机器人随身携带。外部参数在运动过程中发生变化，并且必须不断更新以确定笛卡儿位姿。优点是可以将相机定位在相对靠近相关特征的位置。由于距离近，即使图像分辨率较低，也可以实现高测量精度。

2）眼对手（Eye-to-Hand）：相机固定在房间内。从图像特征计算笛卡儿位姿不依赖机器人的运动。但是，根据工作空间的大小，测量精度受到限制，因为必须用一张图像覆盖整个工作空间。

7.7.2 图像处理

从图像内容中确定应用相关的信息是工业图像处理的任务。在视觉伺服中，必须从图像中提取一个或多个图像特征。定义特征的方法有很多种。基本上，有相应过滤图像的方法，如检测边缘、寻找圆心或计算重心。可以根据形状找到不同类别的特征。但是，如果搜索已知对象，也可以使用模板匹配直接搜索它们。

模板匹配是特征提取的一种基本形式，在相机图像 I_V 中寻找搜索图像 T_V。为此，将比较图像推送到相机图像的每个位置以比较相似度，如通过互相关、差分或二次差分来确定。图 7.47 所示为使用双关节机器人搜索 TCP。所得图像 R_V 通过互相关获得。相机图像 I_V 和搜索图像 T_V 之间的最高匹配显示在 R_V 的最大值中。

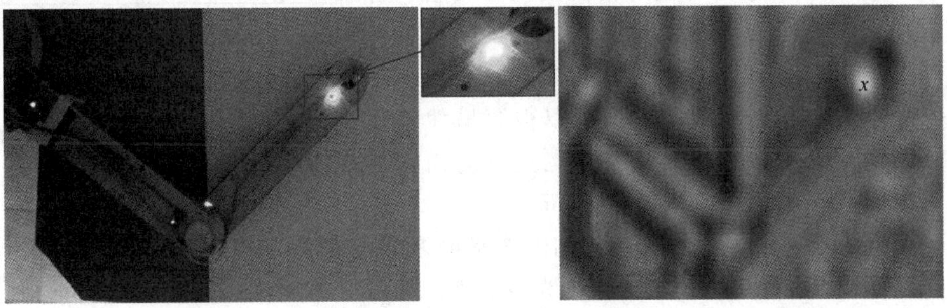

a) 相机图像I_V　　b) 搜索图像T_V　　c) 图像比较结果R_V

图 7.47　使用双关节机器人搜索 TCP

下面以互相关为例，判断相机图像是否与搜索图像匹配。搜索图像 T_V（具有宽度 n_x 和高度 n_y）在每个坐标 (u,v) 处与相机图像的相应图像部分相关联，以确定结果图像 $R_V(u,v)$。

$\overline{T}_V$ 是搜索图像的平均值，$\overline{I}_V$ 是对应图像部分的平均值，与搜索图像相关。

$$R_V(u,v)=\frac{\sum_{x,y}\{[I_V(x+u,y+v)-\overline{I}_V]\cdot[T_V(x,y)-\overline{T}_V]\}}{\sqrt{\sum_{x,y}[I_V(x+u,y+v)-\overline{I}_V]^2\sum_{x,y}[T_V(x,y)-\overline{T}_V]^2}}$$

$$\overline{T}_V=\frac{\sum_{x,y}T_V(x,y)}{n_x n_y},\overline{I}_V=\frac{\sum_{x,y}I_V(x+u,y+v)}{n_x n_y} \tag{7.81}$$

$$\text{mit}\sum_{x,y}=\sum_{x=0}^{n_x-1}\sum_{y=0}^{n_y-1}$$

如果根据式（7.81）对图像的所有坐标进行计算，则得到图像 R_V 结果。最后，应寻找结果图像 R_V 中的极值点。在互相关的情况下，这是结果图像中的最大值（亮点）。这个最大值提供了二维特征 $\boldsymbol{V}=(V_x,V_y)^{\mathrm{T}}$，此特征位于图像坐标中。需要了解相机模型（内部参数和外部参数）才能在闭合控制环中使用此功能或计算笛卡儿位姿。

7.7.3 相机模型

相机通常提供三维场景的二维图像。为了由图像坐标推断相机或世界坐标，需要相机的内在参数和外在参数。内在参数包括如焦距、镜头畸变和图像主点的位置。图像主点描述了光轴与传感器平面的交点。对于真实镜头，这个图像主点不同于传感器平面的中心（图像的中心）。外部参数描述了相机在空间中的位置，这些参数可以通过相机校准获得。

对于校准，相机记录具有已知几何形状和已知位置的物体。相机坐标中的坐标 $\boldsymbol{x}_V=(x_V,y_V,z_V)^{\mathrm{T}}$和图像坐标中的坐标 $\boldsymbol{V}=(V_x,V_y)^{\mathrm{T}}$ 之间的关系可以根据校准体的已知几何形状建立。相机坐标系具有对相机外壳的固定参考。外部信息提供了从相机坐标 $\boldsymbol{x}_V^{(V)}$ 到基本坐标系 K_0 中的坐标 $\boldsymbol{x}_V^{(0)}$ 的转换。根据相机的连接方式（眼在手/眼对手），这种关系可以取决于机器人的位姿，也可以是恒定的。

闭环视觉伺服可以容忍不准确的校准，因为末端执行器被捕获在图片中。针孔相机模型（见图 7.48）提供了一个非常简化的相机模型。虽然针孔相机在工业图像处理中没有用到，但可以用来描述基本关系。理想的针孔相机可提供完美的几何图像而不会失真。用光线定理可以很容易地确定这个图像。内在参数和外在参数更复杂的描述可以根据文献/7.18/和文献/7.40/标定。

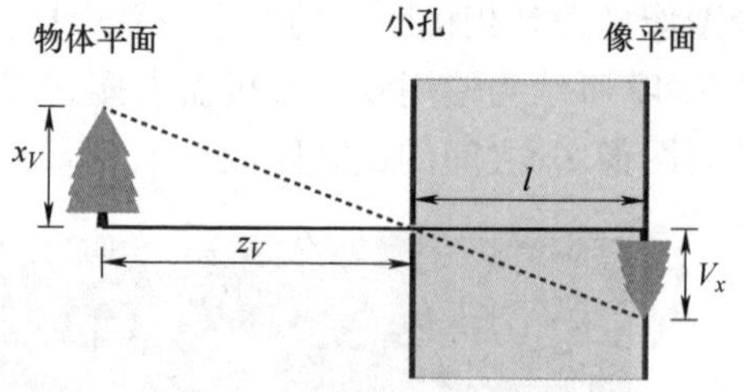

图 7.48　x-z 平面中的针孔相机模型

针孔相机的唯一内在参数由针孔和图像平面之间的距离 l 定义。传感器位于图像平面中，在那里生成真实物体的镜像。根据光线定理，相机与图像坐标之间的关系如下：

$$\begin{aligned}\frac{z_V}{x_V}=\frac{l}{V_x}\Rightarrow V_x=x_V\frac{l}{z_V}\\ \frac{z_V}{y_V}=\frac{l}{V_y}\Rightarrow V_y=y_V\frac{l}{z_V}\end{aligned} \tag{7.82}$$

式（7.82）描述了特征在图像坐标中的唯一位置 $\boldsymbol{V}$，这取决于其在相机坐标中的位置

x_V。反之，当物体与针孔之间的距离 z_V 未知时，在相机坐标中的位置有无穷多个解：

$$x_V = V_x \frac{z_V}{l}, \quad y_V = V_y \frac{z_V}{l} \tag{7.83}$$

由图像特征计算笛卡儿位置需要距离 z_V 已知。在实践中，通常可以做出简化假设，如通过将相机垂直安装在工作表面上方已知距离处。在系统移动的情况下，来自机器人控制器的位置数据可用于确定相机与工作表面之间的距离。对于简单的布局，距离也可以从已知的物体几何形状中确定。图 7.49 所示为图像坐标中物体长度的确定。在图像中搜索图像特征 V_1 和 V_2。由此，可以在图像坐标中确定目标的长度 d_V：

$$\begin{aligned} d_{V,x} &= V_{2x} - V_{1x} \\ d_{V,y} &= V_{2y} - V_{1y} \\ d_V &= \sqrt{d_{V,x}^2 + d_{V,y}^2} \end{aligned} \tag{7.84}$$

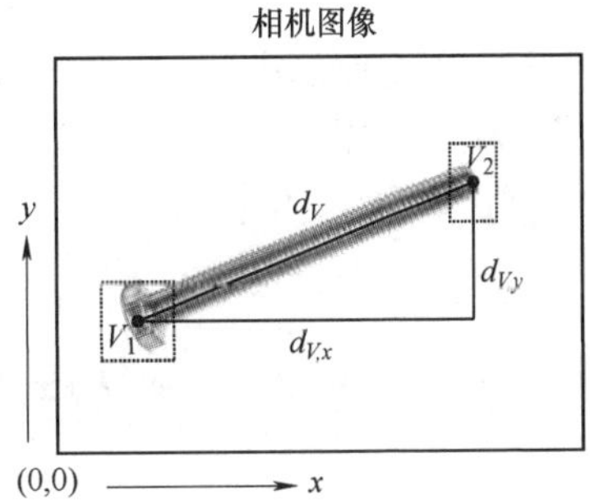

图 7.49　图像坐标中物体长度的确定

如果在世界坐标系中已知物体的实际长度 d_R，则当相机垂直布置在工作表面上方并且相机的内在参数已知时，可以确定相机与物体之间的距离 z_V

$$z_V = \frac{d_R \cdot l}{d_V} \tag{7.85}$$

7.7.4　来自图像信息的关节运动

一旦从图像中提取了所寻找的特征，就可以从图像信息中指定笛卡儿运动或关节运动。当使用基于图像的视觉伺服控制工业机器人时，控制误差在图像坐标中。图 7.50 所示为具有图像特征 V 的物体。该特征应在移动结束时位于图像中的所需位置 $\boldsymbol{V}_S$。为了根据控制误差 $\boldsymbol{e}_V = \boldsymbol{V}_S - \boldsymbol{V}$ 指定机器人的关节运动，必须描述关节坐标中的运动与笛卡儿空间中执行器运动之间的关系。此外，为了计算关节运动，必须将机器人的运动学描述包含在控制器中（基于位置的方法不需要此步骤，因为此处直接指定了笛卡儿运动）。

应首先从控制误差中确定使该控制误差 $\boldsymbol{e}_V = \boldsymbol{V}_S - \boldsymbol{V}$ 最小化的必要笛卡儿运动。雅可比矩阵 $\boldsymbol{J}_0$，描述了关节空间运动与笛卡儿空间运动的关系。类似地，建立图像雅可比矩阵 $\boldsymbol{J}_V$，描述图像坐标中的速度 $\dot{\boldsymbol{V}}$ 和相机坐标中的速度 $\dot{\boldsymbol{x}}_V$ 之间的关系（在文献中，图像雅可比矩阵也称为特征敏感度矩阵或交互矩阵）：

$$\dot{\boldsymbol{V}} = \boldsymbol{J}_V(\boldsymbol{x}_V) \cdot \dot{\boldsymbol{x}}_V, \ \boldsymbol{J}_V(\boldsymbol{x}_V) = \frac{\delta \boldsymbol{V}}{\delta \boldsymbol{x}_V} \tag{7.86}$$

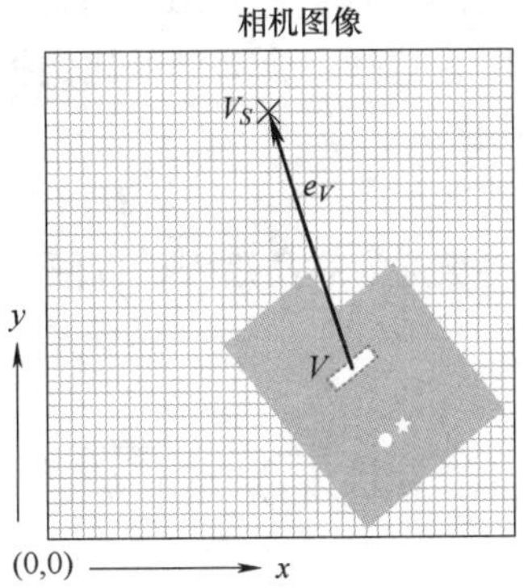

图 7.50　具有图像特征 V 的物体

式（7.86）描述了图像特征 V 的变化取决于相机坐标的移动。$\boldsymbol{J}_V$ 取决于相对于目标的位置。例如，当相机和特征之间的距离 z_V 较大时，特征的移动会导致图像坐标的微小移动，而当 z_V 较小时，图像坐标会发生较大的移动。

对于控制，必须解决式（7.86）的逆问题，以描述相机坐标随图像坐标的变化：

$$\dot{\boldsymbol{x}}_V=\boldsymbol{J}_V^{-1}(\boldsymbol{x}_V)\cdot\dot{\boldsymbol{V}} \tag{7.87}$$

速度 $\dot{\boldsymbol{V}}$ 不能直接从图像中确定。然而，为了使控制误差最小化，可以从图像记录中确定必要的变化 $\Delta\boldsymbol{V}$。在式（7.87）中，我们继续讨论偏差，这导致根据式（3.41）的线性化。

$$\Delta\boldsymbol{x}_V=\boldsymbol{J}_V^{-1}(\boldsymbol{x}_V)\cdot\Delta\boldsymbol{V},\ \Delta\boldsymbol{V}\rightarrow\min \tag{7.88}$$

下面为二维情况设置图像雅可比矩阵 $\boldsymbol{J}_V$。这里只有 x_V 和 y_V 方向的运动是可能的。根据式（7.86），图像坐标的偏导数必须根据式（7.82）导出，以描述由于相机坐标的变化而发生的图像坐标的变化：

$$\boldsymbol{J}_V(\boldsymbol{x}_V)=\frac{\delta\boldsymbol{V}}{\delta\boldsymbol{x}_V}=\begin{pmatrix}\dfrac{\mathrm{d}V_x}{\mathrm{d}x_V} & \dfrac{\mathrm{d}V_x}{\mathrm{d}y_V}\\[2ex] \dfrac{\mathrm{d}V_y}{\mathrm{d}x_V} & \dfrac{\mathrm{d}V_y}{\mathrm{d}y_V}\end{pmatrix}=\begin{pmatrix}\dfrac{l}{z_V} & 0\\[2ex] 0 & \dfrac{l}{z_V}\end{pmatrix} \tag{7.89}$$

对于式（7.89），从相机图像中确定特征点 $\boldsymbol{V}=(V_x,V_y)^{\mathrm{T}}$ 就足够了。如果还要控制距离 z_V 或方向，则必须从图像中提取附加数据。根据图 7.49，距离可以从具有已知对象几何形状的两个图像特征计算得出。

通过反转式（7.89）并将其插入式（7.87）或式（7.88），相机坐标中的运动（速度）被描述为图像坐标中的运动（速度）的函数：

$$\boldsymbol{J}_V^{-1}(\boldsymbol{x}_V)=\begin{pmatrix}\dfrac{z_V}{l} & 0\\[2ex] 0 & \dfrac{z_V}{l}\end{pmatrix} \tag{7.90}$$

最终，运动不应该用笛卡儿相机坐标来描述，而应该用机器人的关节坐标来描述。使用式（3.41），这导致图像坐标的变化 $\Delta\boldsymbol{V}$ 和关节坐标的变化 $\Delta\boldsymbol{q}$ 之间的关系：

$$\Delta\boldsymbol{q}=\boldsymbol{J}_0^{-1}(\boldsymbol{q})\cdot\Delta\boldsymbol{x}_V^{(0)}=\boldsymbol{J}_0^{-1}(\boldsymbol{q})\cdot{}_0^V\boldsymbol{A}\cdot\Delta\boldsymbol{x}_V^{(V)}=\boldsymbol{J}_0^{-1}(\boldsymbol{q})\cdot{}_0^V\boldsymbol{A}\cdot\boldsymbol{J}_V^{-1}(\boldsymbol{x}_V)\cdot\Delta\boldsymbol{V} \tag{7.91}$$

如果根据图 7.51 选择控制器结构，则控制误差 $\boldsymbol{e}_V$ 对应于图像坐标中的期望变化（$\Delta\boldsymbol{V}$）。选择一个简单的比例控制器对控制误差进行加权，从而导致控制误差方向的相应较小变化：

$$\boldsymbol{U}_S=\boldsymbol{K}_P\cdot\Delta\boldsymbol{q}=\boldsymbol{K}_P\cdot\boldsymbol{J}_0^{-1}(\boldsymbol{q})\cdot{}_0^V\boldsymbol{A}\cdot\boldsymbol{J}_V^{-1}(\boldsymbol{x}_V)\cdot\boldsymbol{e}_V \tag{7.92}$$

$\boldsymbol{K}_P$ 将被选为对角矩阵，以便以不同方式调节各个轴方向。

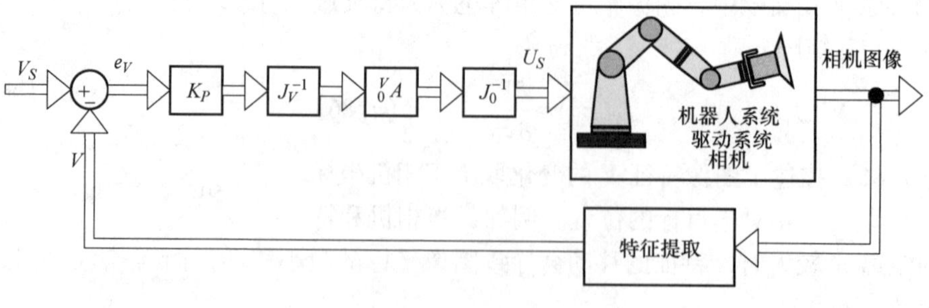

图 7.51　基于图像的视觉伺服

7.7.5 基于模型联合控制的视觉伺服

图 7.51 的结构通过图像信息闭合了整个控制回路。机器人控制器的内部调节通常以一ms 量级的插补周期进行。简单的图像处理系统很难实现小于 15ms 的循环时间。除了非常快速的图像采集和非常短的曝光时间之外，这里还必须确保快速的图像处理。事实证明，这种结构对于许多实际应用都无效，因为控制周期不够快，无法保持关节运动稳定并以足够的精度执行它们。机器人将根据其关节测量值进行控制，而不是直接指定操纵变量。此外，应使用基于模型的控制，以便机器人动力学的影响，如重力对基于图像的控制没有影响。

受控系统的行为在逆模型的基础上被解耦和线性化。在生成的替代受控系统上留下所需的二阶惯性特性。机器人系统的输入变量是所需的关节坐标 $\boldsymbol{q}_S$（见图 7.27 和图 7.52）。根据式（7.91），图像坐标的必要变化（控制误差）会导致关节坐标中的运动 $\Delta\boldsymbol{q}_S$。由于控制器输出指定了变化 $\Delta\boldsymbol{q}_S$，因此机器人的当前关节位置 $\boldsymbol{q}$ 用于确定每个控制周期所需的关节角度 $\boldsymbol{q}_S$：

$$\boldsymbol{q}_S=\boldsymbol{q}+\Delta\boldsymbol{q}_S \tag{7.93}$$

根据式（7.91）~式（7.93），当控制误差用比例控制器 $\boldsymbol{K}_P$ 加权时，机器人控制器的输入如下：

$$\boldsymbol{q}_S=\boldsymbol{q}+\Delta\boldsymbol{q}_S=\boldsymbol{q}+\boldsymbol{K}_P\cdot\boldsymbol{J}_0^{-1}(\boldsymbol{q})\cdot{}_0^V\boldsymbol{A}\cdot\boldsymbol{J}_V^{-1}(\boldsymbol{x}_V)\cdot\boldsymbol{e}_V \tag{7.94}$$

用于影响解耦等效系统所需行为的控制器输出变量 $\boldsymbol{r}$ 的向量为

$$\boldsymbol{r}=\boldsymbol{A}_0\cdot(\boldsymbol{q}_S-\boldsymbol{q})-\boldsymbol{A}_1\cdot\dot{\boldsymbol{q}} \tag{7.95}$$

将式（7.94）插入式（7.95）会导致控制器输出取决于图像坐标中的控制误差：

$$\begin{aligned}\boldsymbol{r}&=\boldsymbol{A}_0\cdot[\boldsymbol{q}+\boldsymbol{K}_P\cdot\boldsymbol{J}_0^{-1}(\boldsymbol{q})\cdot{}_0^V\boldsymbol{A}\cdot\boldsymbol{J}_V^{-1}(\boldsymbol{x}_V)\cdot\boldsymbol{e}_V-\boldsymbol{q}]-\boldsymbol{A}_1\cdot\dot{\boldsymbol{q}}\\&=\boldsymbol{A}_0\cdot\boldsymbol{K}_P\cdot\boldsymbol{J}_0^{-1}(\boldsymbol{q})\cdot{}_0^V\boldsymbol{A}\cdot\boldsymbol{J}_V^{-1}(\boldsymbol{x}_V)\cdot\boldsymbol{e}_V-\boldsymbol{A}_1\cdot\dot{\boldsymbol{q}}\end{aligned} \tag{7.96}$$

最后，控制向量 $\boldsymbol{K}_S$ 由式（7.96）确定：

$$\boldsymbol{U}_S=\widetilde{\boldsymbol{M}}(\boldsymbol{q})\cdot\boldsymbol{r}+\widetilde{\boldsymbol{b}}(\boldsymbol{q},\dot{\boldsymbol{q}}) \tag{7.97}$$

由式（7.96）可以看出，图 7.52 中间的求和块和差块被省略了，这些仅用于阐明如何使用接口来指定关节设定点。在实践中经常出现这种情况，因为直接指定的不是控制电压 $\boldsymbol{U}_S$ 的向量，而是额定位置 $\boldsymbol{q}_S$ 或额定转速 $\dot{\boldsymbol{q}}_S$ 的向量。

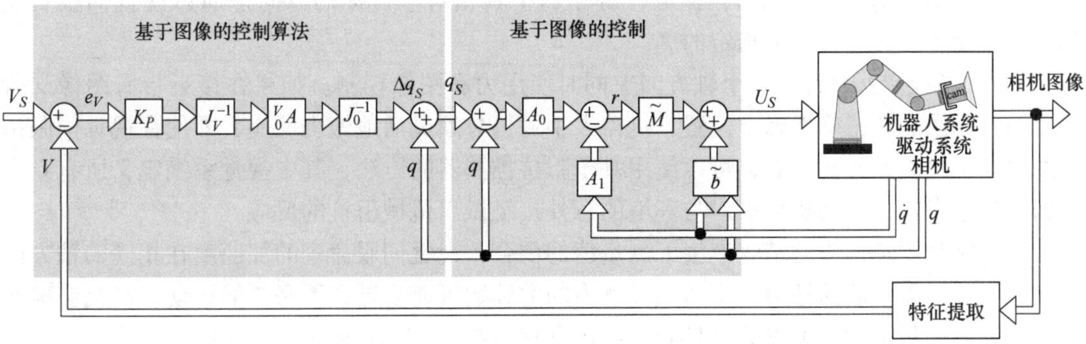

图 7.52 基于模型控制的视觉伺服

7.8 外部混合控制概念

前面的章节介绍了两种引导工业机器人的方法：

1）力控制提供有关本地接触情况的高分辨率信息。

2）视觉伺服提供有关机器人大部分工作空间的信息。

对于连接工艺应用，实际连接过程必须是受力控制的。当力控制在接触面方向上激活时，必须同时指定连接过程方向上的所需速度。然而，为了在未知环境中将机器人引导到接合点，需要图像支持的控制。因此，这允许在混合控制结构中结合这些方法，以利用单独控制概念的优点。

与图 7.42 中的选择矩阵相比，引入了控制器 $C(t)$（见图 7.53）。根据控制器 $C(t)$ 的选择，定义了三种不同的方法：

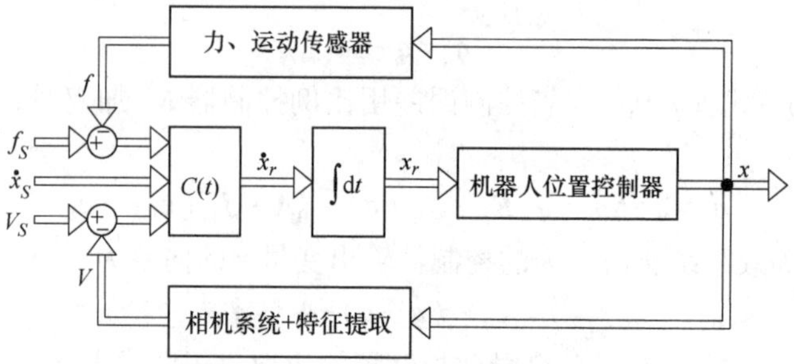

图 7.53　混合力/图像/速度控制

1）交易控制：在笛卡儿轴方向，可以在执行期间在速度指定、基于图像或基于力的控制之间切换。例如，这适用于连接应用：首先，使用相机通过图像支持的控制使工件尽可能靠近目标，然后将接触方向从视觉伺服切换到力控制，以便最终连接组件。这允许实现高速接近，因为只有在目标附近才需要慢速移动，以避免在接触瞬间产生很大的力。

2）混合控制：基于力、图像和速度的控制仅在相互正交的方向上进行。控制器 $C(t)$ 包含 3 个选择矩阵，它们的总和给出单位矩阵。这意味着在一个轴方向上指定速度或受力控制，或使用图像信息。例如，在抓取任务中，工具相对于目标的方向是通过视觉伺服实现的，而速度是在接近方向上指定的。

3）共享控制：允许在一个轴方向上同时使用力和图像控制。如果在接近带有图像支持的表面时无法非常精确地确定位置，机器人手臂仍必须灵活地做出反应，即使在视觉伺服指令的方向上也是如此。此处，可以使用基于阻抗控制器的方法，其中视觉系统定义所有 6 个自由度的参考轨迹，而机器人对与环境的意外接触做出机械阻抗的反应。

力控制和视觉伺服的结合产生了测量值的耦合：视觉伺服命令的加速度在相同的轴方向上导致力传感器中的惯性力。不增加接触力的力读数可能会导致不必要的运动，甚至会破坏力控制回路的稳定性。通过共享控制，图像支持的控制和力控制在一个轴方向上同时激活。此处需要对测量的力值进行计算补偿，以便专门确定接触力。

在理想情况下，这种耦合不会发生在混合控制和交易控制中，因为力控制和视觉伺服不会同时在同一方向上活动。然而，在实践中，会发生较小的耦合，因为实际上会存在干扰，如振动作用于所有轴向。

练习题

1. 如果按照图 7.6 和式（7.6）的速度控制系统的描述可以忽略与速度相关的摩擦（$F_D^* \approx 0$），请根据式（7.11）设置 K_P 和 T_N 的规则。

2. 根据本章练习题 1 确定 ReDuS 的控制参数 α、β 和 K_I，以及$\dfrac{V(s)}{V_S(s)}=\dfrac{1}{1+2d_RT_Rs+T_R^2s^2}$和受控系统的规则。

3. 图 7.54 所示的速度控制回路的阶跃响应由二阶惯性环节和所选位置控制器的增益 K_L 近似，以便位置控制具有 $\varphi_R=75°$的相位储备。如果 K_{Vor}选择 0.8，那么在 2rad/s 的固定速度下的跟随误差是多少?

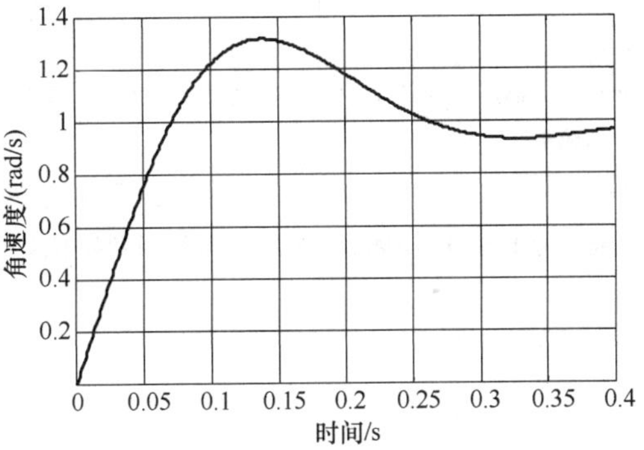

图 7.54　练习题 3 的附图

4. 如图 7.19 所示设置位置控制。在时间点 t^*，M^* 应为 3V · s²，与速度相关的摩擦损失可以忽略不计。如果参考模型的 $d_L=1$ 和 $T_L=0.25$s 指定了二阶惯性行为，K_P 和 K_V 将稳定在哪些值?

5. 根据式（7.61）设置 $r_i=K_{P,i}\cdot(q_{S,i}-q_i)+K_{I,i}\cdot\int_0^t(q_{S,i}-q_i)\mathrm{d}\tau$ 的传递函数。控制回路是否稳定?

6. 使用比例-积分级联设计基于模型的位置控制。如第 7.4.8 节中的示例，应使用带圆周的正方形作为测试运动对象。控制行为应类似于第 7.4.8 节的结果。请使用 ManDy 运行模拟。

7. 在视觉伺服应用中，图 7.55 所示螺钉的定位方式应使相机图像如图 7.55b 所示。在任务开始时，相机捕捉到如图 7.55a 所示的图像。计算物体所需的笛卡儿运动以获得目标图像。相机垂直于工作表面安装。物体可以在 x、y 和 z 方向上平移，也可以绕 z 轴旋转。

1）根据传感器坐标确定图 7.55 中起始图像的特征 $\boldsymbol{V}$ 和 $\boldsymbol{V}_h$，以及目标图像的特征 $\boldsymbol{V}'$和 $\boldsymbol{V}'_h$。每个像素都是边长为 10mm 的正方形。

2）计算起始图像中螺钉的长度 d_V 和结束图像中螺钉的长度 d'_V。作为辅助变量，请计算 x 轴和螺钉之间的角度 α（$\boldsymbol{V}$ 和 $\boldsymbol{V}_h$ 之间的连接线）。对起始图像和目标图像进行计算。

3）式（7.82）~式（7.85）描述了图像特征对相机坐标中物体位姿 $\boldsymbol{x}_V$ 的依赖性。请用一个向量 $\boldsymbol{h}$ 总结图像特征 $\boldsymbol{V}$ 和辅助量：$\boldsymbol{h}(\boldsymbol{x}_V)=(V_x,V_y,d_V,\alpha)^{\mathrm{T}}$ 和 $\boldsymbol{x}_V=(x_v,y_v,z_v,A)^{\mathrm{T}}$。像平面到针孔的距离为 $l=10$mm。螺钉的实际尺寸为 $d_R=150$mm。由于垂直排列，图像坐标中的角度 α 对应于相机坐标中的角度 A。

4）计算图像雅可比矩阵 $\boldsymbol{J}_V(\boldsymbol{x}_V)=\dfrac{\delta\boldsymbol{h}}{\delta\boldsymbol{x}_V}$。

5）计算起始图像的特征位姿 $\boldsymbol{x}_V=(x_v,y_v,z_v,A)^{\mathrm{T}}$ 和图像雅可比矩阵 $\boldsymbol{J}_V(\boldsymbol{x}_V)$。

6）计算图像特征和辅助量在起始位姿和目标位姿之间的变化 $\Delta \boldsymbol{h}$。计算对象必须如何在相机坐标中移动才能按需要出现在图像中。为此，请确定向量 $\Delta \boldsymbol{x}_V$。

7）解释为什么这个例子中的 $\boldsymbol{x}_V+\Delta \boldsymbol{x}_V$ 没有导致目标图像［$\boldsymbol{x}'_V \neq \boldsymbol{x}_V+\boldsymbol{J}_V^{-1}(\boldsymbol{x}_V)\cdot \Delta \boldsymbol{V}$］中的期望姿势 $\boldsymbol{x}'_V$。

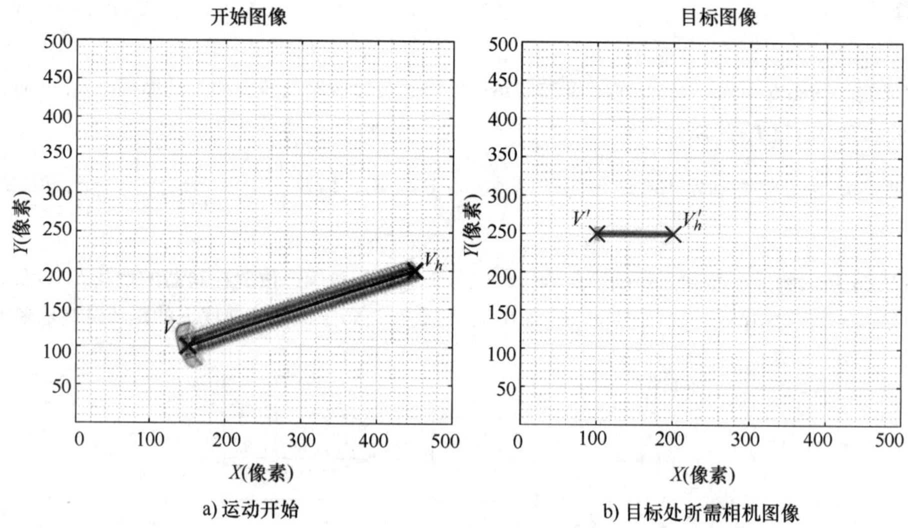

图 7.55　通过垂直于工作表面安装的相机记录要定位物体的图像

附　　录

附录A　矩阵的一些定义和计算规则

下面是本书中需要用到的一些定义和计算规则。更详细的内容可在文献/A1/和/A2/中找到。

1. 矩阵

矩阵 $\boldsymbol{A}$ 是 m 行 n 列（$m \cdot n$）个元素（如数字）的矩形排列，根据它们的位置进行标记：

$$\boldsymbol{A}=\begin{pmatrix} a_{11} & \cdots & a_{1n} \\ \vdots & \ddots & \vdots \\ a_{m1} & \cdots & a_{mn} \end{pmatrix} \tag{A.1}$$

其中，$i=1$，…，m，$j=1$，…，n。将矩阵

$$\boldsymbol{D}=\begin{pmatrix} 1 & -4 & 5 \\ 2 & 0 & 8 \end{pmatrix}, \quad \boldsymbol{E}=\begin{pmatrix} -2 & 4 & 1 \\ 4 & -1 & 0 \\ 1 & 0 & 4 \end{pmatrix}$$

作为示例。$\boldsymbol{D}$ 为2行3列，例如 $d_{12}=-4$ 和 $d_{23}=8$。

2. 行向量和列向量

一个矩阵可以用作 m 个行向量（$a_{i1},\cdots,a_{in}$），$i=1$，…，m 或作为 n 列向量$\begin{pmatrix} a_{1j} \\ \vdots \\ a_{mj} \end{pmatrix}$。在示例中，$\boldsymbol{D}$ 有两个行向量（1,-4,5）和（2,0,8），三个列向量是$\begin{pmatrix} 1 \\ 2 \end{pmatrix}$，$\begin{pmatrix} -4 \\ 0 \end{pmatrix}$和$\begin{pmatrix} 5 \\ 8 \end{pmatrix}$。行向量和列向量可以理解为单行矩阵。

3. 转置矩阵

转置矩阵 $\boldsymbol{A}^{\mathrm{T}}$ 是通过将行向量与列向量交换得到的，即 $\boldsymbol{A}$ 矩阵元素 a_{ij} 成为转置矩阵的矩阵元素 a_{ji}。如果 $\boldsymbol{A}$ 是一个（$m \cdot n$）矩阵，那么 $\boldsymbol{A}^{\mathrm{T}}$ 是一个（$n \cdot m$）矩阵。

$$\boldsymbol{D}^{\mathrm{T}}=\begin{pmatrix} 1 & 2 \\ -4 & 0 \\ 5 & 8 \end{pmatrix}, \quad \boldsymbol{E}^{\mathrm{T}}=\begin{pmatrix} -2 & 4 & 1 \\ 4 & -1 & 0 \\ 1 & 0 & 4 \end{pmatrix}$$

如果行向量被转置，则获得列向量，列向量的转置得到行向量。

矩阵也可以被认为是由部分矩阵组成。部分矩阵通常被赋予地理名称。在示例中，$\boldsymbol{E}$ 的西北（$2 \cdot 2$）矩阵是矩阵$\begin{bmatrix} -2 & 4 \\ 4 & -1 \end{bmatrix}$。

4. 主要对角线元素

矩阵的主要对角线元素是 $i=j$ 的元素 a_{ij}，它们位于从左上角到右下角的对角线上。在示例中 $d_{11}=1$，$d_{22}=0$ 是矩阵 $\boldsymbol{D}$ 的主对角元素，$e_{11}=-2$，$e_{22}=-1$，$e_{33}=4$ 是矩阵 $\boldsymbol{E}$ 的主对角线元素。

5. 方阵

方阵是一个（$n \cdot n$）矩阵，它的行数与列数相同。

6. 对角矩阵

对角矩阵是一个方阵，其中主对角线以外的所有元素都为 0。

7. 单位矩阵

单位矩阵 $\boldsymbol{I}$ 是一个对角矩阵，其主对角元素都为 1。

8. 对称矩阵

对称矩阵是与其主对角线镜像对称的方阵，即等于其转置：

$$\boldsymbol{A}=\boldsymbol{A}^{\mathrm{T}}$$

因此对角矩阵是一种特殊的对称矩阵。$\boldsymbol{E}$ 是对称矩阵的一个例子。

9. 加减

如果矩阵 $\boldsymbol{B}$ 和矩阵 $\boldsymbol{A}$ 具有相同的行数和列数，则矩阵 $\boldsymbol{B}$ 可以添加到矩阵 $\boldsymbol{A}$ 或从矩阵 $\boldsymbol{A}$ 中减去。矩阵逐个元素相加或相减：

$$\boldsymbol{C}=\boldsymbol{A}+\boldsymbol{B},\ c_{ij}=a_{ij}+b_{ij};\ \boldsymbol{F}=\boldsymbol{A}-\boldsymbol{B},\ f_{ij}=a_{ij}-b_{ij} \tag{A.2}$$

10. 矩阵乘法

通过将每个单独的元素乘以 c，矩阵 $\boldsymbol{A}$ 与标量 c 相乘：

$$c \cdot \boldsymbol{A}=\begin{pmatrix} c \cdot a_{11} & \cdots & c \cdot a_{1n} \\ \vdots & \ddots & \vdots \\ c \cdot a_{m1} & \cdots & c \cdot a_{mn} \end{pmatrix} \tag{A.3}$$

只有当 $\boldsymbol{B}$ 的行数与 $\boldsymbol{A}$ 的列数一样多时，才能将两个矩阵 $\boldsymbol{A}$ 和 $\boldsymbol{B}$ 相乘得 $\boldsymbol{C}=\boldsymbol{A} \cdot \boldsymbol{B}$。如果 $\boldsymbol{A}$ 是（$m \cdot n$）矩阵，$\boldsymbol{B}$ 是（$n \cdot k$）矩阵，则 $\boldsymbol{C}$ 作为（$m \cdot k$）矩阵。

$$c_{ij}=\sum_{l=1}^{n} a_{il} \cdot b_{lj} \tag{A.4}$$

$\boldsymbol{D} \cdot \boldsymbol{E}$ 为

$$\boldsymbol{F}=\boldsymbol{D} \cdot \boldsymbol{E}=\begin{pmatrix} 1 & -4 & 5 \\ 2 & 0 & 8 \end{pmatrix} \cdot \begin{pmatrix} -2 & 4 & 1 \\ 4 & -1 & 0 \\ 1 & 0 & 4 \end{pmatrix}=\begin{pmatrix} -13 & 8 & 21 \\ 4 & 8 & 34 \end{pmatrix}$$

由其定义和示例可以看出，矩阵乘积是不可交换的，即 $\boldsymbol{A} \cdot \boldsymbol{B} \neq \boldsymbol{B} \cdot \boldsymbol{A}$。

一种特殊情况是一个（$m \cdot n$）矩阵乘以一个（$n \cdot 1$）列向量。结果是具有 m 个分量的列向量。如果 $\boldsymbol{E}$ 乘以向量 $(1,0,-2)^{\mathrm{T}}$，则得到

$$\begin{pmatrix} -2 & 4 & 1 \\ 4 & -1 & 0 \\ 1 & 0 & 4 \end{pmatrix} \cdot \begin{pmatrix} 1 \\ 0 \\ -2 \end{pmatrix}=\begin{pmatrix} -4 \\ 4 \\ -7 \end{pmatrix}$$

引入的两个列向量 $\boldsymbol{v}_1$、$\boldsymbol{v}_2$ 的标量积也可以写作矩阵乘法：

$$\boldsymbol{v}_1 \cdot \boldsymbol{v}_2 = \boldsymbol{v}_1^{\mathrm{T}} \cdot \boldsymbol{v}_2 \tag{A.5}$$

对于两个矩阵 $\boldsymbol{A}$ 和 $\boldsymbol{B}$ 的乘积的转置有

$$(\boldsymbol{A} \cdot \boldsymbol{B})^{\mathrm{T}} = \boldsymbol{B}^{\mathrm{T}} \cdot \boldsymbol{A}^{\mathrm{T}} \tag{A.6}$$

11. 逆矩阵

如果 a 和 b 是数字并且存在 $a \cdot x = b$，则可以通过 $x = \frac{1}{a} \cdot b = a^{-1}b$ 得到 x。对应的矩阵方程为 $\boldsymbol{A} \cdot \boldsymbol{X} = \boldsymbol{B}$，其中 $\boldsymbol{A}$ 应为方阵。如果 $\boldsymbol{A}^{-1}$ 存在，则解由 $\boldsymbol{X} = \boldsymbol{A}^{-1} \cdot \boldsymbol{B}$ 给出。二次方程的矩阵 $\boldsymbol{A}^{-1}$ 称为 $\boldsymbol{A}$ 的逆矩阵。如果一个矩阵乘以其逆矩阵，结果就是单位矩阵：

$$\boldsymbol{A} \cdot \boldsymbol{A}^{-1} = \boldsymbol{I} \tag{A.7}$$

$$(\boldsymbol{A} \cdot \boldsymbol{B})^{-1} = \boldsymbol{B}^{-1} \cdot \boldsymbol{A}^{-1} \tag{A.8}$$

矩阵的求逆和转置是可以互换的：

$$(\boldsymbol{A}^{-1})^{\mathrm{T}} = (\boldsymbol{A}^{\mathrm{T}})^{-1} \tag{A.9}$$

12. 行列式

当行列式为 $\det(\boldsymbol{A}) \neq 0$ 时，方阵 $\boldsymbol{A}^{-1}$ 存在。行列式是分配给每个方阵的数字。可以在文献中找到计算规则，或使用 Mathematica、MATLAB 等程序系统进行计算。带有 $\det(\boldsymbol{A}) \neq 0$ 的方阵 $\boldsymbol{A}$ 称为正则矩阵，对于 $\det(\boldsymbol{A}) = 0$，矩阵是奇异的。矩阵 $\boldsymbol{E}$ 的行列式和逆矩阵为

$$\det(\boldsymbol{E}) = 55,\ \boldsymbol{E}^{-1} = \begin{pmatrix} 4/55 & 16/55 & -1/55 \\ 16/55 & 9/55 & -4/55 \\ -1/55 & -4/55 & 14/55 \end{pmatrix}$$

13. 矩阵和向量微分

如果矩阵的元素是变量的函数，则根据该变量的微分和积分是逐个进行的。通过对瞬态关节角度的向量进行微分，得到关节角速度的向量：

$$\boldsymbol{q} = \begin{pmatrix} q_1 \\ \vdots \\ q_n \end{pmatrix},\ \dot{\boldsymbol{q}} = \frac{\mathrm{d}\boldsymbol{q}}{\mathrm{d}t} = \begin{pmatrix} \frac{\mathrm{d}q_1}{\mathrm{d}t} \\ \vdots \\ \frac{\mathrm{d}q_n}{\mathrm{d}t} \end{pmatrix} = \begin{pmatrix} \dot{q}_1 \\ \vdots \\ \dot{q}_n \end{pmatrix}$$

附录 B 雅可比矩阵设置

B.1 根据手臂部件相对速度描述执行器的运动

在第 3.3 节，是以平面双关节机器人为例（见图 3.5）建立雅可比矩阵。执行器的位置和方向是有区别的，这通过关节坐标中的前向变换来表示。有一种无须推导即可工作的递归方法。此处的先决条件也是机器人的运动学根据第 2.2 节的德纳维特-哈滕贝格约定进行描述。

可以通过叠加机器人手臂部分的相对速度来计算执行器的绝对速度。机器人手臂部分 i 相对于机器人手臂部分 $i-1$ 的速度由关节 i 的关节速度 $\dot{q}_i$ 引起，根据德纳维特-哈滕贝格约定，该关节速度与坐标系 K_{i-1} 相关，并发生在 z_{i-1} 轴的方向（见图 B.1）。

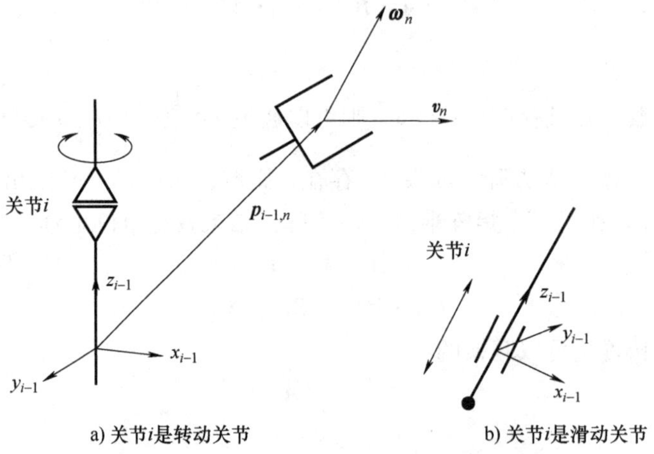

图 B.1　用于执行器速度和角速度的递归计算

如果 $\boldsymbol{\omega}_{rel,i}^{(i-1)}$ 表示机器人手臂部分 i 的相对角速度，以 K_{i-1} 的坐标表示，相应地，$\boldsymbol{v}_{rel,i}^{(i-1)}$ 表示由角速度 $\dot{q}_i$ 引起并在坐标系 K_{i-1} 中描述的工具中心点线速度部分，则有

$$\boldsymbol{\omega}_n=\boldsymbol{\omega}_{rel,1}+\boldsymbol{\omega}_{rel,2}+\cdots+\boldsymbol{\omega}_{rel,n}=\sum_{i=1}^{n}\boldsymbol{\omega}_{rel,i},\quad \boldsymbol{v}_n=\boldsymbol{v}_{rel,1}+\boldsymbol{v}_{rel,2}+\cdots+\boldsymbol{v}_{rel,n}=\sum_{i=1}^{n}\boldsymbol{v}_{rel,i} \tag{B.1}$$

转动关节 i 对角速度向量 $\boldsymbol{\omega}_n$ 和线速度 $\boldsymbol{v}_n$ 都有贡献。

$$\boldsymbol{\omega}_{rel,i}^{(i-1)}=(0\quad 0\quad \dot{q}_i)^{\mathrm{T}},\quad \boldsymbol{v}_{rel,i}^{(i-1)}=\boldsymbol{\omega}_{rel,i}^{(i-1)}\times\boldsymbol{p}_{i-1,n}^{(i-1)} \tag{B.2}$$

如果关节 i 是滑动关节，则 $\boldsymbol{\omega}_{rel,\,,i}^{(i-1)}=\boldsymbol{0}$，关节的运动仅影响 $\boldsymbol{v}_n$：

$$\boldsymbol{\omega}_{rel,i}^{(i-1)}=\boldsymbol{0},\quad \boldsymbol{v}_{rel,i}^{(i-1)}=[\boldsymbol{0}\quad \boldsymbol{0}\quad \dot{q}_i]^{\mathrm{T}} \tag{B.3}$$

向量 $\boldsymbol{p}_{i-1,n}^{(i-1)}$ 可以根据式（2.12）由齐次矩阵 ${}_{i-1}^{\;\;n}\boldsymbol{T}$ 确定。考虑到式（2.17），${}_{i-1}^{\;\;n}\boldsymbol{T}$ 为

$${}_{i-1}^{\;\;n}\boldsymbol{T}={}_{i-1}^{\;\;i}\boldsymbol{T}\cdot{}_{i}^{i+1}\boldsymbol{T}\cdots{}_{n-2}^{n-1}\boldsymbol{T}\cdot{}_{n-1}^{\;\;n}\boldsymbol{T}=\begin{pmatrix}\boldsymbol{x}_n^{(i-1)} & \boldsymbol{y}_n^{(i-1)} & \boldsymbol{z}_n^{(i-1)} & \boldsymbol{p}_{i-1,n}^{(i-1)}\\ 0 & 0 & 0 & 1\end{pmatrix}=\begin{pmatrix}{}_{i-1}^{\;\;n}\boldsymbol{A} & \boldsymbol{p}_{i-1,n}^{(i-1)}\\ 0^{\mathrm{T}} & 1\end{pmatrix} \tag{B.4}$$

其中各个矩阵由式（2.34）给出。为了能够执行式（B.1），向量必须在旋转矩阵的帮助下在相同的坐标系中表示。这里式（B.1）的所有向量都将在坐标系 K_0 中表示：

$$\begin{aligned}\boldsymbol{v}_n^{(0)}&=\sum_{i=1}^{n}{}^{i-1}_{\;\;0}\boldsymbol{A}\cdot\boldsymbol{v}_{rel,i}^{(i-1)}={}^{0}_{0}\boldsymbol{A}\cdot\boldsymbol{v}_{rel,1}^{(0)}+\cdots+{}^{i-1}_{\;\;0}\boldsymbol{A}\cdot\boldsymbol{v}_{rel,i}^{(i-1)}+\cdots+{}^{n-1}_{\;\;0}\boldsymbol{A}\cdot\boldsymbol{v}_{rel,n}^{(n-1)},\\ \boldsymbol{\omega}_n^{(0)}&=\sum_{i=1}^{n}{}^{i-1}_{\;\;0}\boldsymbol{A}\cdot\boldsymbol{\omega}_{rel,i}^{(i-1)}={}^{0}_{0}\boldsymbol{A}\cdot\boldsymbol{\omega}_{rel,1}^{(0)}+\cdots+{}^{i-1}_{\;\;0}\boldsymbol{A}\cdot\boldsymbol{\omega}_{rel,i}^{(i-1)}+\cdots+{}^{n-1}_{\;\;0}\boldsymbol{A}\cdot\boldsymbol{\omega}_{rel,n}^{(n-1)}\end{aligned} \tag{B.5}$$

${}^{0}_{0}\boldsymbol{A}$ 是单位矩阵。旋转矩阵 ${}^{i-1}_{\;\;0}\boldsymbol{A}$ 由式（2.11）和式（2.33）确定。现在，在式（B.5）中，可以包含式（B.2）和式（B.3），其中 $h_i=1$ 表示关节 i 是转动关节，$h_i=0$ 表示关节 i 是滑动关节。

$$\boldsymbol{v}_n^{(0)}=\sum_{i=1}^{n}\left\{h_i\left({}^{i-1}_{0}\boldsymbol{A}\cdot\begin{pmatrix}0\\0\\\dot{q}_i\end{pmatrix}\right)\times({}^{i-1}_{0}\boldsymbol{A}\cdot\boldsymbol{p}_{i-1,n}^{(i-1)})+(1-h_i)\,{}^{i-1}_{0}\boldsymbol{A}\cdot\begin{pmatrix}0\\0\\\dot{q}_i\end{pmatrix}\right\}$$

$$=\sum_{i=1}^{n}{}^{i-1}_{0}\boldsymbol{A}\cdot\left\{h_i\left(\begin{pmatrix}0\\0\\\dot{q}_i\end{pmatrix}\times(\boldsymbol{p}_{i-1,n}^{(i-1)})\right)+(1-h_i)\begin{pmatrix}0\\0\\\dot{q}_i\end{pmatrix}\right\}\tag{B.6}$$

$$\boldsymbol{\omega}_n^{(0)}=\sum_{i=1}^{n}\left\{h_i\,{}^{i-1}_{0}\boldsymbol{A}\cdot\begin{pmatrix}0\\0\\\dot{q}_i\end{pmatrix}\right\}$$

现在，式（B.6）可以简化为建立雅可比矩阵的形式

$$\dot{\boldsymbol{x}}=\begin{pmatrix}\boldsymbol{v}_n^{(0)}\\\boldsymbol{\omega}_n^{(0)}\end{pmatrix}=\begin{pmatrix}\boldsymbol{J}_v(\boldsymbol{q})\\\boldsymbol{J}_\omega(\boldsymbol{q})\end{pmatrix}\cdot\dot{\boldsymbol{q}}=\boldsymbol{J}(\boldsymbol{q})\cdot\dot{\boldsymbol{q}}\tag{B.7}$$

$\boldsymbol{J}_v(\boldsymbol{q})$ 和 $\boldsymbol{J}_\omega(\boldsymbol{q})$ 是（$3\times n$）矩阵，$\boldsymbol{J}(\boldsymbol{q})$ 是（$6\times n$）矩阵。应该注意的是，矩阵 $\boldsymbol{J}(\boldsymbol{q})$ 的形状取决于执行器的方向随时间的变化形式。这里使用执行器的角速度向量 $\boldsymbol{\omega}_n$，其方向代表瞬时转动轴，其大小代表角速度。

比较图 3.5 中平面双关节机器人的雅可比矩阵的计算。式（B.6）所需的所有量都可从 3.3.1 小节中获知。矩阵${}^{1}_{0}\boldsymbol{A}$ 可以从${}^{1}_{0}\boldsymbol{T}$ 中获知，向量 $\boldsymbol{p}_{0,2}^{(0)}=\boldsymbol{p}_0^{(0)}$ 可以从${}^{2}_{0}\boldsymbol{T}$ 中读取，向量 $\boldsymbol{p}_{1,2}^{(1)}$ 可以从${}^{2}_{1}\boldsymbol{T}$ 中读取。

$${}^{1}_{0}\boldsymbol{A}=\begin{pmatrix}\cos q_1&-\sin q_1&0\\\sin q_1&\cos q_1&0\\0&0&1\end{pmatrix},\quad \boldsymbol{p}_{0,2}^{(0)}=\begin{pmatrix}l_2\cos(q_1+q_2)+l_1\cos(q_1)\\l_2\sin(q_1+q_2)+l_1\sin(q_1)\\0\end{pmatrix},\quad \boldsymbol{p}_{1,2}^{(1)}=\begin{pmatrix}l_2\cos(q_2)\\l_2\sin(q_2)\\0\end{pmatrix}$$

由于只有转动关节，$h_1=h_2=1$，式（B.6）变为

$$\boldsymbol{v}_2^{(0)}=\begin{pmatrix}0\\0\\\dot{q}_1\end{pmatrix}\times\boldsymbol{p}_{0,2}^{(0)}+{}^{1}_{0}\boldsymbol{A}\cdot\left\{\begin{pmatrix}0\\0\\\dot{q}_2\end{pmatrix}\times\boldsymbol{p}_{1,2}^{(1)}\right\}=\begin{pmatrix}-\dot{q}_1[l_2\sin(q_1+q_2)+l_1\sin(q_1)]-\dot{q}_2l_2\sin(q_1+q_2)\\\dot{q}_1[l_2\cos(q_1+q_2)+l_1\cos(q_1)]+\dot{q}_2l_2\cos(q_1+q_2)\\0\end{pmatrix}$$

$$\boldsymbol{\omega}_2^{(0)}=\begin{pmatrix}0\\0\\\dot{q}_1\end{pmatrix}+{}^{1}_{0}\boldsymbol{A}\cdot\begin{pmatrix}0\\0\\\dot{q}_2\end{pmatrix}=\begin{pmatrix}0\\0\\\dot{q}_1+\dot{q}_2\end{pmatrix}$$

现在式（B.7）的结果可以写成

$$\begin{pmatrix}v_{2,x}^{(0)}=\dot{p}_x^{(0)}\\v_{2,y}^{(0)}=\dot{p}_y^{(0)}\\v_{2,z}^{(0)}=\dot{p}_z^{(0)}\\\omega_{2,x}^{(0)}\\\omega_{2,y}^{(0)}\\\omega_{2,z}^{(0)}\end{pmatrix}=\boldsymbol{J}(\boldsymbol{q})\cdot\dot{\boldsymbol{q}}=\begin{pmatrix}-l_2\sin(q_1+q_2)-l_1\sin q_1&-l_2\sin(q_1+q_2)\\l_2\cos(q_1+q_2)+l_1\cos q_1&l_2\cos(q_1+q_2)\\0&0\\0&0\\0&0\\1&1\end{pmatrix}\cdot\begin{pmatrix}\dot{q}_1\\\dot{q}_2\end{pmatrix}$$

这里雅可比矩阵存在于完整维度（6·2）中。

B.2 使用牛顿-欧拉运动学方程式进行计算

在根据式（6.32）的牛顿-欧拉方法的运动学方程中，每个机器人手臂部分 i 的向量 $\boldsymbol{\omega}_i$ 和 $\boldsymbol{v}_i$ 是递归计算的。这些向量在坐标系 K_i 的坐标中给出，该坐标系永久连接到机器人手臂部分 i。然后在旋转矩阵${}^n_0\boldsymbol{A}$ 的帮助下，向量 $\boldsymbol{v}_n \equiv \boldsymbol{v}_n^{(n)}$ 和 $\boldsymbol{\omega}_n \equiv \boldsymbol{\omega}_n^{(n)}$ 被映射到 $\boldsymbol{v}_n^{(0)}$ 和 $\boldsymbol{\omega}_n^{(0)}$，并且可以根据式（B.7）建立雅可比矩阵。由于只需要速度，式（6.32）简化为

$$
\begin{aligned}
\boldsymbol{\omega}_{i+1} &= {}^{i}_{i+1}\boldsymbol{A}(\boldsymbol{\omega}_i + h_{i+1}\boldsymbol{z}\cdot\dot{\boldsymbol{q}}_{i+1}),\\
\boldsymbol{v}_{i+1} &= {}^{i}_{i+1}\boldsymbol{A}\cdot\boldsymbol{v}_i + (1-h_{i+1})\frac{\mathrm{d}^{(i+1)}}{\mathrm{d}t}\boldsymbol{p}_{i+1} + \boldsymbol{\omega}_{i+1}\times\boldsymbol{p}_{i+1},
\end{aligned}
\tag{B.8}
$$

初始条件为 $\boldsymbol{\omega}_0=0$，$\dot{\boldsymbol{\omega}}_0=0$，$\boldsymbol{v}_0=0$。

将式（B.8）的方法应用于图 3.5 中平面双关节机器人，根据第 6 章中的定义有 $\boldsymbol{p}_1 = (l_1 \quad 0 \quad 0)^{\mathrm{T}}$和 $\boldsymbol{p}_2=(l_2 \quad 0 \quad 0)^{\mathrm{T}}$。考虑式（2.10），旋转矩阵${}^0_1\boldsymbol{A}$、${}^1_2\boldsymbol{A}$ 和${}^2_0\boldsymbol{A}$ 可以从第 3.2 节中获得：

$$
{}^0_1\boldsymbol{A}=\begin{pmatrix}\cos q_1 & \sin q_1 & 0\\ -\sin q_1 & \cos q_1 & 0\\ 0 & 0 & 1\end{pmatrix},\quad
{}^1_2\boldsymbol{A}=\begin{pmatrix}\cos q_2 & \sin q_2 & 0\\ -\sin q_2 & \cos q_2 & 0\\ 0 & 0 & 1\end{pmatrix},
$$

$$
{}^2_0\boldsymbol{A}=\begin{pmatrix}\cos(q_1+q_2) & -\sin(q_1+q_2) & 0\\ \sin(q_1+q_2) & \cos(q_1+q_2) & 0\\ 0 & 0 & 1\end{pmatrix}
$$

对于式（B.8），借助坐标系 K_0 中的矩阵${}^2_0\boldsymbol{A}$ 描述向量：

$$
\boldsymbol{\omega}_1={}^0_1\boldsymbol{A}\cdot(\boldsymbol{z}\dot{q}_1)=\begin{pmatrix}\cos q_1 & \sin q_1 & 0\\ -\sin q_1 & \cos q_1 & 0\\ 0 & 0 & 1\end{pmatrix}\cdot\begin{pmatrix}0\\0\\\dot{q}_1\end{pmatrix}=\begin{pmatrix}0\\0\\\dot{q}_1\end{pmatrix},\quad
\boldsymbol{v}_1=\boldsymbol{\omega}_1\times\boldsymbol{p}_1=\begin{pmatrix}0\\0\\\dot{q}_1\end{pmatrix}\times\begin{pmatrix}l_1\\0\\0\end{pmatrix}=\begin{pmatrix}0\\l_1\dot{q}_1\\0\end{pmatrix},
$$

$$
\boldsymbol{\omega}_2={}^1_2\boldsymbol{A}\cdot(\boldsymbol{\omega}_1+\boldsymbol{z}\dot{q}_2)=\begin{pmatrix}\cos q_2 & \sin q_2 & 0\\ -\sin q_2 & \cos q_2 & 0\\ 0 & 0 & 1\end{pmatrix}\cdot\left(\begin{pmatrix}0\\0\\\dot{q}_1\end{pmatrix}+\begin{pmatrix}0\\0\\\dot{q}_2\end{pmatrix}\right)=\begin{pmatrix}0\\0\\\dot{q}_1+\dot{q}_2\end{pmatrix}
$$

$$
\begin{aligned}
\boldsymbol{v}_2={}^1_2\boldsymbol{A}\cdot\boldsymbol{v}_1+\boldsymbol{\omega}_2\times\boldsymbol{p}_2&=\begin{pmatrix}\cos q_2 & \sin q_2 & 0\\ -\sin q_2 & \cos q_2 & 0\\ 0 & 0 & 1\end{pmatrix}\cdot\begin{pmatrix}0\\l_1\dot{q}_1\\0\end{pmatrix}+\begin{pmatrix}0\\0\\\dot{q}_1+\dot{q}_2\end{pmatrix}\times\begin{pmatrix}l_2\\0\\0\end{pmatrix}=\begin{pmatrix}l_1\dot{q}_1\sin q_2\\l_1\dot{q}_1\cos q_2\\0\end{pmatrix}+\begin{pmatrix}0\\l_2(\dot{q}_1+\dot{q}_1)\\0\end{pmatrix}\\
&=\begin{pmatrix}l_1\dot{q}_1\sin q_2\\ l_1\dot{q}_1\cos q_2+l_2(\dot{q}_1+\dot{q}_2)\\0\end{pmatrix}
\end{aligned}
$$

$$
\boldsymbol{v}_2^{(0)}={}^2_0\boldsymbol{A}\cdot\boldsymbol{v}_2^{(2)}=\begin{pmatrix}\cos(q_1+q_2) & -\sin(q_1+q_2) & 0\\ \sin(q_1+q_2) & \cos(q_1+q_2) & 0\\ 0 & 0 & 1\end{pmatrix}\cdot\begin{pmatrix}l_1\dot{q}_1\sin q_2\\ l_1\dot{q}_1\cos q_2+l_2(\dot{q}_1+\dot{q}_2)\\0\end{pmatrix}
$$

$$=\begin{pmatrix} l_1\dot{q}_1\sin q_2\cos(q_1+q_2)-l_1\dot{q}_1\cos q_2\sin(q_1+q_2)-l_2(\dot{q}_1+\dot{q}_1)\sin(q_1+q_2) \\ l_1\dot{q}_1\sin q_2\sin(q_1+q_2)+l_1\dot{q}_1\cos q_2\cos(q_1+q_2)+l_2(\dot{q}_1+\dot{q}_1)\cos(q_1+q_2) \\ 0 \end{pmatrix}$$

$$=\begin{pmatrix} -l_1\dot{q}_1\sin q_1-l_2(\dot{q}_1+\dot{q}_2)\sin(q_1+q_2) \\ l_1\dot{q}_1\cos q_1+l_2(\dot{q}_1+\dot{q}_2)\cos(q_1+q_2) \\ 0 \end{pmatrix}$$

$$\boldsymbol{\omega}_2^{(0)}={}_0^2\boldsymbol{A}\cdot\boldsymbol{\omega}_2^{(2)}=\begin{pmatrix} \cos(q_1+q_2) & -\sin(q_1+q_2) & 0 \\ \sin(q_1+q_2) & \cos(q_1+q_2) & 0 \\ 0 & 0 & 1 \end{pmatrix}\cdot\begin{pmatrix} 0 \\ 0 \\ \dot{q}_1+\dot{q}_2 \end{pmatrix}=\begin{pmatrix} 0 \\ 0 \\ \dot{q}_1+\dot{q}_2 \end{pmatrix}$$

现在可以将式（B.7）的结果写成

$$\begin{pmatrix} v_{2,x}^{(0)}=\dot{p}_x^{(0)} \\ v_{2,y}^{(0)}=\dot{p}_y^{(0)} \\ v_{2,z}^{(0)}=\dot{p}_z^{(0)} \\ \omega_{2,x}^{(0)} \\ \omega_{2,y}^{(0)} \\ \omega_{2,z}^{(0)} \end{pmatrix}=\boldsymbol{J}(\boldsymbol{q})\cdot\dot{\boldsymbol{q}}=\begin{pmatrix} -l_2\sin(q_1+q_2)-l_1\sin q_1 & -l_2\sin(q_1+q_2) \\ l_2\cos(q_1+q_2)+l_1\cos q_1 & l_2\cos(q_1+q_2) \\ 0 & 0 \\ 0 & 0 \\ 0 & 0 \\ 1 & 1 \end{pmatrix}\cdot\begin{pmatrix} \dot{q}_1 \\ \dot{q}_2 \end{pmatrix}$$

附录 C　静摩擦建模与仿真

C.1　单关节中的静摩擦

摩擦损失的精确识别和建模是一项艰巨的任务。这里将使用相对简单的摩擦损失模型。

为了确定静摩擦损失，在该位置没有重力作用于关节运动的情况下，电动机的驱动力矩 M_A 在关节位置增加，直到达到阈值 M_{R0} 时关节开始移动。但是，这不能用于确定 M_{R0} 的哪个部分是由发动机、传动系统或关节引起的。必须拆除机器人关节并进行各种试验。然而，在描述动力学时，只有摩擦对关节运动的影响是必不可少的。因此可以假设所有静摩擦损失都出现在驱动电动机中。先决条件是可以假设传动系是机械刚性的。图 C.1 所示为摩擦损失的简单模型。这些摩擦损失为

$$M_R(\Omega)=M_{R,stat}(\Omega)+F_M\Omega \tag{C.1}$$

由式（6.7）考虑静摩擦

$$J_A\dot{\Omega}=K_MU_S-M_R(\Omega)-M_L \tag{C.2}$$

如果在整个模型中使用式（C.2）代替式（6.7），则式（6.13）和式（6.15）仍然适用，但在式（6.14）中 $b^*(q,\dot{q})$ 必须用

$$b^*(q,\dot{q})=\frac{b(q,\dot{q})}{K_M\cdot u}+\frac{M_R(\dot{q})}{K_M}=\frac{b(q,\dot{q})}{K_M\cdot u}+\frac{M_{R,stat}(\dot{q})+F_Mu\dot{q}}{K_M} \tag{C.3}$$

替换。如果模型以逆模型的形式用于基于模型的控制，原则上计算 $M_{R,stat}(\dot{q})$

$$M_{R,stat}(\dot{q})=M_{R0}\mathrm{sgn}(\dot{q}) \qquad \text{(C.4)}$$

就足够了。Signum 函数 $\mathrm{sgn}(x)$ 的结果对于正 x 为 1，对于 $-x$ 为 -1。由于式（6.9）适用于刚性驱动系统，因此得到 $\mathrm{sgn}(\Omega)=\mathrm{sgn}(\dot{q})$。假设机械刚性驱动系统，对 Ω 的依赖可以由对 $\dot{q}$ 的依赖代替，即 $M_R(\Omega)=M_R(\dot{q})$。

如果 $\dot{q}$ 值在空闲状态下有噪声，则会出现控制困难。采用过滤或引入阈值等措施可以对其进行补救。

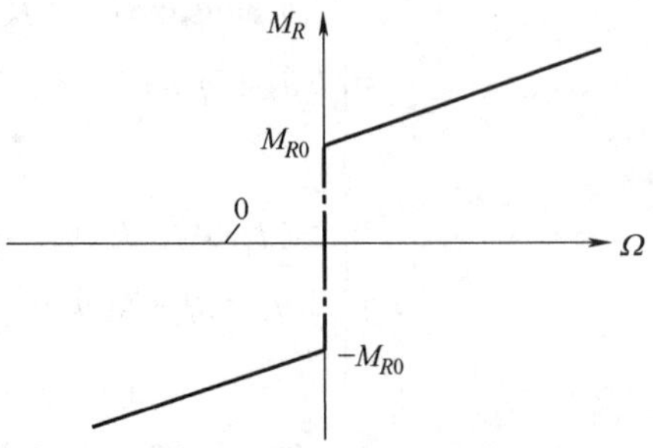

图 C.1　摩擦损失的简单模型

如果该模型以式（6.15）的形式用作模拟的基础，则可能会出现静态误差。摩擦永远不会活跃。在静止状态 $\dot{q}=0$ 的情况下，静摩擦力矩抵消主动作用的驱动力矩。如果主动作用力矩的量小于 M_{R0}，则静摩擦力矩具有主动力矩的值。因此，该值采用图 C.1 中虚线上的值，具体取决于主动作用力矩。在静止状态下，$\dot{q}=\ddot{q}=\Omega=\dot{\Omega}=0$ 成立，并且主动作用力矩根据式（6.12）得出

$$M_{akt}=\frac{\tau_{akt}}{u}=K_M U_S-\frac{b(q,\dot{q}=0)}{u} \qquad \text{(C.5)}$$

对于转动关节，式（C.5）变为

$$M_{akt}=K_M U_S-\frac{mgl_s\cos q}{u} \qquad \text{(C.6)}$$

对于滑动关节，可得到

$$M_{akt}=K_M U_S-\frac{mg\sin\beta}{u} \qquad \text{(C.7)}$$

根据关节的位置，由重力引起的力矩增加或减少。

$$\begin{aligned} &|\dot{q}|>0:\quad M_{R,stat}(\dot{q})=M_{R0}\mathrm{sgn}(\dot{q}),\\ &\dot{q}=0,\ |M_{akt}|\geqslant M_{R0}:\quad M_{R,stat}(\dot{q})=M_{R0}\mathrm{sgn}(\dot{q})\\ &\dot{q}=0,\ |M_{akt}|<M_{R0}:\quad M_{R,stat}(\dot{q})=M_{akt},\\ &M_R(\dot{q})=M_{R,stat}(\dot{q})+F_M u\dot{q} \end{aligned} \qquad \text{(C.8)}$$

如果在模拟环境中测量或确定 $\dot{q}$，则必须有 $|\dot{q}|\geqslant\varepsilon$ 或 $|\dot{q}|<\varepsilon$，而不是 $\dot{q}=0$，这里 ε 表示一个小的正值，它根据测量精度或模拟计算机的字长适当选择。

C.2　机器人手臂中的静摩擦

可以假设根据图 C.1 的摩擦损失模型适用于所有驱动器。当然，必须为每个驱动器确定摩擦阈值 $M_{R0,i}$。根据式（C.1）

$$\boldsymbol{M}_R(\boldsymbol{\Omega})=\boldsymbol{M}_{R,stat}(\boldsymbol{\Omega})+\boldsymbol{F}_M\cdot\boldsymbol{\Omega} \qquad \text{(C.9)}$$

的驱动侧所有关节的摩擦损失可以用向量 $\boldsymbol{\Omega}$、$\boldsymbol{M}_R$ 和 $\boldsymbol{M}_{R,stat}$ 以及对角矩阵 $\boldsymbol{F}_M$ 计算。为了不将静摩擦力矩计算为主动力矩，驱动器上的主动力矩必须根据单关节模型的每个已知关节，即力矩存在以引起加速。与单关节模型相反，在多关节系统的情况下，对于 $\dot{q}_i=0$ 一般不适用于 $\Omega_i=0$，对于 $\ddot{q}_i=0$，也不适用于 $\dot{\Omega}_i=0$。原因可能在于现有的运动耦合。$M_{akt,i}$ 的主动作用

力矩是按分量计算的。在式（6.47）中，向量 $\boldsymbol{M}_R(\dot{\boldsymbol{q}})$ 仅考虑与速度相关的摩擦损失

$$\boldsymbol{M}_{GR}(\dot{\boldsymbol{q}})=\boldsymbol{F}_M\cdot\boldsymbol{\Omega}=\boldsymbol{F}_M\cdot\boldsymbol{T}_G^{-1}\cdot\dot{\boldsymbol{q}} \tag{C.10}$$

以计算电动机电枢上的主动作用力矩。因此，可以使用式（6.48）计算主动力矩的向量

$$\boldsymbol{M}_{akt}=\boldsymbol{U}_S\cdot\boldsymbol{K}_M-\boldsymbol{S}_G^{-1}\cdot\boldsymbol{b}(\boldsymbol{q},\dot{\boldsymbol{q}})-[\boldsymbol{S}_G^{-1}\cdot\boldsymbol{M}(\boldsymbol{q})+\boldsymbol{J}_A\cdot\boldsymbol{T}_G^{-1}]\cdot\ddot{\boldsymbol{q}}-\boldsymbol{M}_{GR}(\dot{\boldsymbol{q}}) \tag{C.11}$$

为了确保根据式（C.8），静摩擦在建模过程中不会主动起作用。电动机电枢的当前角速度使用式（6.42）计算。

$$\boldsymbol{\Omega}=\boldsymbol{T}_G^{-1}\cdot\dot{\boldsymbol{q}} \tag{C.12}$$

$\boldsymbol{M}_{R,stat}$组成部分的规则为

$$\begin{aligned}&|\Omega_i|>0:\quad M_{R,stat,i}(\Omega_i)=M_{R0,i}\mathrm{sgn}(\Omega_i)\\&\Omega_i=0,\ |M_{akt,i}|\geq M_{R0,i}:\quad M_{R,stat,i}(\Omega_i)=M_{R0,i}\mathrm{sgn}(\Omega_i)\\&\Omega_i=0,\ |M_{akt,i}|<M_{R0,i}:\quad M_{R,stat,i}(\Omega_i)=M_{akt,i}\end{aligned} \tag{C.13}$$

在式（6.45）~式（6.49）中，电动机侧的摩擦损失作为关节速度的函数给出，用向量 $\dot{\boldsymbol{q}}$ 表示。有了式（C.12）和式（C.13），$\boldsymbol{M}_R(\dot{\boldsymbol{q}})=\boldsymbol{M}_R(\boldsymbol{\Omega})$ 为

$$\boldsymbol{M}_R(\dot{\boldsymbol{q}})=\boldsymbol{M}_{R,stat}(\dot{\boldsymbol{q}})+\boldsymbol{F}_M\cdot\boldsymbol{T}_G^{-1}\cdot\dot{\boldsymbol{q}} \tag{C.14}$$

可用于式（6.46）~式（6.50）。

当然，在执行程序时，电动机电枢的角速度一定不要设置为 0，而是 $|\Omega_i|\geq\varepsilon_i$ 或 $|\Omega_i|<\varepsilon_i$，有相应较小的值 ε_i。

需要强调的是，上述摩擦建模方法仅适用于假设传动系具有机械刚性并且仅针对发动机侧静摩擦损失建模的情况。

为了在模拟环境中准确再现现实，精确记录静摩擦非常重要。然而，如果逆模型用于根据式（7.55）进行控制，则可以像单关节模型一样，$\boldsymbol{M}_{R,stat}(\dot{\boldsymbol{q}})=\boldsymbol{M}_{R,stat}(\boldsymbol{\Omega})$ 不是用式（C.13），而是用

$$\boldsymbol{M}_{R,stat}(\dot{\boldsymbol{q}})=\boldsymbol{M}_{R,stat}(\boldsymbol{\Omega})=(M_{R0,1}\mathrm{sgn}(\Omega_1),M_{R0,2}\mathrm{sgn}(\Omega_2),\cdots,M_{R0,n}\mathrm{sgn}(\Omega_n))^{\mathrm{T}} \tag{C.15}$$

来计算。但也可以将摩擦作为预控制。电动机电枢的目标速度由 $\boldsymbol{\Omega}_S=\boldsymbol{T}_G^{-1}\cdot\dot{\boldsymbol{q}}_S$ 计算，不是用式（C.15），而是用式（C.15）逆模型中的

$$\boldsymbol{M}_{R,stat}(\dot{\boldsymbol{q}}_S)=(M_{R0,1}\mathrm{sgn}(\Omega_{S,1}),M_{R0,2}\mathrm{sgn}(\Omega_{S,2}),\cdots,M_{R0,n}\mathrm{sgn}(\Omega_{S,n}))^{\mathrm{T}} \tag{C.16}$$

$\boldsymbol{M}_R(\dot{\boldsymbol{q}})$ 被

$$\boldsymbol{M}_R(\dot{\boldsymbol{q}}_S)=\boldsymbol{M}_{R,stat}(\dot{\boldsymbol{q}}_S)+\boldsymbol{F}_M\cdot\boldsymbol{T}_G^{-1}\cdot\dot{\boldsymbol{q}}_S \tag{C.17}$$

取代。这样处理有两个优点：一方面，减少了控制算法的实时计算量；另一方面，可以在正确的方向上提前补偿静摩擦。

附录 D　ManDy：编程、模拟和可视化工具

ManDy（机器人手臂动力学）程序系统由达姆施塔特应用技术大学机器人中心开发，作为多轴运动学（如机器人或其他多轴机器）的统一编程、模拟和可视化环境。图 D.1 所示为 ManDy 设计过程，可以在 https://www.weber-industrieroboter.de 上找到详细说明。

用户可以通过简单的图形界面定义任何带有开放运动链的运动，其中关节的最大数量为 10。

运动学结构的输入是基于机器人学中常见的德纳维特-哈滕贝格约定的菜单引导。

ManDy 为移动命令的离线编程提供了一个接口。可在表 D.1 中找到移动命令。关于笛卡儿坐标系中的相对运动，必须注意 Δx、Δy 和 Δz 始终与世界坐标系 K_0 相关联。相对欧拉角，始终参考刀具坐标系 K_N。命令会自动适应定义的运动学。还可以用三维动画模型显示编程的运动。3D 模型会自动生成并显示在 Web 浏览器中。可以通过这种方式检查机器人手臂的活动性和各种目标的可达性。在无法实现目标的情况下，可以调整所考虑机器人的运动学参数，直到获得满意的结果。检查是否可以通过必要的机械结构、可用的驱动系统和所使用的控制系统来实现所需的运动。因此，机器人手臂模型通过动态参数（机器人手臂部件的质量、惯性和重心以及有关电动机和齿轮的信息）进行扩展。用户可以选择和参数化 4 种不同的控制结构。模拟的运动可以通过 3D 动画与目标运动进行比较。所有控制和控制变量可以使用适合关节数量的图形表示。如果控制令人不满意，可以修改控制或更改动态参数。

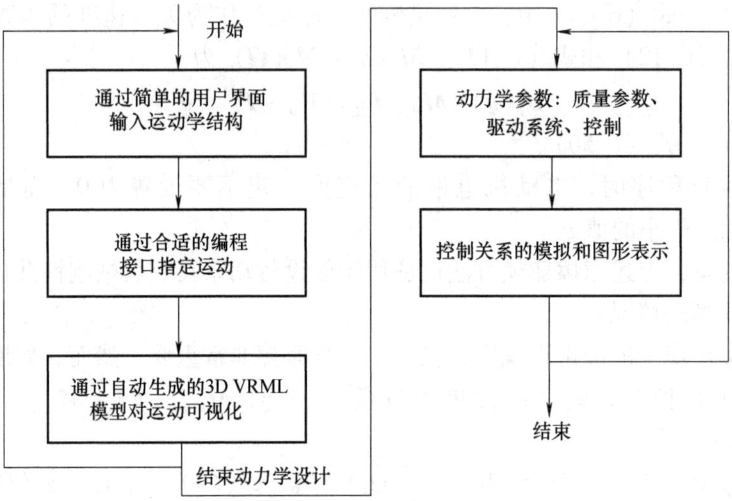

图 D.1　ManDy 设计过程

表 D.1　编程命令

命令	参数	说明
PTP	q_1，…，q_N 或 x，y，z，A，B，C	点到点路径： 它从当前位置移动到关节坐标或笛卡儿坐标中指定的目标位置。可以选择斜坡或正弦速度曲线
PTPREL	Δq_1，…，Δq_N 或 Δx，Δy，Δz， ΔA，ΔB，ΔC	相对点到点路径： 它从当前位置移动到相对关节坐标或相对笛卡儿坐标中指定的目标位置。可以选择斜坡或正弦速度曲线
SPEEDPTP	v_1，…，v_N　(%)	点到点路径的关节速度规范： 将关节速度定义为最大关节速度的百分比。关节速度规范适用于所有点到点路径，直到制订新规范 默认设置：50%

（续）

命令	参数	说明
ACCELPTP	a_1，…，a_N （%）	点到点路径的加速度规范： 将关节加速度定义为最大关节加速度的百分比。关节加速度规范适用于所有点到点路径，直到制订新规范 默认设置：50%
LIN	q_1，…，q_N 或 x，y，z，A，B，C	线性路径： 工具中心点从当前位置沿直线移动到关节坐标或笛卡儿坐标中指定的目标位置。欧拉角从当前值不断调整到目标值。可以选择斜坡或正弦速度曲线
LINREL	Δq_1，…，Δq_N 或 Δx，Δy，Δz， ΔA，ΔB，ΔC	相对线性路径： 工具中心点从当前位置沿直线移动到相对关节坐标或相对笛卡儿坐标中指定的目标位置。欧拉角从当前值不断调整到相对指定的目标值。可以选择斜坡或正弦速度曲线
CIRC	x_H，y_H，z_H 和 x，y，z，A，B，C	圆弧路径： 工具中心点从当前位置通过辅助点（x_H,y_H,z_H）沿弧线移动到目标位置。欧拉角从当前值不断调整到目标值。可以选择斜坡或正弦速度曲线
CIRCREL	Δx_H，Δy_H，Δz_H 和 Δx，Δy，Δz， ΔA，ΔB，ΔC	相对圆弧路径： 工具中心点从当前位置通过相对指定的辅助点沿圆弧移动到相对指定的目标点。欧拉角从当前值不断调整到相对指定的目标值。可以选择斜坡或正弦速度曲线
SPEEDCP	v_{pos}和v_{ori} （%）	连续路径的速度规范： 将路径速度和定向速度指定为最大值的百分比。速度规范适用于所有连续路径，直到制订新规范 默认设置：50%
ACCELCP	a_{pos}和a_{ori} （%）	连续路径的加速规范： 将路径加速度和定向加速度指定为最大值的百分比。加速度规范适用于所有连续路径，直到制订新规范 默认设置：50%
WAIT	t	等待时间为t。在此期间，关节设定值保持不变
COMMENT		插入注释行

附录 E　更多模拟工具

E.1　平面双关节机器人点到点和连续路径插值

网站 Interpolation 子目录下有几个 MATLAB M 文件，包括主程序 Interpolation_pl2。通过在 MATLAB 命令菜单中输入名称 Interpolation_pl2 来进行调用，但是必须首先使用 CD 命令或路径浏览器指向 CD 上的 Interpolation 目录。

在对话框中指定平面双关节机器人的运动学参数后，程序将使用点到点或连续路径执行从起点到目标点的插补。点到点路径和连续路径的起点和终点可以用笛卡儿坐标或角坐标指定。在笛卡儿规范的情况下，不使用 z 坐标，因为工具中心点只能在 x-y 平面中移动。

E.2 样条插值

对于测试简单的三阶样条主程序 spline_ord3_PTP 和 spline_ord3_CP 在 Interpolation 目录中可用。通过在 MATLAB 命令菜单中输入名称来调用它。输入参数是具有相关速度向量的节点和所有路径段的路径持续时间。结合 spline_ord5_PTP 和 spline_ord5_CP 程序，还可以使用五阶样条曲线，可以在节点处为其指定额外的加速度。

1. 带有程序 spline_ord3_PTP 和 spline_ord5_PTP 的 PTP 样条

输入关节的节点后，指定所有节点的带符号速度值和所有路径段的所需路径运行时间，并附加 spline_ord5_PTP 带符号的加速度值。为了比较，节点也通过 PTP 斜坡轨迹逼近。这些路径段的路径时间与样条路径的路径时间相同。如果使用 spline_ord3_PTP，为了完整起见，还必须指定斜坡轨迹的绝对加速度值。斜坡路径节点中的加速度量由 spline_ord5_PTP 获取。计算完成后，各种图形输出可用。

2. 带有程序 spline_ord3_CP 和 spline_ord5_CP 的 CP 样条

样条插值是针对 TCP 的笛卡儿位置进行的，不考虑方向。支持点和支持点中的速度将被指定为具有 3 个分量的列向量。使用 spline_ord5_CP 程序时，节点中的加速度向量会添加到输入值中，输入所有路径段的运行时间。准备好的图形显示 3 个级别的路径，时间相关的路径长度、绝对路径速度和路径加速度以及速度分别为 $\mathrm{d}p_x/\mathrm{d}t$、$\mathrm{d}p_y/\mathrm{d}t$、$\mathrm{d}p_z/\mathrm{d}t$，其加速度分别为 $\mathrm{d}^2p_x/\mathrm{d}t^2$，$\mathrm{d}^2p_y/\mathrm{d}t^2$，$\mathrm{d}^2p_z/\mathrm{d}t^2$。

E.3 双关节机器人的牛顿-欧拉方法

用于计算任意双关节机器人逆模型的两个主要程序 N_E_2G 和 MOD_2G 位于 Robot_2G 路径上。通过输入相应的名称来调用程序。MATLAB 必须指向对应的路径。如果使用 N_E_2G，则必须先将完整路径 Robot_2G 复制到 PC 的硬盘上，因为文件是在 N_E_2G 中创建的。MOD_2G 需要 MATLAB 的符号工具箱。

1. 带有程序 N_E_2G 的数值模型

调用 N_E_2G 后，机器人的参数可以在对话框菜单中完全数字化定义，也可以接受预设值（见图 E.1）。

关节类型由 h_1 或 h_2 确定。仅允许旋转关节的值为 1，滑动关节的值为 0。向量 g 指向重力加速度的方向，必须在坐标系 K_0 中指定。如果关节 1 是滑动关节，则 d_1 不是常数，而 θ_1 为常数。如果关节 1 是转动关节，则 θ_1 是一个与时间相关的运动量。这里 d_1 为常数，这同样适用于关节 2。所有其他参数必须按照德纳维特-哈滕贝格约定输入。外力和力矩向量显示在 K_2 坐标系中。

按“接受设置参数”后，必须选择“执行牛顿-欧拉方法”字段。输入关节坐标、关节速度和关节加速度后，根据式（6.38）计算并显示作用在关节和系统矩阵上的力或力矩。

2. 带有程序 MOD_2G 的符号/数字模型

MOD_2G 可以完全接管程序 N_E_2G 的功能。每次运行都必须输入双关节机器人的所有

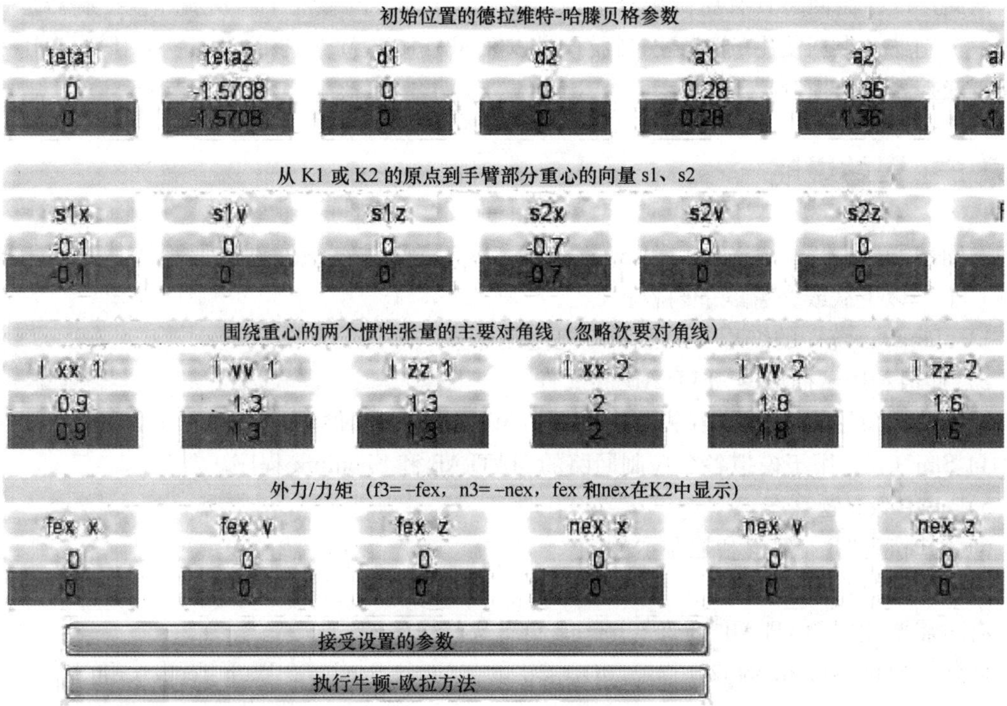

图 E.1　在 N_E_2G 中设置模型参数

参数。常量模型参数可以用数字或符号指定。如果要创建符号模型，则将那些值为 0 的参数作为数值输入是有利的。

驱动系统也可以包含在 MOD_2G 中，也可以根据式（6.38）获得系统矩阵，并且通过包含驱动系统获得系统矩阵

$$\boldsymbol{U}_S=\boldsymbol{M}^*(\boldsymbol{q})\cdot\ddot{\boldsymbol{q}}+\boldsymbol{G}^*(\boldsymbol{q})+\boldsymbol{R}^*(\boldsymbol{q})\cdot\dot{\boldsymbol{q}}+\boldsymbol{C}^*(\boldsymbol{q},\dot{\boldsymbol{q}})+[\hat{\boldsymbol{J}}^*(\boldsymbol{q})]^{\mathrm{T}}\cdot\begin{pmatrix}\boldsymbol{f}_{ex}\\ \boldsymbol{n}_{ex}\end{pmatrix}$$

可以以数字方式输入运动量以获得 τ_1、τ_2 的数值结果。应该注意的是，使用 MATLAB 进行操作需要大量计算，根据 PC 的性能，可能会需要更长的响应时间。

E.4　单关节控制的仿真

对于速度控制的仿真和分散式单关节控制的完整级联控制，可在 SIM_Gel 路径上使用 MATLAB 和 Simulink。

1. 速度控制仿真

Simulink 程序 GESCHW_PI 用于使用比例积分速度控制器时进行仿真或利用 GESCHW_REDUS 来测试 ReDuS 控制器。被控系统和控制器的相应参数可以在 MATLAB M 文件 PI_PAR 为比例积分控制器和 RED_PAR 为 ReDuS 控制器设置。

要进行仿真，必须首先编辑和执行相应的 M 文件，然后必须通过“开始仿真”激活 Simulink 文件。

2. 模拟位置控制

Simulink 程序 LAGE_PI 或 LAGE_REDUS 可用于模拟位置控制。在第一个提到的程序

中，从属速度控制回路具有比例积分结构，在第二个提到的程序中，从属速度控制器是一个 ReDuS 控制器。根据使用的速度控制器，可以在 MATLAB M 文件 PI_PAR 和 RED_PAR 中再次设置受控系统和控制器的参数。

附录 F　网站说明

在网站 https://www. weber-industrieroboter. de（译者注：该网站注册地属德国，为德文网站）上可以下载或查看以下内容：

1）ManDy：统一的编程、模拟和可视化环境。

2）插值：用于插值的 MATLAB M 文件。

3）Robot_2G：用于建模双关节机器人的 MATLAB M 文件。

4）Sim_Gel：用于模拟各个控制回路的 MATLAB 和 Simulink 程序。

5）书中练习题答案。

6）Beispiel_TR：建模和控制示例。

7）关于错误和程序。

有时需要使用 MATLAB® R2020b 才能使用这些程序。

此外，也可参考 Robot_2G 程序 MOD_2G 的 Toolbox Symbolic Math Toolbox 和 Sim_Gel 的 Simulink。

还可参考 https://www. weber-industrieroboter. de 上的术语解释。

若发现错误，请将有关信息发送至电子邮件 weber@ h-da. de。

参 考 文 献

■ 第1章参考文献

科普读物

/1.1/ Bartneck, C., Belpaeme, T. et al.: *Mensch-Roboter-Interaktion. Eine Einführung.* Hanser, 2020

/1.2/ Bendle, O.: *Die Moral in der Maschine – Beiträge zur Roboter und Maschinenethik.* Kindle Edition, 2016

/1.3/ Ichbiah, D.: *Roboter. Geschichte – Technik – Entwicklung.* Knesebeck, München, 2005

/1.4/ Knoll, A.; Christaller, T.: *Robotik.* Fischer (Tb.), Frankfurt/M., 2016

/1.5/ Meyer, S.: *Mein Freund der Roboter. Servicerobotik für ältere Menschen – eine Antwort auf den demografischen Wandel?* VDE, Berlin/Offenbach, 2011

/1.6/ de Miranda, L. (Hrsg.): *Künstliche Intelligenz & Robotik in 30 Sekunden.* Librero, 2019

/1.7/ Wagner, T.: *Robokratie. Google, das Silicon Valley und der Mensch als Auslaufmodell.* PapyRossa, Köln, 2. Aufl., 2016

/1.8/ Wißnet, A.: *Roboter in Japan.* Iudicium Verlag, München, 2007

教科书和专业书

/1.9/ Angeles, J.: *Fundamentals of Robotic Mechanical Systems.* Springer, New York, 4. Aufl., 2014

/1.10/ Buxbaum, H.-J. (Hrsg.): *Mensch-Roboter-Kollaboration.* Springer, 2020

/1.11/ Corke, P.: *Robotics, Vision and Control. Mechanical.* Springer, Berlin/Heidelberg, 2. Aufl., 2017

/1.12/ Craig, J. J.: *Introduction to Robotics-Mechanics and Control.* Pearson, 4. Aufl., 2017

/1.13/ Dillman, R.; Huck, M.: *Informationsverarbeitung in der Robotik.* Springer, Berlin [u. a.], 1991

/1.14/ Gevatter, H. J.; Grünhaupt, U. (Hrsg.): *Handbuch der Mess- und Automatisierungstechnik in der Produktion.* Springer, Berlin [u. a.], 2006

/1.15/ Haun, M.: *Handbuch Robotik.* Springer, Berlin [u. a.], 2. Aufl., 2013

/1.16/ Hesse, S.; Maliso, V. (Hrsg.): *Taschenbuch Robotik – Montage – Handhabung.* Hanser, München, 2. Aufl., 2016

/1.17/ Jazar, R. N.: *Theory of Applied Robotics. Kinematics, Dynamics and Control.* Springer, New York, Dodrecht, Heidelberg, 2. Aufl., 2010

/1.18/ Koubaa, A. (Hrsg.): *Robot Operating System. The Complete Reference.* Springer, Berlin[u. a.], Vol. 1, 2016, Vol. 2, 2017, Vol. 3, 2019, Vol. 4, 2020, Vol. 5, 2020, Vol. 6, 2021

/1.19/ Müller, R.; Franke, J. et al. (Hrsg.): *Handbuch Mensch-Roboter-Kollaboration.* Hanser, München, 2019

/1.20/ Paul, R. P.: *Robot Manipulators.* MIT Press, Cambridge, Mass., 1982

/1.21/ Pott, A., Dietz, T.: *Industrielle Robotersysteme. Entscheiderwissen für die Planung und Umsetzung wirtschaftlicher Roboterlösungen.* Springer, 2019

/1.22/ Reinhart, G.; Flores, A. E. M.; Zwicker, C.: *Industrieroboter. Planung – Integration – Trends.* Vogel, Würzburg, 2018

/1.23/ Schraft, R. D.; Hägele, M.; Wegener, K.; Kubacki, J. (Hrsg.): *Service – Roboter – Visionen.* Hanser, München, 2004

/1.24/ Siciliano, B.; Khatib, O.: *Springer Handbook of Robotics.* Springer, Berlin [u. a.], 2. Aufl., 2016

/1.25/ Siegert, H.J.; Bocionek, S.: *Robotik. Programmierung intelligenter Roboter.* Springer, Berlin [u.a.], 1996

/1.26/ Stark, G.: *Robotik mit Matlab.* Hanser, München/Wien, 2009

/1.27/ Verl, A.; AlbuSchäffer, A.; Brock, O.; Raatz, A. (Hrsg.): *Soft Robotics. Transferring Theory to Application.* Springer, Berlin [u.a.], 2015

/1.28/ Weck, M.; Brecher, C.: *Werkzeugmaschinen 4.* VDIBuch bei Springer, Heidelberg, 6. Aufl., 2013

论文

/1.29/ Elkmann, N.: *Projektionsbasierte Arbeitsraumüberwachung und intuitive MRI. https://www.iff.fraunhofer.de/content/dam/iff/de/dokumente/publikationen/projektionsbasierte-arbeitsraum ueberwachung-und-intuitive-mri-fraunhofer-iff.pdf,* 2016

/1.30/ Radusch, A: *Gefahrensituation und Stillsetzung des Roboters bei der Mensch-Roboter Kollaboration.* Masterkolleg, Wilhelm Büchner Hochschule, Darmstadt, Oktober 2021

第2章参考文献

教科书和专业书

/2.1/ Angeles, J.: *Fundamentals of Robotic Mechanical Systems.* Springer, New York, 4. Aufl., 2014

/2.2/ Brillowski, K.: *Einführung in die Robotik. Auslegung und Steuerung serieller Roboter.* Shaker, Aachen, 2004

/2.3/ Corke, P.: *Robotics, Vision and Control. Mechanical.* Springer, Berlin/Heidelberg, 2. Aufl., 2017

/2.4/ Craig, J.J.: *Introduction to Robotics-Mechanics and Control.* Pearson, 4. Aufl., 2017

/2.5/ Heimann, B.; Amos, A.; Ortmaier, T.; Rissing, L.: *Mechatronik.* Hanser, München/Wien, 4. Aufl., 2016

/2.6/ Husty, M. et al.: *Kinematik und Robotik.* Springer, Berlin [u.a.], 1997

/2.7/ Jazar, R.N.: *Theory of Applied Robotics. Kinematics, Dynamics, and Control.* Springer, New York, Dodrecht, Heidelberg, London, 2. Aufl., 2010

/2.8/ Lynch, K.M.; Park, F.C.: *Modern Robotics. Mechanics, Planning and Control.* Cambridge University Press, Cambridge UK, 2017

/2.9/ Mareczek, J.: *Grundlagen der Roboter-Manipulatoren – Band 1. Modellbildung von Kinematik und Dynamik.* Springer, 2020

/2.10/ Mareczek, J.: *Grundlagen der Roboter-Manipulatoren Band 2. Pfad- und Bahnplanung, Antriebsauslegung, Regelung.* Springer, 2020

/2.11/ Paul, R.P.: *Robot Manipulators.* MIT Press, Cambridge, Mass., 1982

/2.12/ Schwinn, W.: *Grundlagen der Roboterkinematik.* Schmalbach, 1992

/2.13/ Siciliano, B.; Sciavicco, L.; Villani, L.; Oriolo, G.: *Robotics: Modelling, Planning and Control.* Springer, London, 2. Aufl., 2010

/2.14/ Siciliano, B.; Khatib, O. (Hrsg.): *Springer Handbook of Robotics.* Springer, Berlin/Heidelberg, 2. Aufl., 2016

/2.15/ Stark, G.: *Robotik mit Matlab.* Hanser, München/Wien, 2009

论文

/2.16/ Denavit, J.; Hartenberg, R.S.: *A Kinematic Notation for Lower-Pair Mechanisms Based on Matrices.* In: ASME Journal of Applied Mechanics (1955), 215–222

/2.17/ Pieper, D.; Roth, B.: *The Kinematics of Manipulators Under Computer Control.* In: Proc. of the Second Int. Congr. on Theory of Machines and Mechanisms, Zakopane, Polen, (1969) 2, 159–169

/2.18/ VDI-Richtlinien 2861, Blatt 1: Kenngrößen für Industrieroboter – Achsbezeichnungen. Juni 1988

第3章参考文献

教科书和专业书

/3.1/ Bartsch, J.; Sachs, M.: *Taschenbuch mathematischer Formeln.* Hanser, München, 24. Aufl., 2018

/3.2/ Brillowski, K.: *Einführung in die Robotik. Auslegung und Steuerung serieller Roboter.* Shaker, Aachen, 2004

/3.3/ Craig, J. J.: *Introduction to Robotics-Mechanics and Control.* Pearson, 4. Aufl., 2017

/3.4/ Jazar, R. N.: *Theory of Applied Robotics. Kinematics, Dynamics and Control.* Springer, New York, Dodrecht, Heidelberg, 2. Aufl., 2010

/3.5/ Mareczek, J.: *Grundlagen der Roboter-Manipulatoren - Band 1. Modellbildung von Kinematik und Dynamik.* Springer, 2020

/3.6/ Mareczek, J.: *Grundlagen der Roboter-Manipulatoren - Band 2. Pfad- und Bahnplanung, Antriebsauslegung, Regelung.* Springer, 2020

/3.7/ Siciliano, B.; Sciavicco, L.; Villani, L.; Oriolo, G.: *Robotics. Modelling, Planning and Control.* Springer, London, 2. Aufl., 2010

/3.8/ Stark, G.: *Robotik mit Matlab.* Hanser, München/Wien, 2009

论文

/3.9/ Eppinger, M.; Kreuzer, E.: *Systematischer Vergleich von Verfahren zur Rückwärtstransformation bei Industrierobotern.* In: Robotersysteme 5 (1989), 219 - 228

/3.10/ Heiß, H.: *Roboterbewegungen mit Bahninterpolation.* VDI Berichte 1094 (1993), 569 - 578

/3.11/ Mehner, E.: *Automatische Generierung von Rücktransformationen für nichtredundante Roboter.* In: Robotersysteme 6 (1990), 81 - 88

/3.12/ Pieper, D.; Roth, B.: *The Kinematics of Manipulators Under Computer Control.* In: Proc. of the Second Int. Congr. on Theory of Machines and Mechanisms, Zakopane, Polen, (1969) 2, 159 - 169

/3.13/ Rall, K.; Wollnack, J.; Gossel, O.: *Kinematische Ketten: Schnelle und exakte Differentiation.* In: Automatisierungstechnik 43 (1995), 14 - 23

/3.14/ Weber, A.: *OSCAR - Optimization Strategy for Control of Redundant Articulated Robots.* In: Proc. 5th World Conf. on Robotics Research, Cambridge, Massachusetts, 1994, 13 - 21 bis 13 - 33

/3.15/ Weber, W.; König, A.: *Virtuelle Gelenke zur Lösung der universellen inversen Kinematik.* Internationales Forum Mechatronik, Oktober 2013, Winterthur, Schweiz

/3.16/ Woernle, C.: *Ein systematisches Verfahren zur Rückwärtstransformation bei Industrierobotern.* In: Robotersysteme 3 (1987), 219 - 228

第4章参考文献

教科书和专业书

/4.1/ Biagiotti, L.; Melchiorri, C.: *Trajectory Planning for Automatic Machines and Robots.* Springer, Berlin/Heidelberg, 2008

/4.2/ Craig, J. J.: *Introduction to Robotics. Mechanics and Control.* Prentice Hall, New Jersey, 4. Aufl., 2017

/4.3/ Husty, M.: *Kinematik und Robotik.* Springer, Berlin [u. a.], 1997

/4.4/ Jazar, R. N.: *Theory of Applied Robotics. Kinematics, Dynamics and Control.* Springer, New York, Dodrecht, Heidelberg, 2. Aufl., 2010

/4.5/ Keppeler, M.: *Führungsgrößenerzeugung für numerisch bahngesteuerte Industrieroboter.* Springer, Berlin, 1984

/4.6/ Lynch, K. M.; Park, F. C.: *Modern Robotics. Mechanics, Planning and Control.* Cambridge University Press, Cambridge UK, 2017

/4.7/ Mareczek, J.: *Grundlagen der Roboter-Manipulatoren – Band 2. Pfad- und Bahnplanung, Antriebsauslegung, Regelung*. Springer, 2020

/4.8/ Olomski, J.: *Bahnplanung und Bahnführung von Industrierobotern*. Vieweg, Braunschweig, 1991

/4.9/ Shikin, V.; Plis, A. I.: *Handbook on Splines for the user*. CRC Press, Boca Raton/New York, 1995

/4.10/ Siciliano, B.; Sciavicco, L.; Villani, L.; Oriolo, G.: *Robotics. Modelling, Planning and Control*. Springer, London, 2. Aufl., 2010

/4.11/ Siciliano, B.; Khatib, O.: *Springer Handbook of Robotics*. Springer, Berlin [u. a.], 2. Aufl., 2016

/4.12/ Späth, H.: *Spline-Algorithmen zur Konstruktion glatter Kurven und Flächen*. Oldenbourg, München, 4. Aufl., 1986

/4.13/ Stark, G.: *Robotik mit Matlab*. Hanser, München/Wien, 2009

/4.14/ Weck, M.; Brecher, C.: *Werkzeugmaschinen*. VDIBuch bei Springer, Heidelberg, 6. Aufl., 2013

论文和文献

/4.15/ Bechtloff, J.: *Neue Verfahren zur Echtzeitinterpolation für die Bahnsteuerung 6-achsiger Industrieroboter*. In: VDI Berichte 1094 (1993), 511 – 524

/4.16/ Heiß, H.: *Roboterbewegungen mit Bahninterpolation und Überschleifen*. In: VDI Berichte 1094 (1993), 569 – 578

/4.17/ Khalil, W.: *Trajectories Calculations in the Joint Space of Robot*. In: Danthine, A.; Geradin, M. (eds.): Advanced Software in Robotics. Elsevier Science Publishers, New York, (1984), 177 – 185

/4.18/ Weber, W.; König, A.; Nodem, D. X.: *User-Defined Transition between Path Segments in Terms of Tolerances in Speed and Position Deviation*. Int. Symp. on Robotics – Robotik 2016, München, 21./22. Juni 2016, 187 – 193, VDEVerlag, Berlin, Offenbach, ISBN 9783800742318

■ 第5章参考文献

教科书和专业书

/5.1/ Dillman, R.; Huck, M.: *Informationsverarbeitung in der Robotik*. Springer, Berlin [u. a.], 1991

/5.2/ Haun, M.: *Handbuch Robotik*. Springer, Berlin [u. a.], 2. Aufl., 2013

/5.3/ Ley, W.; Wittmann, K.; Hallmann, W. (Hrsg.): *Handbuch der Raumfahrttechnik*. Hanser, München, 5. Aufl., 2019

/5.4/ Siegert, H. J.; Bocionek, S.: *Robotik. Programmierung intelligenter Roboter*. Springer, Berlin [u. a.], 1996

论文和手册

/5.5/ ABB: *Technisches Referenzhandbuch RAPID. Instruktionen, Funktionen und Datentypen, RobotWare 6.12.* Integrierte Hilfe im ABB Robot Studio. *https://new.abb.com/products/robotics/de/robotstudio/downloads*, Oktober 2021

/5.6/ Borgolte, U.: *IRL – Die deutsche Norm für explizite Roboterprogrammierung*. In: VDI Berichte 1094 (1993), 535 – 544

/5.7/ Brunner, B.; Vogel, J.; Hirzinger, G.: *Aufgabenorientierte Fernprogrammierung von Robotern*. In: Automatisierungstechnik 49 (2001), 312 – 319

/5.8/ *DIN 66312: Industrieroboter – Programmiersprache – Industrial Robot Language*. September 1996

/5.9/ *EasyRob: Easy-Rob 3D Robot Simulation Tool. www.easyrob.com*, April 2019

/5.10/ Ferre, M.; Buss, M.; Aracil, R.; Melchiorri, C.; Balaguer, C. (eds.): *Advances in Telerobotics*. Springer, Berlin/Heidelberg, 2007

/5.11/ Finkemeyer, B.: *Robotersteuerungsarchitektur auf der Basis von Aktionsprimitiven*. Fortschritte in der Robotik, Band 8, Shaker, Aachen, 2004

/5.12/ König, A.; Kleinmann, K.; Weber, W.: *Verbesserung des Einrichtprozesses von Industrierobotern durch akustisches Echtzeit-Feedback*. In: Automation 2012, VDIBerichte 2171, VDIVerlag, Düsseldorf, 2012, 287 – 290

/5.13/ Kuebler, B.; Seibold, U.: *Aktueller Stand und Entwicklung der robotergestützten Chirurgie.* In: Kramme, R. (Hrsg.): Medizintechnik. Verfahren, Systeme, Informationsverarbeitung. Springer, Berlin/Heidelberg, 5. Aufl., 2016

/5.14/ KUKA: KR C1/KR C2/KR C3. Reference Guide, Release 4.1

/5.15/ Maletzki, G.; Pawletta, T.; Pawletta, S.; Dünow, P.; Lampe, B.: *Simulationsmodellbasiertes Rapid Prototyping von komplexen Robotersteuerungen.* In: Atp -Automatisierungstechnische Praxis 50 (2008), 54 - 60

/5.16/ Passenberg, C.; Peer, A.; Buss, M.: *A survey of environment-, operator-, and task-adapted controllers for teleoperation systems.* Journal of Mechatronics, (2010), 787 - 801

/5.17/ Siemens: Robotersimulation und Programmierung. *https://www.plm.automation.siemens.com/de_de/products/tecnomatix/manufacturingsimulation/robotics-and-automation-programming,* April 2019

/5.18/ Som, F.: *Robotersteuerung mit eingebetteter grafischer 3D-Simulation und effizienten Expertenfunktionen für eine automatisierte Programmerstellung.* In: Robotik 2008, VDIBerichte 2012, VDIVerlag, Düsseldorf, 2008, S. 171 - 174 (Langfassung auf CD)

/5.19/ Wang, J., Rossano, G., Fuhlbrigge, T., Staab, H., Boca, R.: *Attribute Enabled Programming of Industrial Robots.* In: 47th International Symposium on Robotics, 2016, pp. 1 - 8

■ 第6章参考文献

教科书和专业书

/6.1/ Corke, P.: *Robotics, Vision and Control. Mechanical.* Springer, Berlin/Heidelberg, 2. Aufl., 2017

/6.2/ Craig, J. J.: *Introduction to Robotics-Mechanics and Control.* Pearson, 4. Aufl., 2017

/6.3/ Hagl, R.: *Elektrische Antriebstechnik.* Hanser, München/Wien, 3. überarb. und erw. Auflage, 2021

/6.4/ Heimann, B.; Albert, A.; Ortmaier, T.; Rissing, L.: *Mechatronik. Komponenten - Methoden - Beispiele.* Hanser, München/Wien, 4. Aufl., 2015

/6.5/ Jazar, R. N.: *Theory of Applied Robotics. Kinematics, Dynamics and Control.* Springer, New York, Dodrecht, Heidelberg, 2. Aufl., 2010

/6.6/ Mareczek, J.: *Grundlagen der Roboter-Manipulatoren - Band 1. Modellbildung von Kinematik und Dynamik.* Springer, 2020

/6.7/ Mareczek, J.: *Grundlagen der Roboter-Manipulatoren - Band 2. Pfad- und Bahnplanung, Antriebsauslegung, Regelung.* Springer, 2020

/6.8/ Pfeiffer, F.; Reithmeier, E.: *Roboterdynamik.* Teubner, Stuttgart, 1987

/6.9/ Pfeiffer, F.: *Mechanical Systems Dynamics.* Springer, Berlin [u. a.], 2008

/6.10/ Schröder, D.: *Elektrische Antriebe. Grundlagen.* Springer, Berlin [u. a.], 7. Aufl., 2021

/6.11/ Schröder, D.: *Elektrische Antriebe. Regelung von Antriebssystemen.* Springer, Berlin [u. a.], 5. Aufl., 2021

/6.12/ Wittenburg, J.: *Dynamics of Multibody Systems.* Springer, Berlin [u. a.], 2008

/6.13/ Wörnle, C.: *Mehrkörpersysteme.* Springer, Heidelberg [u. a.], 2. Aufl., 2017

/6.14/ Zirn, O.; Weickert, S.: *Modellbildung und Simulation hochdynamischer Fertigungssysteme.* Springer, Berlin [u. a.], 2006

论文

/6.15/ Hollerbach, J. M.: *A Recursive Lagrangian Formulation of Manipulator Dynamics and a Comparative Study of Dynamics Formulation Complexity.* In: IEEE Trans. on Syst., Man, Cyber. SMC10 (1980), 730 - 736

/6.16/ Schopen, A.: *Angetrieben mit System.* In: Mechatronik 1 - 2 (2016)

/6.17/ Walker, M. W.; Orin, D. E.: *Efficient dynamic computer simulation of robotic mechanism.* In: Journal of Dynamic Systems, Measurement and Control, 104 (1982), 205 - 211

/6.18/ Weber, W.: *Reduktion von Robotermodellen für die nichtlineare Regelung*. In: Automatisierungstechnik 38 (1990), 410 - 415, 442 - 446

/6.19/ Weber, W.; Anggono, L.: *Stochastic Approach to Generate Approximated Robot Models*. In: Proc. 4th IMACS Symposium on Mathematical Modelling (MATHMOD), Wien, Februar 2003, Vol. 1, S. 203, Vol. 2 (CD), S. 1183 - 1192

■ 第7章参考文献

教科书和专业书

/7.1/ An, C. H.; Atkeson, C. G.; Hollerbach, J. M.: *Model-Based Control of a Robot Manipulator*. MITPress, Cambridge (USA), 1989

/7.2/ Corke, P: *Robotics, Vision and Control*, Springer International Publishing, 2017

/7.3/ Craig, J. J.: *Introduction to Robotics. Mechanics and Control*. Prentice Hall, New Jersey, 4. Aufl., 2017

/7.4/ Demant, C.; Streicher-Abel, B.; Springhoff, A.: *Industrielle Bildverarbeitung*, Springer, 2011

/7.5/ Erhard,E: *Einführung in die Digitale Bildverarbeitung*, Vieweg+Teubner, Wiesbaden, 2008

/7.6/ Föllinger, O.: *Regelungstechnik*. VDE-Verlag, 12. Aufl., Berlin, 2016

/7.7/ Groß, H.; Hamann, J.; Wiegärtner, G.: *Elektrische Vorschubantriebe in der Automatisierungstechnik*. Publicis MCD Verlag, Erlangen/München, 2. Aufl., 2006

/7.8/ Koch, H.: *Konturverfolgung mit Industrierobotern*, Dissertation, Universitätsverlag Chemnitz, 2013

/7.9/ Lutz, H.; Wendt, W.: *Taschenbuch der Regelungstechnik*. Verlag Harri Deutsch, Thun und Frankfurt, 12. Aufl., 2021

/7.10/ Mareczek, J.: *Grundlagen der Roboter-Manipulatoren - Band 1. Modellbildung von Kinematik und Dynamik*. Springer, 2020

/7.11/ Mareczek, J.: *Grundlagen der Roboter-Manipulatoren - Band 2. Pfad- und Bahnplanung, Antriebsauslegung, Regelung*. Springer, 2020

/7.12/ Ohser, J.: *Angewandte Bildverarbeitung und Bildanalyse*, Hanser Fachbuchverlag, 2018

/7.13/ Rusin, V.: *Adaptive Regelung von Robotersystemen in Kontaktaufgaben*. Dissertation. Otto-von-Guericke Universität Magdeburg, Magdeburg, 2007

/7. 14/ de Schutter, J.; Baeten, J.: *Integrated Visual Servoing and Force Control*, Springer, 2003

/7. 15/ Siciliano, B.; Khatib, O.: *Springer Handbook of Robotics*. Springer, Berlin [u. a.], 2. Aufl., 2016

/7.16/ Siciliano, B.; Sciavicco, L.; Villani, L.; Oriolo, G.: *Robotics. Modelling, Planning and Control*. Springer, London, 2. Aufl., 2010

/7.17/ Siciliano, B.; Villani, L.: *Robot Force Control*. Kluwer Academic Publishers, Norwell, MA, USA, 2000

/7. 18/ Süße, H.; Rodner, E.: *Bildverarbeitung und Objekterkennung*, Springer, Wiesbaden 2014

/7.19/ Unbehauen, H.: *Regelungstechnik I*. Springer Vieweg, Wiesbaden, 16. Aufl., 2017

/7.20/ Weber, W.: *Regelung von Manipulator- und Roboterarmen mit reduzierten, effizienten inversen Modellen*. In: Fortschr.Ber. VDI, Reihe 8, Nr. 183, VDIVerlag, Düsseldorf, 1989

论文

/7.21/ Beerhold, J. R.: *Stabile adaptive Regelung nichtlinearer Mehrgrößen-Systeme mit neuronalen RBF-Netzen am Beispiel von Mehrgelenkrobotern*. In: Automatisierungstechnik 44 (1996), 577 - 583

/7.22/ Berns, K.: *Anwendung neuronaler Netze in der Robotik*. In: Robotersysteme 7 (1991), 32 - 32

/7.23/ Damm, M.; Hott, M.: Echtzeitfähige adaptive Positionsregelung für Manipulatoren mit sechs Freiheitsgraden. In: Automatisierungstechnik 42 (1994), 507 - 515

/7.24/ Dalacker, M.; Horn, A.: *Moderne Regelungsverfahren für Industrieroboter*. In: Automatisierungstechnik 41 (1993), 363 - 371

/7.25/ Dresselhaus, M.; Held, J.: *Entwicklungskonzept, Realisierung und Erprobung modellbasierter Regelungsverfahren für innovative Industrierobotersysteme*. In: Robotik 2000, VDI Berichte 1552 (2000), 185 - 190

/7.26/ Freund, E.; Hoyer, H.: *Das Prinzip nichtlinearer Systementkopplung mit der Anwendung auf Industrieroboter.* In: Regelungstechnik 28 (1980), 80 - 87 und 116 - 126

/7.27/ Hollerbach, J. M.; Suh, K. C.: *Redundancy Resolution of Manipulators through Torque Optimization.* In: IEEE Journ. of Robotics and Autom. Ra3 (1987), 308 - 316

/7.28/ JR3: Sensors. *www.jr3.com*, September 2016

/7.29/ Koeppe, R.; Meusel, P.; Hirzinger, G.: *Technologien für die Kraftregelung von Industrie- und Servicerobotern.* In: Robotik 2000, VDI Berichte 1552 (2000), 159 - 165

/7.30/ Kuntze, H. B.: *Regelungsalgorithmen für rechnergesteuerte Industrieroboter.* In: Regelungstechnik 32 (1984), 215 - 226

/7.31/ Kuntze, H. B.; Sajidman, M.; Schill, W.; Endres, D.: *Fuzzy-Logic-Regelung von Robotern.* In: VDI Berichte 1094 (1993), 305 - 319

/7.32/ Lange, F.; Hirzinger, G.: *Erhöhung der Bahngenauigkeit von positionsgeregelten Robotern.* In: VDI Berichte 1094, (1993), 321 - 330

/7.33/ Morel, G.; Malis,E.; Boudet, S.: *Impedance based combination of visual and force control.* In: IEEE International Conference on Robotics and Automation, Vol.2, 1998, pp. 1743 - 1748

/7.34/ Nelson, B.; Morrow, J.; Khosla, P.: *Robotic manipulation using high bandwidth force and vision feedback.* In: Mathematical and Computer Modelling, Volume 24, Issues 5 - 6, Elsevier, 1996

/7.35/ Olomski, J.: *Zentrale Vorsteuerung.* In: Schmid, D. (Hrsg.): Fortschrittliche Robotersteuerungstechnik. Fachberichte Messen Steuern Regeln. Springer, Berlin, 1991, 166 - 177

/7.36/ Ott, C.; AlbuSchäffer, A.; Kugi, A.; Stramigioli, S.; Hirzinger, G.: *Ein passivitätsbasierter Ansatz zur kartesischen Impedanzregelung von Robotern mit elastischen Gelenken.* In: Robotik 2004, VDI Berichte 1841 (2004), 71 - 79

/7.37/ Palm, R.; Hellendoorn, H.: *Fuzzy-Methoden in der Robotik.* In: Künstliche Intelligenz (KI), (1991) 4, 41 - 46

/7.38/ Schunk: Roboterzubehör. *https://schunk.com/de_de/greifsysteme/category/greifsysteme/roboterzubehoer/messen*, April 2019

/7.39/ Süss, U.; Weber, W.: *Untersuchung und Realisierung einer adaptiven Gelenkregelung nach dem Referenzmodellkonzept.* In: VDI Berichte 598 (1986), 297 - 308

/7.40/ Tsai, R.: *A versatile camera calibration technique for high-accuracy 3D machine vision metrology using off-the-shelf TV cameras and lenses.* In: IEEE Journal on Robotics and Automation, Vol. 3, No. 4, pp. 323 - 344, 1987

/7.41/ Weber, W.: *Adaption einer Roboterregelung an ein Referenzverhalten bei Parameteränderungen.* In: VDI Berichte 1094 (1993), 263 - 274

/7.42/ Weber, W.: *Modellbasierte Gelenkregelung in Kaskadenstruktur mit vorgegebenem Regelungsverhalten.* In: Robotik 2000, VDI Berichte 1552 (2000), 185 - 190

/7.43/ Weber, W.: *Modifizierter Drehzahlregler für automatischen Entwurf.* In: Wt - Werkstattstechnik online 91 (2001), 693 - 697

/7.44/ Weber, W.: *Reduktion von Robotermodellen für die nichtlineare Regelung.* In: Automatisierungstechnik 38 (1990), 410 - 415, 442 - 446

/7.45/ Weber, W.; Koch, H.: *Zustandsregler für Achsen mit Nachgiebigkeiten - ReDuS+ unterstützt Anlagenpersonal.* In: Automatisierungstechnische Praxis (atp), Oldenbourg Industrieverlag, Heft 4/2010, S. 888 - 892

/7.46/ Weber, W.; Kayser, A.: *Anwendungsorientierter Entwurf von Bewegungsregelungen.* In: Int. Forum Mechatronik (IFM2006), Linz, 2006, S. 245 - 266

/7.47/ Weber, W.: *Automatic Generated Real-time Models of Robot Dynamics.* In: Prepr. Int. Symp. on Robot Control (SYROCO), Wrocław, Poland, September 2003, S. 47 - 52

/7.48/ Weiss, L.; Sanderson, A.; Neuman, C.: *Dynamic sensor-based control of robots with visual feedback.* In: IEEE Journal on Robotics and Automation, Vol. 3, No. 5, pp. 404 - 417, 1987

/7.49/ Winkler, A.; Suchý, J.: *Lastidentifikation und Messung dynamischer Kräfte und Momente mit einem 12D-Kraft-/Momentsensor.* In: Robotik 2008, VDIBerichte 2012, VDIVerlag, Düsseldorf, 2008, S. 33 - 36 (Langfassung auf CD)

/7.50/ Wu, J.; Cheng, M.: *Depth estimation of objects with known geometric model for IBVS using an eye-in-hand camera*. International Conference on Advanced Robotics and Intelligent Systems (ARIS), 2017

/7.51/ Xu, X.: *Application of Rule Based FC Approach with Dynamic Compensation to Robot Manipulators*. In: Proc. of 1988 IEEE Int. Workshop on Intelligent Robots and Systems, IROS'88, Tokyo, 1988, S.131–136

/7.52/ Ye, J.: *Modellgestützte adaptive Regelverfahren für Industrieroboter*. Bericht aus dem Institut A für Mechanik. Universität Stuttgart, Stuttgart, 2000

■ 附录A参考文献

/A.1/ Bartsch, J.; Sachs, M.: *Taschenbuch mathematischer Formeln*. Hanser, München, 24. Aufl., 2018

/A.2/ Bronstein, I. N.; Semendjajew, K. A. [u. a.]: *Taschenbuch der Mathematik*. Verlag Europa-Lehrmittel, Nourney, 11. Aufl. 2020